无机化学探究式教学丛书

第 10 分册

配位化合物基础及应用

主　编　翟全国

副主编　籍文娟　张　鹏

科 学 出 版 社

北 京

内 容 简 介

本书是"无机化学探究式教学丛书"第10分册。全书共6章，包括配位化学发展简史、配位化合物的基本概念、配位化合物化学键理论的应用及电子光谱、配位化合物的稳定性、配位聚合物概述以及配位化合物的应用简介。编写时力图体现内容和形式的创新，紧跟学科发展前沿。作为基础无机化学教学的辅助用书，本书的宗旨是以促进学生科学素养的发展为出发点，突出创新思维和科学研究方法，以教师好使用、学生好自学为努力方向，以提高教学质量、促进人才培养为目标。

本书可供高等学校化学及相关专业师生、中学化学教师以及从事化学相关研究的科研人员和技术人员参考使用。

图书在版编目(CIP)数据

配位化合物基础及应用/翟全国主编. — 北京：科学出版社，2024.10
（无机化学探究式教学丛书；第10分册）
ISBN 978-7-03-077704-1

Ⅰ．①配… Ⅱ．①翟… Ⅲ．①络合物化学-高等学校-教材
Ⅳ．①O641.4

中国国家版本馆 CIP 数据核字(2024)第 018334 号

责任编辑：侯晓敏　陈雅娟　李丽娇 / 责任校对：杨　赛
责任印制：张　伟 / 封面设计：无极书装

科 学 出 版 社 出版
北京东黄城根北街16号
邮政编码：100717
http://www.sciencep.com

北京中科印刷有限公司印刷
科学出版社发行　各地新华书店经销
*
2024年10月第 一 版　开本：720 × 1000　1/16
2024年10月第一次印刷　印张：18
字数：363 000
定价：146.00 元
（如有印装质量问题，我社负责调换）

序

教材是教学的基石，也是目前化学教学相对比较薄弱的环节，需要在内容上和形式上不断创新，紧跟科学前沿的发展。为此，教育部高等学校化学类专业教学指导委员会经过反复研讨，在《化学类专业教学质量国家标准》的基础上，结合化学学科的发展，撰写了《化学类专业化学理论教学建议内容》一文，发表在《大学化学》杂志上，希望能对大学化学教学、包括大学化学教材的编写起到指导作用。

通常在本科一年级开设的无机化学课程是化学类专业学生的第一门专业课程。课程内容既要衔接中学化学的知识，又要提供后续物理化学、结构化学、分析化学等课程的基础知识，还要教授大学本科应当学习的无机化学中"元素化学"等内容，是比较特殊的一门课程，相关教材的编写因此也是大学化学教材建设的难点和重点。陕西师范大学无机化学教研室在教学实践的基础上，在该校及其他学校化学学科前辈的指导下，编写了这套"无机化学探究式教学丛书"，尝试突破已有教材的框架，更加关注基本原理与实际应用之间的联系，以专题设置较多的科研实践内容或者学科交叉栏目，努力使教材内容贴近学科发展，涉及相当多的无机化学前沿课题，并且包含生命科学、环境科学、材料科学等相关学科内容，具有更为广泛的知识宽度。

与中学教学主要"照本宣科"不同，大学教学具有较大的灵活性。教师授课在保证学生掌握基本知识点的前提下，应当让学生了解国际学科发展与前沿、了解国家相关领域和行业的发展与知识需求、了解中国科学工作者对此所作的贡献，启发学生的创新思维与批判思维，促进学生的科学素养发展。因此，大学教材实际上是教师教学与学生自学的参考书，这套"无机化学探究式教学丛书"丰富的知识内容可以更好地发挥教学参考书的作用。

我赞赏陕西师范大学教师们在教学改革和教材建设中勇于探索的精神和做

法，并希望该丛书的出版发行能够得到教师和学生的欢迎和反馈，使编者能够在应用的过程中吸取意见和建议，结合学科发展和教学实践，反复锤炼，不断修改完善，成为一部经典的基础无机化学教材。

中国科学院院士　郑兰荪

2020 年秋

丛书出版说明

　　本科一年级的无机化学课程是化学学科的基础和母体。作为学生从中学步入大学后的第一门化学主干课程，它在整个化学教学计划的顺利实施及培养目标的实现过程中起着承上启下的作用,其教学效果的好坏对学生今后的学习至关重要。一本好的无机化学教材对培养学生的创新意识和科学品质具有重要的作用。进一步深化和加强无机化学教材建设的需求促进了无机化学教育工作者的探索。我们希望静下心来像做科学研究那样做教学研究,研究如何编写与时俱进的基础无机化学教材,"无机化学探究式教学丛书"就是我们积极开展教学研究的一次探索。

　　我们首先思考,基础无机化学教学和教材的问题在哪里。在课堂上,教师经常面对学生学习兴趣不高的情况,尽管原因多样,但教材内容和教学内容陈旧是重要原因之一。山东大学张树永教授等认为:所有的创新都是在兴趣驱动下进行积极思维和创造性活动的结果,兴趣是创新的前提和基础。他们在教学中发现,学生对化学史、化学领域的新进展和新成就,对化学在高新技术领域的重大应用、重要贡献都表现出极大的兴趣和感知能力。因此,在本科教学阶段重视激发学生的求知欲、好奇心和学习兴趣是首要的。

　　有不少学者对国内外无机化学教材做了对比分析。我们也进行了研究,发现国内外无机化学教材有很多不同之处,概括起来主要有如下几方面:

　　(1) 国外无机化学教材涉及知识内容更多,不仅包含无机化合物微观结构和反应机理等,还涉及相当多的无机化学前沿课题及学科交叉的内容。国内无机化学教材知识结构较为严密、体系较为保守,不同教材的知识体系和内容基本类似。

　　(2) 国外无机化学教材普遍更关注基本原理与实际应用之间的联系,设置较多的科研实践内容或者学科交叉栏目,可读性强。国内无机化学教材知识专业性强但触类旁通者少,应用性相对较弱,所设应用栏目与知识内容融合性略显欠缺。

　　(3) 国外无机化学教材十分重视教材的"教育功能",所有教材开篇都设有使用指导、引言等，帮助教师和学生更好地理解各种内容设置的目的和使用方法。另外，教学辅助信息量大、图文并茂，这些都能够有效发挥引导学生自主探究的作用。国内无机化学教材普遍十分重视化学知识的准确性、专业性，知识模块的逻辑性，往往容易忽视教材本身的"教育功能"。

依据上面的调研，为适应我国高等教育事业的发展要求，陕西师范大学无机化学教研室在请教无机化学界多位前辈、同仁，以及深刻学习领会教育部高等学校化学类专业教学指导委员会制定的"高等学校化学类专业指导性专业规范"的基础上，对无机化学课堂教学进行改革，并配合教学改革提出了编写"无机化学探究式教学丛书"的设想。作为基础无机化学教学的辅助用书，其宗旨是大胆突破现有的教材框架，以利于促进学生科学素养发展为出发点，以突出创新思维和科学研究方法为导向，以利于教与学为努力方向。

1. 教学丛书的编写目标

(1) 立足于高等理工院校、师范院校化学类专业无机化学教学使用和参考，同时可供从事无机化学研究的相关人员参考。

(2) 不采取"拿来主义"，编写一套因不同而精彩的新教材，努力做到素材丰富、内容编排合理、版面布局活泼，力争达到科学性、知识性和趣味性兼而有之。

(3) 学习"无机化学丛书"的创新精神，力争使本教学丛书成为"半科研性质"的工具书，力图反映教学与科研的紧密结合，既保持教材的"六性"(思想性、科学性、创新性、启发性、先进性、可读性)，又能展示学科的进展，具备研究性和前瞻性。

2. 教学丛书的特点

(1) 教材内容"求新"。"求新"是指将新的学术思想、内容、方法及应用等及时纳入教学，以适应科学技术发展的需要，具备重基础、知识面广、可供教学选择余地大的特点。

(2) 教材内容"求精"。"求精"是指在融会贯通教学内容的基础上，首先保证以最基本的内容、方法及典型应用充实教材，实现经典理论与学科前沿的自然结合。促进学生求真学问，不满足于"碎、浅、薄"的知识学习，而追求"实、深、厚"的知识养成。

(3) 充分发挥教材的"教育功能"，通过基础课培养学生的科研素质。正确、适时地介绍无机化学与人类生活的密切联系，无机化学当前研究的发展趋势和热点领域，以及学科交叉内容，因为交叉学科往往容易产生创新火花。适当增加拓展阅读和自学内容，增设两个专题栏目：历史事件回顾，研究无机化学的物理方法介绍。

(4) 引入知名科学家的思想、智慧、信念和意志的介绍，重点突出中国科学家对科学界的贡献，以利于学生创新思维和家国情怀的培养。

3. 教学丛书的研究方法

正如前文所述，我们要像做科研那样研究教学，研究思想同样蕴藏在本套教学丛书中。

(1) 凸显文献介绍，尊重历史，还原历史。我国著名教育家、化学家傅鹰教授曾经多次指出："一门科学的历史是这门科学中最宝贵的一部分，因为科学只能给我们知识，而历史却能给我们智慧。"基础课教材适时、适当引入化学史例，有助于培养学生正确的价值观，激发学生学习化学的兴趣，培养学生献身科学的精神和严谨治学的科学态度。我们尽力查阅了一般教材和参考书籍未能提供的必要文献，并使用原始文献，以帮助学生理解和学习科学家原始创新思维和科学研究方法。对原理和历史事件，编写中力求做到尊重历史、还原历史、客观公正，对新问题和新发展做到取之有道、有根有据。希望这些内容也有助于解决青年教师备课资源匮乏的问题。

(2) 凸显学科发展前沿。教材创新要立足于真正起到导向的作用，要及时、充分反映化学的重要应用实例和化学发展中的标志性事件，凸显化学新概念、新知识、新发现和新技术，起到让学生洞察无机化学新发展、体会无机化学研究乐趣，延伸专业深度和广度的作用。例如，氢键已能利用先进科学手段可视化了，多数教材对氢键的介绍却仍停留在"它是分子间作用力的一种"的层面，本丛书则尝试从前沿的视角探索氢键。

(3) 凸显中国科学家的学术成就。中国已逐步向世界科技强国迈进，无论在理论方面，还是应用技术方面，中国科学家对世界的贡献都是巨大的。例如，唐敖庆院士、徐光宪院士、张乾二院士对簇合物的理论研究，赵忠贤院士领衔的超导研究，张青莲院士领衔的原子量测定技术，中国科学院近代物理研究所对新核素的合成技术，中国科学院大连化学物理研究所的储氢材料研究，我国矿物浮选的新方法研究等，都是走在世界前列的。这些事例是提高学生学习兴趣和激发爱国热情最好的催化剂。

(4) 凸显哲学对科学研究的推进作用。科学的最高境界应该是哲学思想的体现。哲学可为自然科学家提供研究的思维和准则，哲学促使研究者运用辩证唯物主义的世界观和方法论进行创新研究。

徐光宪院士认为，一本好的教材要能经得起时间的考验，秘诀只有一条，就是"千方百计为读者着想"[徐光宪. 大学化学, 1989, 4(6): 15]。要做到：①掌握本课程的基础知识，了解本学科的最新成就和发展趋势；②在读完这本书和做完每章的习题后，在潜移默化中学到科学的思考方法、学习方法和研究方法，能够用学到的知识分析和解决遇到的问题；③要易学、易懂、易教。朱清时院士认为最好的基础课教材应该要尽量保持系统性，即尽量保证系统、清晰、易懂。清晰、易懂就是自学的人拿来读都能够引人入胜[朱清时. 中国大学教学, 2006, (08): 4]。我们的探索就是朝这个方向努力的。

创新是必须的，也是艰难的，这套"无机化学探究式教学丛书"体现了我们改革的决心，更凝聚了前辈们和编者们的集体智慧，希望能够得到大家认可。欢迎专家和同行提出宝贵建议，我们定将努力使之不断完善，力争将其做成良心之作、创新之作、特色之作、实用之作，切实体现中国无机化学教材的民族特色。

"无机化学探究式教学丛书"编写委员会

2020 年 6 月

前　言

配位化学是当代无机化学中一门非常热门的前沿领域学科，它所研究的对象主要为配位化合物。配位化学教学内容在无机化学教材中占有重要的地位。然而，由于无机化学的理论知识体系相对完善，长久以来没有太大的变动和创新，配位化学部分的知识体系和教学模式也相对固定。随着配位化学的飞速发展，现有教材中的内容过于陈旧，缺少最新的科研成果，其理论体系和教学体系已经不适应当前教育的创新思想和发展理念，亟待建设新体系。此外，社会的发展也需要综合素质较强和理论基础扎实的创新型人才。如何切实保证当代大学生培养质量，建设配位化学教材新体系和内容提升，是大学教师和管理工作者亟须解决的一项课题和任务。

本书为"无机化学探究式教学丛书"第 10 分册，立足高等学校一年级本科生无机化学中配位化学教学内容，力图满足师生的教与学参考要求，并且可以作为无机化学研究人员的重要工具书。本书具有以下特点：

(1) 第 1 章系统介绍了配位化学产生和发展的历史过程，生动展现了配位化学基本概念、定义和化学键理论的动态发展；第 2 章介绍配位化合物的基本概念；第 3 章介绍配位化合物化学键理论的应用及电子光谱；第 4 章从热力学和动力学的角度分别介绍配位化合物的稳定性；第 5 章和第 6 章分别从配位聚合物概述和配位化合物的应用简介入手，将近 30 年配位化学的新进展引入教材。

(2) 每章均设置了"历史事件回顾"或"研究无机化学的物理方法介绍"形式的专题作为正文内容的补充。从"我国配位化学的开拓者和奠基人——戴安邦"的故事开始，带领大家进入配位化学的世界。不仅有配位化学研究的基本方法简介、配合物稳定常数的测定、配位聚合物的制备和表征实例，还结合时代的发展，展示了配位化合物知识体系与"顺铂类抗癌药物"以及"'孔'的故事——从沸石分子筛到金属有机骨架"。既有利于教师备课参考选用，又可满足学生跳跃式选读学习。

(3) 充分彰显了中国科学家在配位化学尤其是配位聚合物化学研究中的重要

贡献。为了有利于教学使用和学生自学，本书配有丰富的彩图，精心编写设计了思考题、例题和练习题，且均附有参考答案和提示。

本分册由陕西师范大学翟全国担任主编(编写第 1 章和第 5 章，并统稿)，山西师范大学籍文娟(与翟全国合编第 5 章)和陕西师范大学张鹏(编写第 3 章)担任副主编，陕西师范大学袁文玉编写第 2 章和习题，陕西师范大学王颖编写第 4 章和第 6 章。

感谢科学出版社的支持，感谢责任编辑认真细致的编辑工作。书中引用了较多书籍、研究论文的成果，在此对所有作者一并表示诚挚的感谢。

由于我们水平有限，书中不足之处在所难免，敬请读者批评指正。

翟全国

2024 年 5 月

目　录

(1) 熟练掌握**配位化合物**(简称配合物)的基本概念、组成和命名规则。

(2) 熟练掌握配合物**化学键理论**的主要论点，能依此解释一些配合物形成时相关的性质变化规律。

(3) 熟悉配位化合物的**异构现象**。

(4) 熟练掌握**配位平衡原理**及其在**多重平衡体系中的**应用。

(5) 了解**配位聚合物**的概念及其发展历史和研究现状。

(6) 了解功能配合物，尤其是**功能配位聚合物**的相关应用。

(1) 徐光宪院士指出："如果把 21 世纪的化学比作一个人，那么物理化学、理论化学和计算化学是脑袋，分析化学是耳目，**配位化学是心腹**，无机化学是左手，有机化学和高分子化学是右手，材料科学(包括光、电、磁功能材料，结构材料，催化剂及能量转换材料等等)是左腿，生命科学是右腿。通过这两条腿使化学学科坚实地站在国家目标的地坪上。"[1]如何理解 21 世纪的配位化学处于现代化学的中心地位？

(2) 世界卫生组织国际癌症研究机构 (International Agency for Research on Cancer，IARC) 的数据表明[2]，2020 年全球新发癌症病例高达 1929 万例，目前临床上对癌症的治疗方法主要包括放射、手术和化学治疗等，而在化学治疗中目前广泛使用的药物当属顺铂类抗癌药物。顺铂 (cisplatin)是第一代铂类药物，为典型的配位化合物，化学名称为顺式二氯二氨合铂(Ⅱ)，分子式为 $cis\text{-}Pt[(NH_3)_2Cl_2]$，因其分子结构中两个配体氨处于顺式而得名。你知道顺铂类抗癌药物吗？其作用机理和最新的研究进展如何？

(3) **金属有机骨架**(metal-organic framework，MOF)材

料[3]是由有机配体和金属离子或团簇通过配位键自组装而形成的一类新型晶态多孔材料，具有高孔隙率、低密度、大比表面积、孔道规则、孔径可调以及拓扑结构多样性和可裁剪性等优点，在气体储存、吸附与分离、传感器、药物缓释、催化反应等领域均表现出重要的应用前景。你了解 MOF 材料吗？MOF 材料有哪些应用？

(4) 亚硝酸盐多存在于腌制的咸菜、肉类和变质腐败蔬菜中，误食亚硝酸盐会引起中毒；在冬季烧炭取暖时，若门窗封闭严实、通风状况差会发生一氧化碳中毒。这两种中毒过程都与血红蛋白中的**卟啉铁**有关，你了解亚硝酸盐和一氧化碳中毒的机理吗？两者有什么联系和区别？

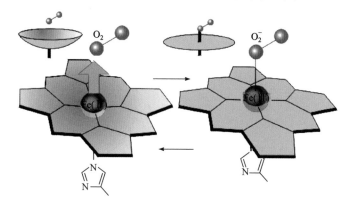

参考文献

[1] 徐光宪. 北京大学学报(自然科学版), 2002, 38(2): 149-152.

[2] Wild C P, Weiderpass E, Stewart B W. World Cancer Report: Cancer Research for Cancer Prevention. Lyon: IARC Publications, 2020.

[3] Yaghi O M, Kalmutzki M J, Diercks C S. Introduction to Reticular Chemistry. Weinheim: Wiley-VCH, 2019.

第1章

配位化学发展简史

自 1893 年瑞士化学家维尔纳(A. Z. Werner，1866—1919)在德国 *Zeitschrift für Anorganische und Allgemeine Chemie* 期刊上发表题为"论无机化合物的组成"[1] 的配位化学方面的第一篇经典著作后，原本作为无机化学分支的配位化学的发展变得极为迅速，引起了人们广泛的研究兴趣。早期的配位化学主要研究经典的"维尔纳"型配合物，这些配合物大多以具有空轨道的金属阳离子作为中心受体，以具有孤对电子的 N、O、S 等给体原子的分子或离子作为配体，并具有一定的空间构型。

但随着标志性成果蔡斯盐[以蔡斯(Zeise)命名][2-3]、二茂铁[4-5]和二苯铬[6]等系列非经典配合物相继被发现，以及齐格勒-纳塔(Ziegler-Natta)金属烯烃催化剂[7-8]、原子簇化合物[9]、大环配合物[10]等新型配合物被陆续合成，传统配合物的概念被打破，且使得传统无机化合物和有机化合物的界限变得模糊；同时，这些具有多样价键形式和空间构型的新型配合物的出现，拓展了传统配合物的新研究领域，促进了配合物化学键理论的发展，使配合物的研究向纵深拓展。

目前，配位化学不但是无机化学的主流分支，而且与分析化学、有机化学、物理化学、高分子化学、生物化学、材料化学等其他学科间的联系也越来越紧密，已在学科间的相互融合与渗透中成为众多学科的交叉点和研究热点，并凸显出自身的独特性与新颖性。因此，现在有越来越多的科学家认为，配位化学正在跨越无机化学与其他化学二级学科的界限，处于现代化学的中心地位(图 1-1)。

图 1-1　配位化学处于现代化学的中心地位

1.1 配位化学基本概念和定义的发展

经典的配位化学仅限于金属原子或离子(中心体)与其他分子或离子(配位体)相互作用的研究，它所研究的对象是配位化合物(coordination compound 或 complex)，简称配合物。配合物是无机化合物中一类范围广泛、品种繁多、结构复杂、用途甚广的重要化合物，早期在我国被称为络合物。

1.1.1 最早的实验发现

1. 意外由普鲁士蓝引起

最早记载的配合物为普鲁士蓝(Prussian blue)，被称为"巨浪和星夜的颜色"，化学名称为亚铁氰化铁：$Fe_4[Fe(CN)_6]_3 \cdot xH_2O(PB)$，它是 1704 年柏林的油漆工人迪斯巴赫(J. J. Diesbach)将兽皮、兽血与碳酸钠在铁锅中加水煮沸后意外得到的一种蓝色染料(图 1-2)。我国早在周朝就开始用配合物作染料，比普鲁士蓝的发现早了 2000 多年。《诗经》中有"缟衣茹藘""茹藘在阪"的记载，茹藘就是茜草，当时用茜草根和黏土或白矾制成牢度良好的红色染料，这就是茜草根中的二(羟基)蒽醌和黏土或白矾中的铝、钙离子形成的红色配合物。由于普鲁士蓝在中国画图和青花瓷器中早已被应用，因而也被称为中国蓝。

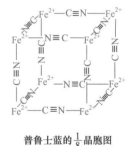

普鲁士蓝的 $\frac{1}{8}$ 晶胞图

(a)   (b)

图 1-2 普鲁士蓝的发现(a)及其结构(b)

思考题

1-1 查阅资料，说明为什么迪斯巴赫的发现引起了"轩然大波"。

2. $CoCl_3 \cdot 6NH_3$ 引起的研究

对配合物的研究是从 1798 年法国分析化学工作者塔赫特(B. M. Tassaert)发现第一个氨合物 $CoCl_3 \cdot 6NH_3$ 开始的。塔赫特在研究用 NaOH 沉淀盐酸介质中亚钴离子从而测定钴的含量的实验中，偶然使用氨水代替 NaOH 时发现：加入过量的氨水后得不到沉淀，次日却发现加有氨水的溶液中出现了橙黄色的结晶，分析其组成为 $CoCl_3 \cdot 6NH_3$。起初，塔赫特认为 $CoCl_3 \cdot 6NH_3$ 是一种加合物，但当加热该化合物到 150℃时却无氨气放出，常温下加入强碱也没有氨气放出，只有在煮沸时才放出氨气。此外，加碳酸盐或磷酸盐到 $CoCl_3 \cdot 6NH_3$ 的水溶液中，也检查不到钴离子的存在，这说明该化合物中钴离子和氨都不是自由的，而是紧密地结合在一起。将 $AgNO_3$ 溶液加入新制备的 $CoCl_3 \cdot 6NH_3$ 溶液中，立即形成白色 AgCl 沉淀，这说明其中的氯是以自由离子形式存在的。

1.1.2　维尔纳理论的诞生

1. 布洛施兰德-约恩森的链式理论

塔赫特的上述发现引起了许多化学家对这类化合物的研究兴趣，并陆续合成了一系列含铬、镍、铜、铂等金属和 H_2O、Cl^-、CO、CN^-、SCN^- 等离子或分子的类似化合物。然而，为什么会形成这样的化合物，在当时是令人困惑不解的。几百年来，科学家从理论到实验进行了大量的研究，提出若干假设和理论。19 世纪下半叶，丹麦著名化学家约恩森(S. M. Jørgensen, 1837—1914)对一些过渡金属(钴、铬、铑和铂)的氨配合物进行了许多重要的实验工作[11]，获得了大量实验数据。其中，在 1890 年通过凝固点降低和电导率测定证明了钴氨合物(如 $Co_2Cl_6 \cdot 12NH_3$)是最经典的单分子化合物，而不是二聚体，这为维尔纳提出配位数为 6 的八面体构型基本假设提供了可靠的实验依据。可是在当时，根据流行的化学价理论，人们却无法理解 $CoCl_3$ 和 NH_3 这两个化合价已经饱和的稳定化合物，为什么还能相互结合形成复杂的钴氨合物。这就迫切地促使科研工作者发展一种新的理论来揭示金属氨合物的成键与结构。19 世纪中叶，凯库勒(F. A. Kekulé，1829—1896)和库珀(A. S. Couper，1831—1892)明确提出了有机化合物结构理论中关于碳的四价以及形成碳碳链的概念，并获得公认。基于此，布洛施兰德(C. W. Blomstrand，1826—1894)于 1869 年提出金属氨合物中 NH_3 分子能形成氨链结构的设想，后来又得到约恩森的充实和发展，故称为布洛施兰德-约恩森的链式理论(图 1-3)。链式理论对某些实验事实尚能自圆其说，但无法解释 $CoCl_3 \cdot 6NH_3$ 在溶液中呈电中性且不能解离出 Cl^- 的实验事实，也不能很好地说明 $[CoCl_2(NH_3)_4]Cl$ 有紫色和绿色两种几何异构体存在的事实。

(a) NH₃·HCl

(b) CoCl₃·6NH₃

(c) CoCl₃·5NH₃

(d) CoCl₃·4NH₃

(e) CoCl₃·3NH₃

(f) Ni·4CO

图 1-3　链式理论对配合物结构的推测

思考题

1-2　查阅资料，说明布洛施兰德-约恩森的链式理论的主要内容。

维尔纳　　　　　　约恩森　　　　　　凯库勒　　　　　　库珀

2. 维尔纳理论的重要假设

1893 年，瑞士苏黎世联邦理工学院的年轻讲师维尔纳彻底抛弃了当时颇为流行的链式理论，提出了具有革命意义的配位理论，开创了配位化学的新时代[12-13]。关于配位理论的产生，维尔纳自己是这样陈述的：在 1892 年的某个凌晨，灵感突然来临，"分子化合物"(指金属氨合物)之谜被解开了。他立即起床开始思考和写作，一直到下午五点，便完成了他一生中最重要的论文——"论无机化合物的组成"。当年 12 月将论文投寄给德国 *Zeitschrift für Anorganische und Allgemeine Chemie* 期刊，第二年(1893 年)3 月此文被发表[1,14]。

维尔纳配位理论有三点重要假设[12-13]：①大多数元素具有两种类型的价——

主价和副价，分别相当于现代术语中的氧化态和配位数；②每种元素的主价和副价都倾向于得到满足，其他原子依据其与中心金属原子结合方式的差异分别处于化合物的内层或外层；③副价的空间指向是固定的，这个假设专门用于说明配合物的立体化学，其中确定六配位配合物的八面体结构是一个非常重要的贡献。

3. 维尔纳假设的证明

(1) 维尔纳配位理论并非是在总结了大量实验事实的基础上提出的，当时缺乏的正是实验依据，因此这一理论受到同辈化学家的广泛批评。自 1893 年提出配位理论后，维尔纳在与配位理论反对派的激烈争论过程中，在极其艰苦简陋的实验条件下，竭尽全力依靠当时能够实现的化学计量反应、异构体数目、稀溶液的依数性、溶液电导率、化学拆分和旋光度测定等方法为他的理论寻找各种实验依据，几乎涉足了配位化学的所有方面，严格验证了配位理论的每个观点[14]。

(2) 由于当时 X 射线衍射结构分析法还没有出现，维尔纳根据约恩森发现单核钴氨配合物的事实，提出了六配位配合物可能存在的三种几何构型：平面六边形、三棱柱和八面体(图 1-4)。对于 MA_4B_2 和 MA_3B_3 型配合物，可预见的平面六边形和三棱柱几何构型各存在三种异构体，但实际上只发现 MA_4B_2 和 MA_3B_3 型配合物的两种异构体，这与理论所预见的八面体构型的异构体数目一致。在当时结构表征和实验手段匮乏的情况下，第三种异构体也许仅仅是因为难以合成或分离暂时尚未获得，直到 1965 年才发现一些特定的配合物具有三棱柱构型[14]。

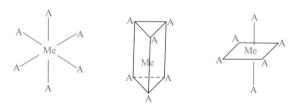

图 1-4　维尔纳预测的六配位配合物可能存在的三种几何构型

(3) 1890 年，约恩森首次发现了[$CoCl_2(en)_2$]Cl 有紫色和绿色两种异构体存在，并根据链式理论把颜色的差异归咎于两个乙二胺连接方式不同引起的结构异构(图 1-5)，而维尔纳则认为[$CoCl_2(en)_2$]Cl 异构体颜色的差异是八面体的几何异构引起的。直到 1907 年，维尔纳终于在低温下用被氯化氢气体饱和的盐酸处理双核钴配合物[(NH_3)$_4$Co(μ-OH)$_2$Co(NH_3)$_4$]Cl$_4$，制备出紫色的 cis-[$CoCl_2(NH_3)_4$]Cl，约恩森得知维尔纳的发现后，立即承认配位理论的正确性[14]。

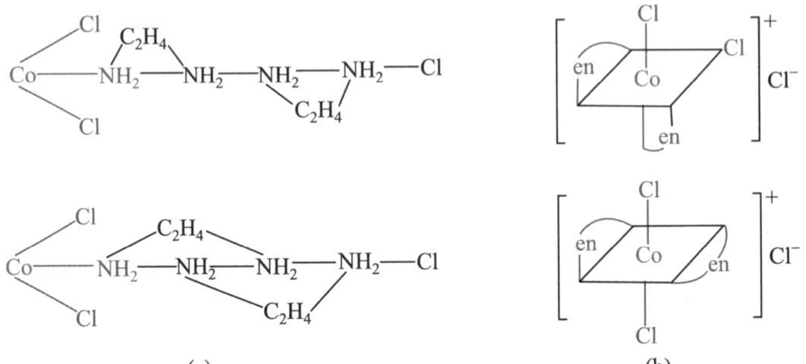

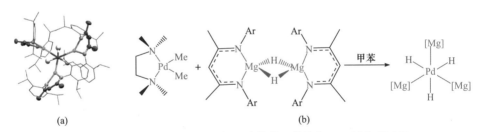

图 1-5 约恩森(a)和维尔纳(b)对[CoCl₂(en)₂]Cl 两种几何异构体的结构预测

(4) 维尔纳时代发现的许多经典配合物及其光学异构体的结构现在已经被包括 X 射线衍射研究在内的各种结构分析方法所证实。特别是历时一个多世纪的研究并没有证实存在六配位平面六边形结构的单核配合物。前期研究显示这种六边形构型极为少见，仅存在于凝聚态金属相、配位聚合物及过渡金属团簇中。2019 年，英国帝国理工学院的 M. R. Crimmin 博士首次分离和表征了单核六配位平面六边形钯配合物(图 1-6)[15]，意味着一个多世纪前维尔纳预测的终结。

图 1-6 单核六配位平面六边形钯配合物的晶体结构(a)及其合成过程(b)

思考题

1-3 维尔纳的理论带给人们哪些思考？

4. 配位化学与立体化学之缘

配位化学自创立初期就与立体化学结下了不解之缘。维尔纳于 1893 年提出配位理论的第三条重要假设，直接指向配合物的立体化学结构，奠定了配合物立体学说，维尔纳曾花了近 14 年时间摸索拆分八面体配合物的各种方法，试图获得肯定的证据。经历了 2000 多次分步结晶实验，终于在 1911 年采用溴代樟脑磺酸银为拆分剂，首次成功拆分出 *cis*-[CoCl(NH₃)(en)₂]X₂(X = Cl、Br 或 I，图 1-7)，从实验上证明了六配位金属配合物主要具有八面体几何结构特征，为配位化学理论的确立提供了决定性的证据。

　　成功实现八面体配合物的首次拆分后，维尔纳在后续八年内又以惊人的毅力和速度，合成和拆分出含非手性双齿配体的具有手性金属中心的 M(Ⅲ)配合物(M＝Co、Cr 和 Rh 等)共 40 多个系列(多数结果并未公开发表)，但是维尔纳似乎错过了立体化学史上的一个重要发现的机会，他所合成的一些经典配合物在某些特定条件下可以通过形成外消旋混合物(racemic mixture)实现自发拆分，虽然他已经观察到这些手性对称性破缺(chiral symmetry breaking)现象的存在[14]。

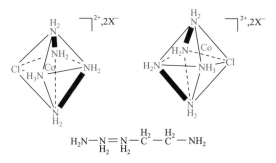

图 1-7　维尔纳和他的助手们成功拆分的 cis-[CoCl(NH$_3$)(en)$_2$]X$_2$(X ＝ Cl、Br 或 I)的结构

　　然而，配位理论的反对者认为，虽然维尔纳等成功拆分出一系列手性配合物，但是这些配合物的光学活性是由含有碳原子的乙二胺、联吡啶或草酸等双齿配体所引起的。直至 1914 年，由维尔纳的学生拆分出不含碳原子的纯无机整合配合物{Co[(OH)$_2$Co(NH$_3$)$_4$]$_3$}Br$_6$，才使得当时矗立在有机和无机立体化学之间的似乎不可逾越的高墙顷刻塌陷。至此，我们可以理解维尔纳以配位立体化学为核心所建立的朴素配位化学理论和学科的艰巨及其不可磨灭的历史功勋。

　　5. 维尔纳与约恩森之争

　　约恩森一生主要致力于对钴、铬、铑、铂的配合物进行广泛深入的研究，他修正和扩展了瑞典化学家布洛施兰德的链式理论,并用来解释他实验室的新发现。在 1893 年之前，约恩森的观点一直未受到任何挑战，1907 年，约恩森曾获得诺贝尔奖提名。今天的化学工作者大多熟悉配位化学的奠基人维尔纳，但很少有人意识到维尔纳具有革命性意义的理论是建立在约恩森多年积累的实验事实基础上的。约恩森对配合物化学研究的重要贡献是不可忽视的。

　　当今配位化学教科书中的许多实验事实最初都是由约恩森发现的，而维尔纳与约恩森之间的争论堪称良好的学术争鸣典范。在争论过程中，两人互相尊重，没有任何怨恨，表现出大师级的风范。为了证明自己的观点，各自都进行了大量的实验研究工作。尽管并非约恩森的所有批评都正确，但在许多情况下，维尔纳不得不对自己理论的某些方面进行修正,使之更符合实验事实。维尔纳的配位理论最终获得胜利,但约恩森的实验观察并没有因此而失效。相反,由于他的实验做得特别精细,不仅证明可靠,而且成为配位理论的基础。例如,为配位立体化学提供决定性证据的"明星配合物"cis-[CoCl(NH$_3$)(en)$_2$]X$_2$ 和 {Co[(OH)$_2$Co(NH$_3$)$_4$]$_3$}Br$_6$ 都是由约恩森首次合成的。1913 年,维尔纳获诺贝尔化学奖后,高度赞扬约恩森的实验贡献在配位理论发展中所起的作用。可惜约恩森病重,这两位伟大的对手失去了相见的机会。

> **思考题**
>
> 1-4 为什么说维尔纳与约恩森之间的争论堪称良好的学术争鸣典范?

1.1.3 配位化学概念的演变

1. 配位化学的定义

中国化学会在《无机化学命名原则》(1980 年)中对配合物做了以下定义:配合物是由可以给出孤对电子或多个不定域电子的一定数目的离子或分子(称为配位单元)和具有接受孤对电子或多个不定域电子的空位的一定数目的离子或原子(称为中心体)按一定的组成和空间构型所形成的化合物。

随着新型配合物不断出现,现代配合物的概念已得到极大扩展,戴安邦(1901—1999)院士将现代配合物定义为两个或多个可以独立存在的简单物种通过各种结合作用形成的组成、结构一定的化合物;徐光宪(1920—2015)院士则将现代配合物定义为由广义配体与广义中心体结合形成的"配位分子片",如单核配合物、多核配合物、簇合物、功能复合型配合物及其组装器件、超分子化合物、锁与钥匙复合物等,由此配合物的概念得以扩展。

2005 年,国际纯粹与应用化学联合会(International Union of Pure and Applied Chemistry,IUPAC)对配合物做了新的定义:"任何包含配位实体的化合物都是配合物。配位实体可以是离子或者中性分子,配位实体中有中心体,通常为金属,中心体周围有序排列的原子或基团称为配体。"该定义强调了配合物组成的两个要素:中心体和配体,但未对中心体和配体之间的结合力做出描述。

罗勤慧教授在结合布希(D. H. Busch,1928—2021)关于"完整配位化学"概念的基础上,进一步完善了配位化学的定义:"配位化合物是含有配位实体的化合

戴安邦

徐光宪

物。配位实体可以是离子或者中性分子，它是以无机、有机的阳离子、阴离子或中心分子作为中心，与有序排列在其周围的原子、分子或基团(配体)，通过多种相互作用(配位作用、氢键、离子-偶极、偶极-偶极、疏水作用、π-π 相互作用等)，结合成具有明确结构的化合物。"

思考题

1-5　配合物和复盐(double salt)有什么区别？举例说明。

2. 配位化合物的概念发展

配位化学的蓬勃发展是在量子理论、价键理论、分子轨道理论等确立以后。1951 年威尔金森(G. Wilkinson，1921—1996)和费歇尔(E. O. Fischer，1852—1919)合成出二茂铁夹心化合物，突破了传统配位化学的概念，并带动了金属有机化学的迅猛发展，因而获得 1973 年诺贝尔化学奖。1953 年齐格勒-纳塔催化剂的发现极大地推动了烯烃聚合，特别是立体选择性聚合反应及其相关聚合物合成、性质方面的研究，高效率、高选择性过渡金属配合物催化剂研究得到进一步发展，他们也因此获得 1963 年诺贝尔化学奖。20 世纪 60 年代，德国化学家艾根(M. Eigen，1927—2019)和英国化学家波特(G. Porter，1920—2002)因提出了溶液中金属配合物的生成机理而获得了 1967 年诺贝尔化学奖。截至目前已有 20 多位科学家因从事与配位化学有关的研究而获得诺贝尔奖(表 1-1)。

表 1-1　配位化学发展年表

年份	人名	贡献
1798	Tassaert	发现第一个钴氨合物 $CoCl_3 \cdot 6NH_3$
1827	W. C. Zeise	第一个有机金属配合物蔡斯盐 $K[PtCl_3(C_2H_4)] \cdot H_2O$ 的合成
1871	C. W. Blomstrand S. M. Jørgensen	为了解释配合物结构提出链式理论
1893	A. Z. Werner	提出配位理论，配位化学创始
1894	H. E. Fischer	引入"锁"和"钥匙"的概念
1894	G. B. Kauffman	将配位理论翻译成英文，书中一次出现"coordination"
1906	P. Ehrlich	引入受体(receptor)的概念
1913	A. Z. Werner	因配位理论取得卓越成就获得诺贝尔化学奖
1916	G. N. Lewis	提出共用电子对理论
1929	H. A. Bethe	提出晶体场理论
1935	J. H. van Vleck	发展了晶体场理论

年份	人名	贡献
1937	K. L. Wolf	创造出术语"超分子"并描述它是由配位饱和的物种缔合而成的实体
1939	L. C. Pauling	将共价键理论和氢键概念引入划时代著作《化学键的本质》中，并于 1954 年获得诺贝尔化学奖
1951 1956	T. J. Kealy L. E. Orgel	合成出二茂铁并确定其晶体结构
1953	K. Ziegler G. Natta	发明定向聚合催化剂，于 1963 年获得诺贝尔化学奖
1957	J. S. Griffith L. E. Orgel	提出配位场理论
1961	N. F. Curtis	由丙酮和乙二胺合成第一个席夫碱(Schiff base)大环
1964	D. C. Hodgkin	用 X 射线研究维生素 B_{12} 等生物分子结构
1967	C. J. Pederson	合成冠醚，并与 Lehn、Cram 于 1987 年共同获得诺贝尔化学奖
1969	J. M. Lehn	首次合成穴醚，并于 1978 年引入术语"超分子化学"
1973	D. J. Cram	首次合成球醚，并用它来检验预组织的重要性
1973	G. Wilkinson E. O. Fischer	因研究二茂铁的杰出贡献获得诺贝尔化学奖
1976	W. Lipscomb	因硼化学的理论和合成贡献获得诺贝尔化学奖
1977	A. Ludi	首次确定了普鲁士蓝的三维网状晶体结构
1982	R. Hoffmann	提出等瓣相似理论
1983	H. Taube	因配合物电子转移机理研究获得诺贝尔化学奖
1995	O. M. Yaghi	第一次正式提出金属有机骨架概念
1996	H. W. Kroto R. E. Smalley R. E. Curl	因对富勒烯化学的贡献，三人共同获得诺贝尔化学奖
1987 2003	G. Wilkinson R. D. Gillard J. A. McCleverty T. J. Meyer	专著 Comprehensive Coordination Chemistry (《配位化学》) Ⅰ 卷和 Ⅱ 卷分别出版，该书总结了配位化学的成就、现状和发展
2010	R. F. Heck E. I. Negishi A. Suzuki	利用钯的催化交叉偶合反应合成复杂的似天然的有机分子，三人共同获得诺贝尔化学奖
2016	J. P. Sauvage S. J. F. Stoddart B. L. Feringa	因分子机器的设计与合成，三人共同获得诺贝尔化学奖

　　20 世纪 50 年代以来，随着配位聚合物和分子簇合物等超分子化合物的出现，配位化学呈现出蓬勃发展的局面。

1) 主客体配合物

随着环聚醚腔体中包入—NH_3^+，多铵大环中嵌入无机
酸根或羧酸根，环糊精中装入中性 $C_5H_5Mn(CO)_3$ 等新配合
物的发现，从中已找不到能给出孤对电子或不定域电子的
配体，也没有能接受孤对电子或不定域电子的中心体，根本
谈不上配位键，显然配位化学的范围大大扩展了[16]。克拉
姆(D. J. Cram，1919—2001)从大环配位化学角度，把现代
配合物定义为主客体配合物(host-guest complex)，也就是与
中心体相连的部分称为客体，与配体相应的称为主体[17]。

克拉姆

2) 配位超分子

超分子化学家莱恩(J. M. Lehn，1939—)强调分子之间的相互作用——超分子
作用[18]，提出了配位超分子(coordination supramolecule)化学概念，又称为广义配
位化学，与中心体相应的部分称为底物，与配体相应的称为受体。无论是配合物
分子内的配体间弱相互作用，还是分子间的配体间弱相互作用都是由配位化合物
形成超分子体系的重要基础。莱恩等在超分子化学领域中的杰出工作，使得配位
化学的研究范围大为扩展，为配位化学开拓了富有活力的广阔前景。

3) 配位聚合物

配位聚合物(coordination polymer，CP)这一术语由澳大利亚化学家罗布森(R.
Robson)于 20 世纪 80 年代发表在《美国化学会志》上的文章明确提出[19-20]，是配
位超分子化学研究的重要内容，由过渡金属和有机配体自组装而形成。由于配位
聚合物溶解度小，又很难获得好的晶体，因而限制了它们的发展。但人们通过在
体系中引入易溶的基团，较好地克服了合成方面的困难，促进了这类化合物的迅
速发展。由配位键、氢键、阳离子-π 相互作用、π-π 相互作用或静电作用等设计所
得到的配位聚合物，因自身结构、有机配体易功能化和功能性金属离子的引入，
在非线性光学、电致发光、分子磁体、催化、分子识别等方面拥有巨大的应用潜
力。目前，聚合物的研究主要集中在合成具有新颖结构的配位聚合物，并通过对
其结构特点进行分析，探讨其结构及其功能的关系，进而开发它们潜在的功能，
并最终使其功能化。

4) 金属有机骨架

1995 年，美国化学家亚吉(O. M. Yaghi)[21] 等提出"金属有机骨架"这一概念
并系统开展其作为多孔材料的研究工作[22-23]。自此，金属有机骨架化合物，即多
孔配位聚合物迎来了发展的黄金时期。多孔配位聚合物按照框架结构可分为一维、
二维和三维的无限网格结构。从组成的角度出发，按照金属中心种类的不同可将
其分为碱金属、碱土金属、过渡金属、稀土金属、混金属的配位聚合物；按照有
机配体种类可将其分为含氮杂环类、含氧有机配体类、含氰基或硫氰根的有机配

体以及混合配体类配位聚合物等。随着研究的深入，科研工作者对多孔配位聚合物的研究重点也从结构设计逐渐转向功能调控。

5）晶体工程

晶体工程(crystal engineering)是被称为"现代固态有机化学之父"的施密特(G. M. J. Schmidt，1919—1971)在 20 世纪 60 年代，最早在局部化学研究中正式提出的概念[24-25]，是根据分子堆积和分子间的相互作用，将超分子化学的原理、方法以及控制分子间作用的策略用于晶体，以设计和制备出奇特新颖、种类繁多，具有特定物理性质和化学性质的新晶体。从宏观角度上看，随着晶体工程理论研究的不断深化及其在分子识别、分子材料和分子器件的研究与开发中日益广泛的应

施密特

用，晶体工程已成为设计组装各种光、电、磁、离子交换、催化等新型功能材料的主要合成策略。晶体工程涉及分子或化学基团在晶体内的行为、晶体的设计和结构与功能的控制。晶体结构的预测是在探索固体状态下，分子的排列状态与材料的预期功能之间的关系过程中形成的一个独立分支，是实现从分子到材料的一条重要途径。所以说，作为连接超分子化学和材料化学的桥梁，晶体工程是一个边缘学科，涉及有机化学、无机化学、有机金属化学、热化学、结晶学和晶体生长等诸多传统的领域，已成为化学学科中一个热门的领域。

总之，配位化学已成为当代化学的前沿领域之一，它的内涵不断丰富，外延不断扩展。配合物既有无机化合物分子的坚硬性，又有有机化合物分子的结构多样性，还可能会出现无机化合物和有机化合物中均没有的新特性。其新奇的特殊性能在生产实际中获得了重大的应用，花样繁多的价键理论及奇特的空间结构引起了结构化学家和理论化学家的关注，它和物理化学、有机化学、生物化学、固体化学和环境化学的相互渗透使其成为贯通众多学科的交叉点。

思考题

1-6　从配位化合物概念的发展中能体会到哪些科学家的优良品质和科学研究方法？

1.2　配位化学化学键理论的发展

1.2.1　维尔纳配位理论和路易斯电子理论

从配位化学史的角度看，配合物的化学键理论研究与配位化学的发展密切相

关。1893 年维尔纳提出配位理论，认为每种元素都有主副价之分，两者都倾向于得到满足，其中的"副价"代表了金属和配体之间的联结且其空间指向是固定的，主要用于说明一些经典配合物，特别是钴氨配合物的结构和立体化学。

1916 年，路易斯(G. N. Lewis，1875—1946)提出八电子层的简单原子模型，1923 年又提出酸碱电子理论，指出一切电子对授予体都是路易斯碱，一切电子对接受体都是路易斯酸，并且区分了离子键和共价键。

1923 年，西奇威克(N. V. Sidgwick，1873—1952)将路易斯的酸碱电子理论应用于配合物，首次提出"配位钴氨配合物共价键"的概念[26]，他认为经典的钴氨配合物等化合物可以归类为路易斯盐或加合物，金属阳离子为电子对受体(路易斯酸)，每个概念应用于钴氨配合物氨分子为电子对给予体(路易斯碱)；因为金属和配体间的电子对形成共价键，则维尔纳提出的"副价"之名已经不合适，从此不再采用。

与此同时，西奇威克还提出了有效原子序数(effective atomic number，EAN)规则，即中心体(或离子)的电子数和配体给予的电子数之和应等于该原子随后的那个稀有气体元素的原子序数。例如，对于$[Co(NH_3)_6]^{3+}$，其 EAN = 24(Co^{3+}电子数)+6×2=36，与其随后的稀有气体元素氪(Kr)的原子序数相等，首次试图从微观电子结构的角度解释维尔纳配位理论。

1939 年，西奇威克、吉莱斯皮(R. J. Gillespie)和尼霍姆(S. R. Nyholm，1917—1971)等提出了价层电子对互斥理论(valence-shell electron pair repulsion theory，VSEPR theory)[16]，其要点是价电子对之间斥力决定了分子的优选几何构型，但不能说明多元异构等非寻常的立体异构现象。

路易斯　　　　　　　西奇威克　　　　　　　尼霍姆

1.2.2　价键理论

鲍林(L. C. Pauling，1901—1994)等在 20 世纪 30 年代初提出了杂化轨道理论，将杂化轨道理论与配位共价键、简单静电理论结合起来应用于解释配合物的成键和结构，建立了配合物的价键理论(valence bond theory，VBT)。

鲍林首先提出配合物中心体和配体之间的化学键有电价配键和共价配键两

种，相应的配合物分别称为电价配合物和共价配合物。在电价配合物中，中心金属离子和配体之间靠离子-离子或离子-偶极子静电相互作用而键合，该金属离子在配合物中的电子排布情况仍与相应的自由离子相同。在共价配合物中，中心体以适当的空轨道接受配体提供的孤对电子而形成配位共价键；为了尽可能采用较低能级的 d 轨道成键在配体的影响下，中心体的 d 电子可能发生重排使电子尽量自旋成对，所以共价配合物通常呈低自旋态。

为了增强成键能力，共价配合物的中心体能量相近的空价轨道要采用适当的方式进行杂化，以杂化的空轨道来接受配体的孤对电子形成配合物，而杂化轨道的组合方式将决定配合物的空间构型、配位数等。在实验上，鲍林依据磁矩的测定来区分电价配合物和共价配合物。如果所形成配合物的磁矩与相应的自由离子相同，为电价配合物；如果发生磁矩的改变，则认为形成共价配合物。但以磁矩作为键型的判据是有明显缺陷的。例如，由纯自旋公式计算出的理论磁矩和实验所测定的有效磁矩不能很好地吻合而导致磁矩判据显然失效等。

1.2.3 外轨型和内轨型之分

陶布(H. Taube，1915—2005)在鲍林提出电价配合物和共价配合物的价键理论基础上，将过渡金属配合物统一到共价键理论中，进一步提出所有配合物中的中心体与配体间都是以配位键结合的，而配合物可以有外轨型和内轨型之分[27]。无论在内轨型还是外轨型配合物中，金属和配体之间的化学键(配位键)都属于共价键的范畴，不过这种共价键应有一定程度的极性。这种经改进的价键理论可以在一定程度上解决鲍林将配合物简单划分为电价或共价配合物和磁性判据所遇到的困难，但还是不能回答涉及配合物激发态性质的诸多问题。

1.2.4 反馈 π 键概念的提出

根据电中性原理，鲍林指出配合物的中心体不可能有高电荷积累，这是由于配位原子通常都具有比过渡金属更高的电负性，因而配键电子对不是等同地被成键原子共享，而是偏向配体一方，这将有助于消除中心体上的负电荷积累，称为配位键的部分离子性。但是单靠配键的部分离子性全部消除中心体的负电荷积累对羰基配合物来说是不可能的，于是鲍林提出第二种解释，即中心体通过反馈 π 键(图 1-8)把 d 电子回授给配体的空轨道，从而减轻了中心体上负电荷的过分集中。

反馈 π 键的形成可以很好地解释$[Ni(CO)_4]$等金属羰基配合物的生成及其稳定性。除 CO 外，CN^-、NO_2、NO、N_2、PR_3、AsR_3、C_2H_4 等均可作为 π 酸配体或 π 配体，接受中心金属反馈的 d 电子形成 d-p π 键或 d-d π 键。在具有反馈键的配合物中，σ 键和反馈 π 键的相互协同作用使配合物达到电中性，从而增加配合物的稳定性。因此，反馈 π 键的形成很好地解释了羰基配合物、亚硝基配合物、氰根配合物及一些有机不饱和分子配合物的稳定性。

CO的端基配位　　　　　　　　　烯烃的配位

图 1-8　典型的反馈 π 键类型

1.2.5　晶体场理论

进入 20 世纪后，随着电子和放射性的发现，玻尔在普朗克的量子论和卢瑟福的原子模型基础上提出了原子结构理论，这些都为创立化学键的电子理论打下了基础。1929 年，贝蒂(H. A. Bethe，1906—2005)[28]和范弗累克(J. H. van Vleck，1899—1980)[29]从静电场作用出发，将配体和金属间的作用看作是点电荷之间的静电作用，认为配体的存在引起了中心离子 d 轨道的分裂，从而提出了晶体场理论(crystal field theory，CFT)[30]，在此基础上，提出了晶体场稳定化能等概念，并对配合物的立体结构、磁性、吸收光谱以及配合物在溶液中的稳定性进行了很好的解释。该理论在 20 世纪 50 年代取得了长足的发展，但由于只考虑了中心离子和配体之间的静电作用，没有考虑两者之间一定程度的共价作用，模型过于简单，对于配体的光谱化学序列等现象无法进行说明。

1.2.6　配位场理论

20 世纪 50 年代，为了深入理解过渡金属配合物的光谱和磁性，需要更进一步考虑中心体与配体之间的共价性质，因此人们将晶体场理论和分子轨道理论(molecular orbital theory，MOT)结合，发展为配位场理论(ligand field theory，LFT)，这是比晶体场理论更接近配位键本质的理论。配位场理论基于分子轨道理论，将配合物看成是由中心体和配体构成的分子整体，因而能做更为全面、更进一步的定量处理。虽然配位场理论能够定量地解释配合物尤其是 π 酸配体配合物的物理及化学性质，如配合物的吸收光谱、核磁共振谱等，但由于相应的计算过程复杂，在一定程度上限制了该理论的进一步应用。

综上所述，一个多世纪以来，配位化学发展迅速，除了 20 世纪 50 年代的金属元素分离技术、60 年代的配位催化以及 70 年代的生物化学的推动外，配位化学蓬勃发展的原因还在于群论、价键理论、配位场理论以及分子轨道理论的发展和应用，使配合物的性能、反应与结构的关系得到科学的说明，这些理论已成为说明和预见配合物的结构与性能的省力工具。同时，近代物理方法应用于配合物的研究，使研究工作由宏观深入到微观，把配合物的性质和反应与结构联系起来，从而形成了现代配位化学。

鲍林　　　　　　陶布　　　　　　贝蒂　　　　　范弗累克

1.3　配位化学未来发展展望

　　配位化学是无机化学中一门充满活力、极其重要的基础性分支学科，在化学基础理论和实际应用方面都有非常重要的意义和作用。自维尔纳在 1893 年提出配位理论以来，配位化学的发展已有 100 多年的历史。21 世纪，配位化学已远远超出无机化学的范围，正在形成一个新的二级化学学科，并且处于现代化学的中心地位。

　　当下，配位化学与所有二级化学学科以及生命科学、材料科学、环境科学等一级学科都有紧密的联系和交叉渗透，这些交叉和渗透表现如下：与理论化学交叉产生"理论配位化学"——配位场理论，配合物的分子轨道理论，配合物的分子力学、从头计算等。与物理化学交叉产生"物理配位化学"，包括"结构配位化学"和"配合物的热力学和动力学"。在均相和固体表面的配位作用是催化科学的基础。配合物在分析化学、分离化学和环境科学中有广泛的应用。配位化学是无机化学和有机化学的桥梁。它们之间的交叉产生"金属有机化学""簇合物化学"和"超分子化学"等。配位化学与高分子化学交叉产生"配位高分子化学"。配合物是无机-有机杂化和复合材料的黏结剂。配位化学与生物化学交叉产生"生物无机化学"，其必将进一步发展成"生命配位化学"(life coordination chemistry)，包括"给体受体化学""配位药物化学"，再与理论化学及计算化学交叉产生"药物设计学"等。配位化学与材料化学交叉产生"功能配位化学"。配位化学与纳米科学技术交叉产生"纳米配位化学"。配位化学在工业化学中有广泛应用，如鞣革、石油化工和精细化工中使用的催化剂等。

　　21 世纪，配位化学的定义也随着配位化学的发展而充实起来。配位化学是研究广义配体与广义中心体结合的"配位分子片"，以及由分子片组成的单核或多核配合物、簇合物、功能复合配合物及其组装器件、超分子、锁钥复合物，一维、二维、三维配位空腔及其组装器件等的合成和反应，剪裁和组装分离和分析，结构和构象，粒度和形貌，物理和化学性能，各种功能性质，生理和生物活性，输运和调控的作用机制，以及上述各方面的规律、相互关系和应用的学科。简言之，配位化学是研究具有广义配位作用的泛分子的化学[31]。

配位化学不再是纯粹的实验科学，它还要求广泛使用理论方法和计算方法。在人体中有几十种无机元素，它们和小分子以及生物大分子几乎都是以配位作用相结合的。血红素、骨骼、胆结石等含有复杂的配合物。所以，对配位化学的深入研究，必将极大地促进生命科学的研究向纵深方向发展。

21 世纪的配位化学处于化学的中心地位，与许多学科都有交叉和渗透，是化学学科前沿最活跃的研究领域之一，对配位化学工作者来说，这既是机遇，也是挑战。这就要求我们必须具备宽广的化学基础，特别是物理化学、理论化学和计算化学的基础，熟练掌握现代合成方法和各种谱学技术，对生命科学和材料科学有充分的了解。在研究工作中，既要考虑学科的发展，又要适应国家的战略需求。这就是面向前沿领域的转向问题。对于配位化学工作者来说，这种转向比较容易。目前，在建设创新型国家的背景下，社会经济发展对基础研究和应用研究提出了更高的要求。在配位化学的研究领域，还存在一些薄弱环节，如配位光化学、界面配位化学、纳米配位化学、新型和功能配合物以及配位超分子化合物的研究等。配合物的研究具有明显的应用背景，具有广阔的前景，也必将产生重大的经济效益。它的基础和理论性研究也处在现代化学发展的前沿领域，对我国未来化学学科的发展将产生深远的影响。

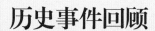

历史事件回顾

1 我国配位化学的开拓者和奠基人——戴安邦

一、戴安邦先生简介

戴安邦先生[32]是我国著名的无机化学家、化学教育家，是中国化学会的发起人之一，是中国化学会最早主办的刊物《化学》(《化学通报》的前身)的创办者，长期任该刊总编和总经理，为中国化学事业的发展奉献了一生，对中国化学特别是无机化学的发展和繁荣作出了重大贡献。1980 年当选为中国科学院学部委员(院士)。

戴安邦先生根据祖国科学技术的发展需要，从事了多个化学领域的教学和科研工作，先后在胶体化学及多酸多碱、化学模拟生物固氮、配合物固相反应研究、抗肿瘤金属配合物研究和新功能配合物设计与合成等领域取得重大成果。在国内开拓配位化学研究领域，建立配位化学研究所和配位化学国家重点实验室，培养了众多配位化学人才，使我国配位化学及无机化学在国际上占有重要地位，是我国配位化学的开拓者和奠基人。

戴安邦先生一生研究成果卓越，先后获得国家自然科学奖二等奖、三等奖，教育部科学技术进步奖一等奖、二等奖和江苏省科学技术进步奖，江苏省劳动英雄称号以及何梁何利基金科学与技术进步奖，1978 年荣获全国科学大会奖。

戴安邦先生治学严谨，"勤学习、多动手、深思考、自强不息"是他的治学格言；"立身首要是品德，人生价值在奉献"是他的为人准则，"解决实际问题，推动科学发展"是他的科研思想。他在教学上提出的"启发式八则"和"全面教育理论"至今仍为后代所传颂。

二、光辉的科学精神和学术理念

戴安邦先生的科学精神和学术理念永远值得我们传承。这些睿智都体现在他的伟业之中。科学精神主要体现在：①创建国内配位化学学科，培养配位化学人才；②建设实验基地；③促进国内外学术交流。学术理念主要体现在：①通透了基础理论和应用研究的关系，包括从实际问题中找课题，"植根于生产实践的科研之花""科学研究不但要知其然，更要知其所以然""授人以鱼不如授人以渔"；②明确了配位化学和其他学科之间的关系，涵盖密切注意配位化学发展新动向，促进配位化学和相关学科渗透。这些令人激动的鲜活例证可以从他的得意门生的纪念文章中体会到，如罗勤慧的"我国配位化学的开拓者和奠基人——戴安邦先生"[化学进展，2011, 23(12): 2405-2411]，孟庆金的"传承戴安邦先生的科学精神和学术理念"[化学进展，2011, 23(12): 2412-2416]。

先生的科学精神和学术理念很自然地延续到了 21 世纪。现在大学里要解决的问题仍然是这些如何做到位，与国家的教育导向是一致的！

作为后辈的我们，受到最多的教育仍是他的科学精神和学术理念。

(1) 目前，配位化学不但是无机化学的主流学科，而且与分析化学、有机化学、物理化学、高分子化学、生物化学、材料化学等其他学科之间的联系也越来越紧密，已在学科之间的相互融合与渗透中成为众多学科的交叉点，并凸显出自身的独特性与新颖性。因此，现在有越来越多的科学家认为，配位化学正在跨越无机化学与其他化学二级学科的界限，处于现代化学的中心地位。

我们对配位化学的认识启蒙于戴安邦先生有关配位化学教学研究的十余篇论述。戴安邦先生首次将软硬酸碱的概念介绍到我国，扩大了配位化学的视野。他还用电子亲和能、电离能和原子势的参数作为表示酸碱软硬度的标度，到目前为

止，这种势标度标定的酸的种数最多，分类也较完善。他亲自主持"配位化学命
名原则"的制订，并写成多篇论述，规范了配位化学术语，有利于国际交流。为
纪念维尔纳，他在耄耋之年编写了《配位化学的创始与现代化》，"以期读者对配
位化学的创立与现代化有新了解和启发。"诸多论述中的内容已被收入配位化学
书籍中。

(2) 戴安邦先生倡导和建立的"中国化学会全国配位化学会议"具有引领性和
前瞻性，有力地推动了我国配位化学的建设和发展。迄今该会议已延续到第九届，
每届的参与者达到上万人。戴安邦先生提出"在国内发展配位化学必须把学科建设
和人才培养有机结合起来"的理念，在这里得到了最好的诠释和发扬。

(3) 戴安邦先生最先提出"配位化学的内容必须列入无机化学教学中"的
理念。20 世纪 60 年代初，国内配位化学教材极度缺乏，戴安邦先生亲自为南
京大学化学系高年级学生讲授配位化学和指导开设实验。他用"维尔纳花费 10
年时间合成出第一个有旋光性的无机配合物后，配位理论才为世人所公认，从
而在 26 岁时成就配位理论"的故事激励年轻人。

为了让中国配位化学事业尽快发展壮大，戴安邦先生请来了苏联专家，在南
京大学举办络合物化学(现名配位化学)研究生班，培养全国高等学校优秀教师，
此时戴安邦先生已年近花甲，还自荐担任班主任。在和学员相处的日子里，他严
谨的治学态度、科学的教学方法和高尚的品德令学员们十分敬佩。研究生班结业
时他以自己的治学经验"勤学习、多动手、深思考、自强不息"来勉励年轻人，后
来这个班上的学员大多成了全国高校的配位化学教学和科研单位的骨干。

1958 年，戴安邦先生联合尹敬执、严志弦、张青莲等编写了我国第一部无机
化学统编教材《无机化学教程》(图 1-9)。这为我国化学学科的建设建立了丰碑，
书中渗透了配位化学的知识和见解。

图 1-9　戴安邦先生主编的《无机化学教程》

1977 年，中国化学会与科学出版社合作组织了"无机化学丛书"的编撰工作。戴安邦先生与顾翼东、张青莲、申泮文等历经艰辛，完成了中国有史以来第一部无机化学百科全书性质的巨著，全书 18 卷 41 个专题，总计 700 余万字。正如申泮文先生所说[33]，这项重大科技工作作出了卓越贡献：①为我国化学工作者提供了一部丰富的近现代化的原始资料资源库，对促进我国化学教学和研究的迅速发展，解决我国丰富矿产资源的综合利用、新型材料的合成、无机化学新观点和新理论的提出等都起到了不可估量的作用。②加速了我国无机化学人才的培养和无机化学学科队伍的建设。这项重要贡献可以说是立竿见影的。该丛书最初组织的作者成员大多是中青年学者，或在高校任职不久或刚刚接触科学研究，由于在编撰过程中与实际工作相结合，帮助他们迅速成长。该丛书的大多数作者后来(20 世纪末)都成长为我国的无机化学知名专家。③促成了我国高校和科研单位无机化学各领域研究方向的合理布局。戴安邦先生撰写了第十二卷《配位化学》。至今，这部巨著仍然是教师做好科研和教学工作的教科书(图 1-10)。

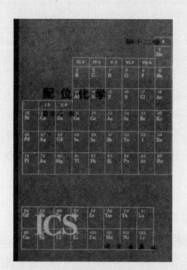

图 1-10　戴安邦先生撰写的《配位化学》

三、充满哲学和辩证法的全面化学教育

1998 年 Kohn[34]和 Pople[35]因为分别发展了密度泛函理论以及将这种量子力学计算方法融入计算化学中而获得了诺贝尔化学奖，颁奖公报宣称"化学已不再是单纯的实验科学了，量子化学已成为广大化学家的工具，将和实验研究结果一道来阐明分子体系的性质"，表明化学已经成为一门真正的严密科学。然而，实验研究仍是化学家的看家本领。

戴安邦先生一直极力倡导和亲自实践着"实验教学是实施全面化学教育的有效形式"[36]的教育思想和方法。先生以朴实的语言阐明了两个问题：一是什么是全面的化学教育，二是实验教学为什么是实施全面化学教育最有效的教学形式。他以丰富的化学史生动地解析了第一个问题，戴安邦先生总结为："要培养成为一个化学科研人才和教学人才，规格就是全面化学教育，不仅要传授化学知识，还要培养学生科学精神和科学品德，训练科学方法和科学思维。"第二个问题，他从法拉第学习时跟着戴维给戴维洗瓶子，讲到李远哲当年负责 8 个实验室的学生实验课，目的是强调实验教学确实在化学教育方面起着特殊作用，无疑是贯彻、实施全面化学教育最有效的教学形式。只有通过实验才能较全面地解决生产中存在的问题，从智力培训方面来看，从实验操作到各部分的表达，学生将得到较全面的训练。戴安邦先生强调：培养求实、求精、求真精神，就是培养科学精神和科学品德；从实验得到知识，然后再实验，得到更高、更深的知识，就是说知识要用科学的方法，经过思考而获得(图 1-11)。在目前科学大发展的背景下，学习戴安邦先生辩证、唯物的哲学观点，科学的方法论以及务实的研究作风，并从中吸取有益的启示，对推动现代化学的发展、推进今天提倡的创新性科学研究和教学都有深刻的影响。

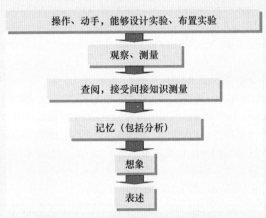

图 1-11　化学实验是全面的培养过程

四、纪念戴安邦先生最好的方法就是继承和发扬光大

戴安邦先生将一个科学研究工作者应具有的良好道德总结为"坚忍不拔、谦虚好学、善于合作、顾全大局、尊重同志和支持新秀"。他认为只有这样，才能筚路蓝缕，为科学献身；才能虚怀若谷，薪火相传。他在手稿上写下鼓励后生的话：勤奋而不为难阻，淡泊而不为利诱。这也是先生一生的写照。戴安邦先生是一位卓越的化学家，他在无机化学特别是在配位化学领域中的成就宛如一座丰碑，屹立在中国化学史上，业绩永存。尽管修筑这座丰碑的过程充满艰辛，需要奉献与牺牲，缺少虚名与功利，但他用一生去追求，无怨无悔。

今天，纪念戴安邦先生最好的方法就是继承和发扬光大戴安邦先生的学术品德、科学精神和学术理念。本书作者就是在戴安邦先生指明的配位化学发展康庄大道上迈出了一小步，编写了本书。

参 考 文 献

[1] Werner A Z. Zeitschrift für Anorganische und Allgemeine Chemie, 1893, 3: 267.

[2] Winterton N, Leigh G J, Heaton B T, et al. Chemistry International-Newsmagazine for IUPAC,

2002, 24(5): 29-30.

[3] Seyferth D. Organometallics, 2001, 20(1): 2-6.

[4] Jones E R H, Shen T Y, Whiting M C. Journal of the Chemical Society, 1951, 48: 763-766.

[5] Whiting M C. Journal of Organometallic Chemistry, 2001, 637-639: 16-17.

[6] Fischer E O, Hafner W. Zeitschrift fur Naturforschung Section B: A Journal of Chemical Sciences, 1955, 10: 665-668.

[7] Ziegler K, Holzkamp E, Breil H, et al. Angewandte Chemie-International Edition, 1955, 67: 541-636.

[8] Natta G. Journal of Polymer Science Part A: Polymer Chemistry, 1955, 16: 143-154.

[9] 游效曾. 配位化学进展. 北京: 高等教育出版社, 2000.

[10] Wilkinson G, Gillard R D, McCleverty J A. Comprehensive Coordination Chemistry. Oxford: Pergamon, 1987.

[11] Kauffman G B. Platinum Metals Review, 1992, 36 (4): 217-223.

[12] Werner A Z. Zeitschrift fur Anorganische und Allgemeine Chemie, 1895, 9: 382.

[13] Werner A Z. Zeitschrift fur Anorganische und Allgemeine Chemie, 1899, 21: 145.

[14] 章慧. 配位化学——原理与应用. 北京: 化学工业出版社, 2008.

[15] Garçon M, Bakewel C I, Sackman G A, et al. Nature, 2019, 574: 390-393.

[16] 游效曾. 配位化合物的结构和性质. 北京: 科学出版社, 1992.

[17] Frederick Hawthorne M. Nature, 2001, 412: 696.

[18] Lehn J M. NobelPrize.org. Nobel Prize Outreach AB 2021[Z/OL]. [2022-11-16]. https://www.nobelprize.org/prizes/chemistry/1987/lehn/facts/.

[19] Abrahams B, Batten S, D'Alessandro D M. Australian Journal of Chemistry, 2019, 72: 729-730.

[20] Hoskins B F, Robson R. Journal of the American Chemical Society, 1989, 111: 5962.

[21] Yaghi Laboratory. University of California, Berkeley: Department of Chemistry. Lawrence Berkeley National Laboratory[Z/OL]. [2022-11-16]. http://yaghi.berkeley.edu/index.html.

[22] Yaghi O M, Li H H. Journal of the American Chemical Society, 1995, 117: 10401-10402.

[23] Yaghi O M, Li G, Li H. Nature, 1995, 378: 703-706.

[24] 宋瀚鑫, 袁耀锋. 大学化学, 2020, 35 (7): 202-206.

[25] Schmidt G M J. Pure and Applied Chemistry, 1971, 27: 647.

[26] Laing M. Journal of Chemical Education, 1994, 71: 472.

[27] Henry Taube-Biographical. NobelPrize.org. Nobel Prize Outreach AB 2021[Z/OL]. [2022-11-16]. https://www.nobelprize.org/prizes/chemistry/1983/taube/biographical/.

[28] Hans Bethe-Biographical. NobelPrize.org. Nobel Prize Outreach AB 2021[Z/OL]. [2022-11-16]. https://www.nobelprize.org/prizes/physics/1967/bethe/biographical/.

[29] 宋广利, 赵继军. 大学物理, 2007, 26(10): 47-51.

[30] 道格拉斯·约翰·纽曼, 贝蒂·吴·道格. 晶体场手册. 张庆礼, 刘文鹏, 译. 合肥: 中国科学技术大学出版社, 2012.

[31] 徐光宪. 北京大学学报(自然科学版), 2002, 38(2): 149-152.

[32] 罗勤慧. 我国配位化学的开拓者和奠基人——戴安邦先生. 化学进展, 2011, 23(12): 2405-2411.

[33] 申泮文. 大学化学, 2003, 18(3): 1-6.

[34] Hohenberg P, Kohn W. Physical Review, 1964, 136: B864.

[35] Pople J A. Proceedings of the Royal Society A, 1951, 205: 163.

[36] 戴安邦. 实验室研究与探索, 1994, (4): 1-3.

第**2**章

配位化合物的基本概念

2.1　配位化合物的定义

1. 主体

配位化合物(简称配合物)是由可以给出孤对电子或多个不定域电子的一定数目的离子或分子[称为配位体或配体(ligand)，常用 L 表示]和具有接受孤对电子或多个不定域电子的空位的原子或离子[统称为中心原子(central atom)，常用 M 表示]按一定组成和空间构型所形成的化合物[1]。因此，配合物至少含有中心原子和配体两部分，部分配合物还有抗衡离子的存在以平衡电荷。

配体中直接与中心体结合的原子称为配位原子(coordination atom)，配位原子的总数是中心原子的配位数(coordination number，CN)，中心原子与配位原子之间形成的化学键为配位键(coordination bond)，一般用"→"表示，以示其与共价键"—"的区别。

2. 抗衡离子

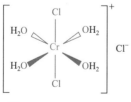

图 2-1　[CrCl₂(H₂O)₄]Cl
的配位结构

配合物既包括配位中性分子(如 [Ni(CO)₄] 或 [Pt(NH₃)₂Cl₂] 等)，也包括含有配离子的化合物(如 K₄[Fe(CN)₆]或[Cu(NH₃)₄]SO₄ 等)。配位阳离子和配位阴离子统称为配离子(coordination ion)，配离子外还有与之平衡电荷的抗衡阳离子(counter cation)或抗衡阴离子(counter anion)，如在[CrCl₂(H₂O)₄]Cl 中，中心体是Cr(Ⅲ)，配体有两种，分别是 H₂O 和 Cl，其中的配位原子分别是 O 和 Cl，Cr(Ⅲ)的配位数是 6，在该配合物中存在两种键合形式的 Cl，在内层中的 2 个 Cl 以配位键与 Cr(Ⅲ)相连，而外层 Cl⁻ 作为抗衡离子，以离子键与配阳离子相连(图 2-1)。

3. 结晶分子

有些配合物除了中心原子、配体、抗衡离子外，还有一些水、溶剂或其他客体等结晶分子，如 $Fe_4[Fe(CN)_6]·nH_2O$ 中的水分子，即为结晶水分子。该类结晶分子往往是在配合物形成或结晶过程中填充在配合物的孔隙中，有的在配合物形成和结构维持中起一定作用，与配合物分子结构本身没有直接关系[2]。

思考题

2-1　配合物形成过程中水分子常有湿存水、结晶水和结构水之分，思考它们的含义及区分方法。

2.2　配位化合物的组成

配合物中，中心原子与配体组成的内配位层称为内层(inner sphere)，用方括号 "[ ]" 标示(图 2-2)，内层以外的部分称为外层(outer sphere)。有的配合物只有内层而无外层。

配合物的内层一般带电荷，带电荷的内层也称配离子，相关的一些概念可以下列实例(图 2-3)说明。

图 2-2　配合物的一般组成

[Co(NH₃)₆]Cl₃　　K₄[Fe(CN)₆]　　[Ni(CO)₄]
配阳离子　　　　配阴离子　　　中性分子

图 2-3　配离子电荷实例

2.2.1　配体

1. 配体的概念

配体通常是电子供体(路易斯碱)，是含有孤对电子的分子或离子，如 NH_3、H_2O、CN^-、$X^-(X = F、Cl、Br、I)$等。氢负离子 H^- 和能提供 π 键电子的有机分子或离子也可作为配体，如[Co(CO)₄H]、[Fe(CO)₄H₂]等配合物[3]。

在元素周期表中，一共有 14 种元素可以作为配体原子，它主要属于元素周期表中 3 个主族的元素，包括 V A 族的 N、P、As、Sb，VIA 族的 O、S、Se、Te，VIIA 族的卤素，氢负离子以及有机配体中的碳原子。

2. 配体的分类

表 2-1 列出了一些常见的简单配体和其对应的配位原子。在遇到复杂配体结构时，为了书写简单，也经常采用这些配体的缩写形式。

表 2-1 常见配体的配位原子与配位基团

配位原子	配位基团
O	H_2O, NO, O_2, OH^-, ONO^-, NO_3^-, SO_4^{2-}, PO_4^{3-}, CO_3^{2-}, O^{2-}, —OH(醇、酚), —O—(醚), $-\overset{\text{O}}{\underset{}{C}}$—(醛、酮、醌), —COOH, —COOR, $-\overset{\text{O}}{\underset{}{S}}$—R(亚砜)、$-\overset{\text{O}}{\underset{\text{O}}{S}}$—R(砜)
N	NH_3, NO, N_2, N_3^-(叠氮酸根), NO_2^-, NC^-, NCS^-(异硫氰酸根), $-NH_2$, —NHR, $-NR_2$, —C=N—(席夫碱), —C=N—OH(肟), —CO—NH—OH(异羟肟酸), $-CONH_2$(酰胺), $-CONHNH_2$(酰肼), —N=N—(偶氮), —C≡N, 含氮杂环
C	CO, CN^-, $C_5H_5^-$, $C_8H_8^-$, >CR_2(亚烷基), —>CR(次烷基), C_2H_2, C_2H_4, C_4H_6, C_6H_6
S	SCN^-(硫氰酸根), —SH(硫醇), —S—(硫醚), $-\overset{\text{S}}{\underset{}{C}}$—(硫醛、硫酮), —COSH(硫代羧酸), —CSSH(二硫代羧酸), $-CSNH_2$(硫代酰胺)
P	PH_3, PF_3, PCl_3, PBr_3, PR_3(膦类)
As	AsH_3, $AsCl_3$, AsR_3(胂类)
Se	—SeH(硒醇、硒酚), $-\overset{\text{Se}}{\underset{}{C}}$—(硒醛、硒酮), —CSeSeH(二硒代羧酸)
X	F^-, Cl^-, Br^-, I^-

思考题

2-2　配合物中心离子与配体之间是哪种化学键？内层和外层之间是哪种化学键？

1) 经典配体和非经典配体

按照配体与中心体键合方式的不同，可将配体分为经典配体和非经典配体。经典配体是指维尔纳型配合物中的配体，这类配体作为路易斯碱，其配位原子仅提供孤对电子与中心体形成配键，如 F^-、Cl^-、Br^-、I^- 等卤族离子，OH^-、RCO_2^-、SO_4^{2-} 等含氧酸根离子，以及 NH_3 和 H_2O 等中性分子。在这类配合物中，中心原子往往有明确的氧化数。

非经典配体则可以用 π 电子或者 σ 成键与 π 键的协同作用与中心体成键。提供 π 电子的为 π 配体，π 配体往往以不饱和有机分子上的 π 电子与中心体键合，如直链形的不饱和烃(烯烃、炔烃等)和具有离域 π 键的环状体系(环戊二烯、苯、环辛四烯基)[4]，其所形成的有机金属化合物是配合物中的重要类型之一，通常在有机化学等教材中另列单独章节讨论。

非经典配体既能提供电子对给中心原子形成配键，又能用自身空的 π 轨道接受中心体的反馈电子形成反馈 π 键(π-backbonding，图 1-8)，如 CO、N_2、NO、CN^-、R_3P、R_3As 等。按照路易斯酸碱理论，这类配体既是 σ 碱又是 π 酸，故称为 π 酸配体。

含碳的有机基团如亚烷基($>CR_2$)和次烷基($—CR$)也属于非经典配体，如它们与金属形成多重键的卡宾(carbene)配合物和卡拜(carbyne)配合物(图 2-4)。

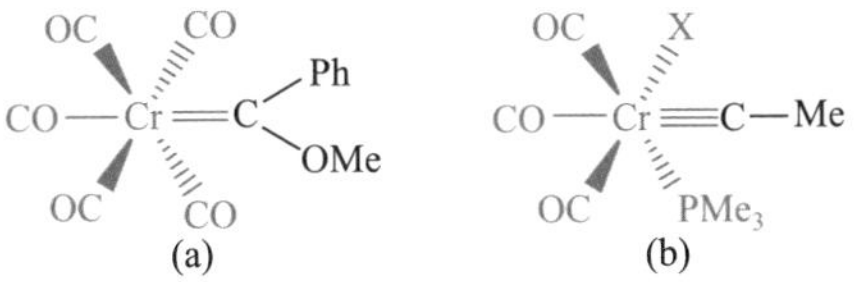

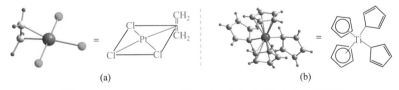

图 2-4 卡宾(a)与卡拜(b)配合物的结构

在配合物中，可以同时存在不同类型的配体，如在蔡斯盐 $K[PtCl_3(C_2H_4)] \cdot H_2O$[5-6](图 2-5)中既有经典配体 Cl^-，又有 π 配体 C_2H_4。同一种配体在不同的配位环境中既可作为经典配体，也可作为非经典配体，甚至在一个配合物中同时可存在多种配体形式，如 $Ti(C_5H_5)_4$ 中的 4 个环戊二烯基配体就扮演了两种配体角色，2 个是经典配体，2 个是 π 配体(图 2-5)。

图 2-5 $[PtCl_3(C_2H_4)]$(a)和$(\sigma\text{-}C_5H_5)_2(\eta\text{-}C_5H_5)_2Ti$(b)的结构

2) 单齿配体和多齿配体

还可以根据配体中配位原子的数目将其分为单齿配体(monodentate ligand)和多齿配体(polydentate ligand)。单齿配体是指一个配体中仅含有一个配位原子的配体，如卤素配体、NH_3、OH^-、H_2O、$P(CH_3)_3$ 等。多齿配体是指含有两个或两个

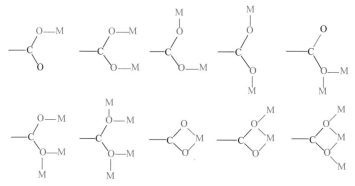

图 2-6 卟啉配体的结构

以上配位原子的配体。根据配体中的配位原子数可将配体分为双齿配体(如乙二胺、丙二胺、2,2′-联吡啶、4,4′-联吡啶、草酸根等)、三齿配体(tridentate ligand)(如二乙三胺、2,2′,2″-三联吡啶等)、四齿配体(tetradentate ligand)(如氨三乙酸根、12-冠-4 等)、五齿配体(quinquedentate ligand)(如四乙五胺、15-冠-5 等)、六齿配体(hexadentate ligand)(如乙二胺四乙酸根、18-冠-6 等),还有齿数更高的配体,如八齿配体(二乙三胺五乙酸根)等。常见的卟啉(porphyrin)分子即为典型的四齿配体,配位原子是 4 个 N 原子(具有孤对电子的两个 N 原子和 H⁺解离后留下孤对电子的两个 N 原子,图 2-6)。

同一配体在不同配合物中的配位方式可能不止一种,如羧酸根可以用如图 2-7 所示的多种方式进行配位,因此配体的"有效"齿数并不是固定不变的。

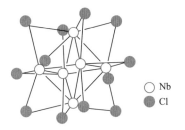

图 2-7 羧酸根的多种配位方式

值得注意的是,有些配体可以同时与两个或两个以上的中心体形成配合物,这类配体称为桥联配体,如 OH⁻、Cl⁻、O²⁻、N₃⁻、CO、S²⁻等单齿桥联配体,4,4′-联吡啶、咪唑等双齿桥联配体。一般来说,桥联配体往往连接多个中心体形成多核配合物。例如,$[Nb_6Cl_{12}]^{2+}$中 8 个 Cl 原子起桥联作用,连接在八面体的各条边上(图 2-8)。

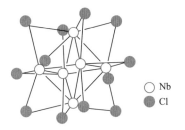

○ Nb
● Cl

图 2-8　$[Nb_6Cl_{12}]^{2+}$的结构

然而,并非所有含两个配位原子的配体都可与中心原子配位。当两个配位原子的距离过近时,仅有一个配位原子与中心原子键合形成配合物,这类配体称为两可配体或异性双基配体(ambidentate ligand),如硫氰根(SCN⁻,以 S 配位)与异硫氰根(NCS⁻,以 N 配位)、硝基(NO₂⁻,以 N 配位)与亚硝酸根(O=N=O⁻，以 O 配位)、氰根(CN⁻，以 C 配位)与异氰根(NC⁻，以 N 配位)等。

多齿配体在配位化学中具有非常重要的作用，利用其结构特点，已经有非常多的新型配位化合物被成功合成。其中一个典型代表就是大环配体(macrocyclic ligand)。大环配体在环的骨架上有 O、N、Se 等多个配位原子，如冠醚(crown ether)、穴醚(cryptand)、索醚(catenanether)、氮杂冠醚(azacrown ether)、全氮冠醚(又称为大环胺，macrocyclic polyamine)、硫杂冠醚(thiacrown ether)、卟啉，以及金属原子取代冠醚环上的烷碳得到的金属冠醚和金属氮杂冠醚等(图 2-9)[7]。这类大环配体赋予了配位化合物丰富的结构设计性。

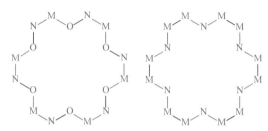

图 2-9　金属冠醚(18-MC-6)与金属氮杂冠醚(aza-18-MC-6)

开链配体或多足配体(podand)在配位化学中也非常有趣，这类配体在配位前虽然不是环状的，但是在形成配合物的过程中其行为类似于大环配体。这类配体具有良好的构象柔性，配位时能将中心体环绕起来形成类球状配位空穴，并可通过对骨架和末端基的调控得到各种有序的超分子结构。刘伟生等在这方面做了很多工作[8]，他们利用柔性三足非手性配体设计合成了多种手性配位聚合物，如 (10,3)-a 型配位聚合物[EuL(pic)₃]ₙ。加拿大科学家奥尔维格(C. Orvig，1954—)等利用氮原子为桥头原子的三足配体[9]，通过对镧系元素(Ln)的尺寸和液相环境进行调控，实现了从单帽结构到双帽结构，从单帽包埋阳离子到双帽包埋阳离子，再到三明治型配合物的设计与组装(图 2-10)。

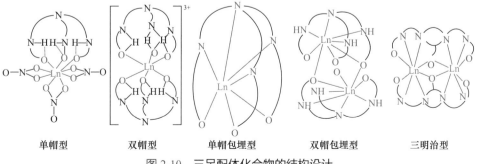

| 单帽型 | 双帽型 | 单帽包埋型 | 双帽包埋型 | 三明治型 |

图 2-10　三足配体化合物的结构设计

2.2.2 中心原子

中心原子或离子也就是配合物的形成体(formed body)，几乎所有元素的原子均可作为中心原子。但经典维尔纳型配合物中的中心原子一般是能提供空轨道的阳离子，最常见的是金属离子，尤其是过渡元素金属离子，也有很多电中性的原子，甚至有极少数氧化数为负值的离子。例如，[Fe(CO)]中氧化数为 0 的 Fe，Na[Co(CO)$_4$]中氧化数为–1 的 Co；此外，有些非金属也可作为中心原子，如[SiF$_6$]$^{2-}$中的 Si 和[BF$_4$]$^-$中的 B 均为中心原子。随着配合物概念的拓宽和范围的扩大，中心原子的定义也越来越深化。广义上的中心原子还包括卤素离子、酸根离子(羧酸、磷酸等)、铵根离子等无机离子和有机离子以及一些中性分子(如苯)等。

2.2.3 配位数

直接与中心原子配位的配位原子数目称为该中心原子的配位数。例如，在[Co(NH$_3$)$_6$]Cl$_3$ 和 Co[(NH$_3$)$_5$H$_2$O]Cl$_3$ 中，与中心离子 Co^{3+}直接配位的配位原子，前者是 6 个氨分子中的氮原子，后者是 5 个氨分子的氮原子和 1 个水分子中的氧原子，所以配位数均为 6。配位数等于形成配位键的数目，但不一定等于配位总数。

在确定中心原子的配位数时，一般先确定配合物的中心原子和配体，再找出配位原子的数目。如果配体是单齿配体，该中心原子的配位数等于配体的数目；如果配体是多齿配体，配体的数目就不等于中心原子的配位数。例如，[Co(en)$_3$]Cl$_3$ 中 Co^{3+}的配位数不是 3 而是 6。简单来说，对于含 n 个不同配体的配合物，其配位数可用如下公式计算：

$$配位数 = \sum_{i=1}^{n} 配位体\ i\ 的数目 \times 齿数 \tag{2-1}$$

中心原子的配位数一般为偶数。配位数与中心原子和配体的电荷、电子构型、体积，以及反应温度、反应物浓度等有关。一般来说，相同电荷的中心原子的半径越小或中心原子与配体半径之比越小，配位数就越小。例如，Al^{3+}和 F$^-$可以形成配位数为 6 的[AlF$_6$]$^{3-}$，而半径较小的 B^{3+}只能形成配位数为 4 的[BF$_4$]$^-$。对于同一中心原子来说，配位数随着配体半径的减小而增大。例如，Al^{3+}和 Cl$^-$只能形成配位数为 4 的[AlCl$_4$]$^-$。同时，中心离子的电荷增加或配体的电荷减小，倾向于形成配位数较大的配合物。例如，Cl$^-$和 Pt^{4+}配位时形成[PtCl$_6$]$^{2-}$，和 Pt^{2+}配位时形成[PtCl$_4$]$^{2-}$。常见金属离子的配位数如下所示。

一价金属离子	配位数	二价金属离子	配位数	三价金属离子	配位数
Cu^+	2,4	Ca^{2+}	6	Al^{3+}	4,6
Ag^+	2	Mg^{2+}	6	Cr^{3+}	6
Au^+	2,4	Fe^{2+}	6	Fe^{3+}	6
		Co^{2+}	4,6	Co^{3+}	6
		Cu^{2+}	4,6	Au^{3+}	4
		Zn^{2+}	4,6		

随着配位数的改变，其配位构型也相应变化。一般来说，配位数为 2 的配合物呈线性结构，其中心原子一般为ⅠB 和ⅡB 族原子，常见的配位数为 2 的配合物有 $[AgCl_2]^-$、Me-Hg-Me、$LAuX$（L 为中性路易斯碱，如 R_3P、R_2S、硫醚等）。两配位的配合物在有额外配体的情况下，很容易形成三配位或四配位结构。

三配位结构一般较为稀少，除了二配位结构在额外配体条件下形成三配体外，目前的研究表明大配体可以形成较为稳定的三配位结构，如 $[Pt(PCy_3)_3]$，其中三个配体分别占据三角形的三个顶点。

当中心原子尺寸较小或配体较大时，配位时倾向于形成四配位结构。配位数为 4 的构型主要有两种：正四面体和平面四边形。常见的有 $[BeCl_4]^{2-}$、$[AlBr_4]^-$、$[AsCl_4]^+$、$[MoO_4]^{2-}$、$[VO_4]^{3-}$、$[CrO_4]^{2-}$、$[MnO_4]^-$、$[FeCl_4]^{2-}$、$[CoCl_4]^{2-}$、$[NiBr_4]^{2-}$、$[CuBr_4]^{2-}$、$[Pt(NH_3)_4]^{2+}$、$[Ni(CN)_4]^{2-}$等。

配位数为 5 的配合物主要有三角双锥和四方锥两种构型，而这两种结构在轻微的变化下是可以相互转变的。常见的五配位的配合物有 $[Fe(CO)_5]$、$[Cu(dipy)_2I]^+$、$[VO(acac)_2]$、$[SbCl_5]^{2-}$等。

配位数为 6 的配合物是最常见的类型，在 s, p, d, f-金属中心原子中均已发现可与配体形成六配位结构。常见的配位结构为正八面体及其变形结构。配位数为 6 的结构在配位化学中尤为重要，一方面因为它是最常见的配位结构，另一方面也是讨论低对称性结构的基础。

更大的原子或离子倾向于形成更多配位数(>6)的配合物，其中较大的ⅡA 族金属，少量的 3d 和 4d, 5d 金属可以形成配位数为 7 的配合物；而八配位结构主要有反四方棱柱、十二面体和立方体构型[10]；对于 f 区元素(镧系和锕系)，其较大的尺寸可以容纳更多的配位原子，从而其配位数可以达到 9，如 $[Nd(OH_2)_9]^{3+}$和 $[ReH_9]^{2-}$。对于更高配位数的配合物，一般需要其中心体为 f 区三价金属方可实现，一个配位数为 12 的典型例子为 $[Ce(NO_3)_6]$，它具有正二十面体结构，每一个 NO_3^- 配体通过两个 O 原子与金属键合，这类高配位数一般很难在 s 区、p 区和 d 区离子中实现。图 2-11 总结了以上不同配位数的常见配位构型[11]。

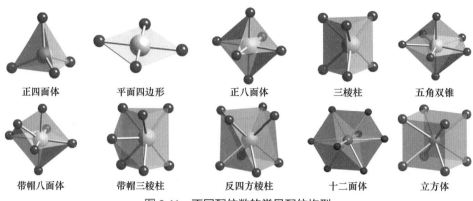

正四面体　　　平面四边形　　　正八面体　　　三棱柱　　　五角双锥

带帽八面体　　带帽三棱柱　　反四方棱柱　　十二面体　　立方体

图 2-11　不同配位数的常见配位构型

例题 2-1

下面两个钴的配合物(图 2-12)，配体都是氮，配位数都是 6，但它们的结构不同，为什么?

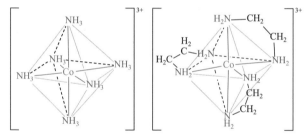

图 2-12　两种钴的六配位结构

解　提示:因中心离子与齿数不同的配体成的键不同，将形成的配合物又分成简单配合物和螯合物两种类型。前者为简单配合物，后者为螯合物。计算配位数的关键是找配位原子的数目，后一个配合物虽然配体是 3 个，但 en 是双齿配体，故配位数是 6。

2.3　配位化合物的类型

2.3.1　分类概况

配合物尚无统一的分类方法。一般根据研究需要，依据配合物的结构或性质分类。

根据中心原子的数目可分为单核、双核、三核配合物等。只含有一个中心原

子的配合物称为单核配合物(mononuclear complex)，如
[Co(NH₃)₅Cl]Cl₂。有些双齿配体的两个配位原子可各
与一个中心原子连接，形成含有两个中心原子的双核
配合物(binuclear complex)，如配体联氨形成的配合物
(图 2-13)。

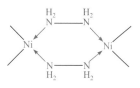

图 2-13　联氨形成的双核配合物实例

符合某特定条件的、含有两个或两个以上配位原子
的配体(多齿配体)可与同一中心离子配位形成具有环状
结构的配合物，称为螯合物(chelate)。

螯合物的环上有几个原子就称为几元环，如[Ni(EDTA)]²⁻有 2 个五元环。螯合物与一般配合物的区别主要是它们的配体不同。螯合物的配体除了需要多齿配体外，一般还要求 2 个配位原子需间隔 2 个或 3 个其他原子。一般情况下，五元环和六元环是稳定的，少于或多于这一数目的环均不稳定。一个螯合物具有的五元环或六元环的数目越多，螯合物越稳定。符合上述条件的配体称为螯合剂(chelating agent)。螯合剂绝大多数为有机化合物。

由于其环状结构，螯合物通常具有特殊的稳定性(图 2-14)。这种由于螯合环的形成而使螯合物具有特殊稳定性的效应称为螯合效应(chelate effect)。

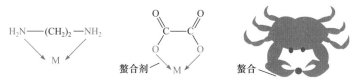

图 2-14　多齿配体与螯合效应

按配体可将配合物分为氨配合物、羰基配合物、分子氮配合物等。根据中心原子和配体之间的成键不同又可将配合物分为 π 酸配体配合物和 π 配体配合物。例如，CN⁻、CO 作配体的配合物，它们与中心体之间形成 σ 配键的同时，又接受中心体提供的 d 电子，形成反馈 π 键，即为 π 酸配体配合物；而蔡斯盐 K[PtCl₃(C₂H₄)]·H₂O 中的 C₂H₄ 配体则是以 π 键的电子与金属原子配位，即为 π 配体配合物。

按配合物的性质也可分类，根据磁性分为高自旋和低自旋配合物；根据动力学性质分为活性和惰性配合物；根据旋光性，分为有旋光性和无旋光性配合物。

本书将从经典配合物、非经典配合物、单核与多核配合物、配位聚合物四个方面进行分类介绍。

思考题

2-3　螯合物有什么特点？试举例说明它的应用。

2.3.2 经典与非经典配合物

1. 经典配合物

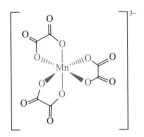

图 2-15 $[Mn(C_2O_4)_3]^{3-}$ 的结构

经典配合物也称维尔纳型配合物，它是经典配体中配位原子给出孤对电子到中心体的空轨道形成的化合物。此类配合物又可根据每个配体上配位原子的个数分为简单配合物和螯合物。经典的单齿配体形成的配合物称为简单配合物，在简单配合物中，中心原子的配位数等于配体的个数，如在 $[Cu(NH_3)_4]SO_4$ 中，Cu^{2+} 的配位数为 4。而多齿配体可与中心原子形成具有环状结构的螯合物，如双齿配体草酸根和 Mn^{3+} 键合形成的配阴离子 $[Mn(C_2O_4)_3]^{3-}$(图 2-15)中 Mn^{3+} 的配位数为 6。

而乙二胺四乙酸根中 2 个 N 原子和 4 个 O 原子往往同时参与配位，因此乙二胺四乙酸根通常作为六齿配体形成经典配合物。

大环也是一种多齿配体，大环配合物的研究是对配位化学发展的重要贡献。1967 年佩德森(C. J. Pederson，1904—1989)[12]和莱恩(J. M. Lehn，1939—)[13]相继报道了冠醚和穴醚两大类大环配体对碱金属及碱土金属的特殊配位能力，如发现二苯并 18-冠-6 对 K 的选择性配位能力强于 Cs^+ 和 Na^+，通过改变大环配体中杂原子的种类、数目以及大环的空腔大小，会显著改变配体对不同金属离子的选择性。

根据软硬酸碱理论，将冠醚上的配位原子 O 替换为 N、S、Se、Te 等，可以改善大环配体对过渡金属离子的配位能力，如用 N 原子取代 18-冠-6 和二苯并 18-冠-6 中的 O 原子，通过对稳定常数的测定发现全氮冠醚对 K^+ 的配位作用减弱。穴醚同样表现出特殊的配位性质和配合物结构，与其配位能力最强的是较硬的阳离子，如铵离子和镧系元素、碱金属、碱土金属的阳离子。由于不同尺寸的离子与不同空腔的穴醚匹配能力不同，通过选取适当的穴醚，可以将离子区分或分离出来。但这类大环配合物的配体与中心原子间不是经典的配位键。如金属阳离子与冠醚或穴醚是通过离子-偶极作用、NH_4^+ 与大环配体是通过氢键作用形成的几何构型互补。

采用具有杂原子的大环配体，如对过渡金属离子和重金属离子有着特殊配位能力的氮原子，可合成某些具有特定结构的金属配合物，这些配合物可作为研究生命活动过程的模型分子。例如，大环配合物镁卟啉、铁卟啉等对生物体的光合作用、氧的运输以及酶催化作用有重要意义(图 2-16)。

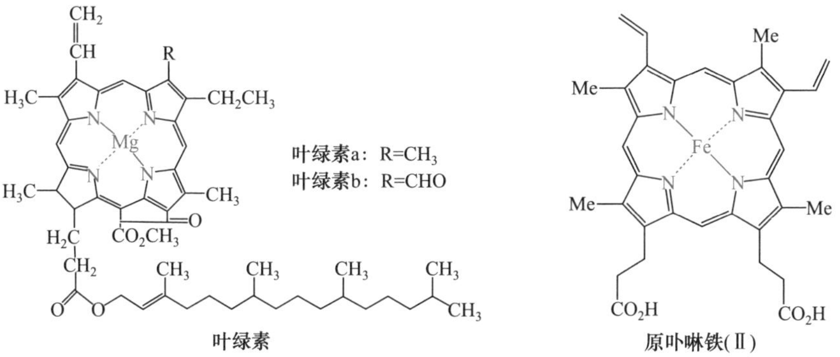

图 2-16　叶绿素和原卟啉铁(Ⅱ)的结构

2. 非经典配合物

非经典配合物也称为非维尔纳型配合物。以蔡斯盐 $K[PtCl_3(C_2H_4)] \cdot H_2O$ 为例,乙烯利用 π 电子进入 Pt(Ⅱ)的 sp^2 杂化轨道,同时 Pt(Ⅱ)将 d_{xz} 轨道上的电子反馈到乙烯空的反键轨道上,这类利用 π 配体形成的非经典配合物称为 π 配合物。π 配合物中没有特定的配位原子,其配体含有能给出 π 电子的多重键(C=C、C=O、C=N、S=O、N=O 等),主要有直链不饱和烃和环状多烯烃。这类配合物的中心体主要是有一定数量 d 电子的过渡元素,以Ⅷ族元素最为典型,如 Pt^{2+}、Pd^{2+} 等。例如,利用富勒烯球面上的双键可以通过配位键与 Pt 形成配合物。环戊二烯基和苯环是 π 配合物中最典型的离域碳环配体。这些配体可以以离域的 π 电子作为给体与金属的空轨道形成金属环多烯化合物,最早被发现的夹心配合物二茂铁[14]就是这类化合物的代表。

金属茂及其类似配合物主要有以下三种结构(图 2-17)。①夹心型结构:夹心型结构中金属原子夹在两个平行的环烯烃之间,形成三明治式夹心结构;②弯曲型结构:该结构中两个碳环之间有一定的夹角;③单环型结构:单环型结构是指配合物中仅有一个碳环和中心体配位,剩下的位置被其他配体占据。

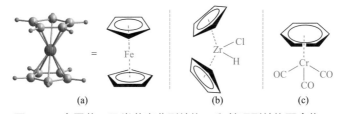

图 2-17　金属茂(a)及类茂弯曲型结构(b)和单环型结构配合物(c)

苯与过渡金属可形成对称夹心式配合物,如二苯铬、二苯钨等。C_6H_6 与 $C_5H_5^-$ 都是 6 电子 π 配体,因此二苯铬的键合方式及结构类似于二茂铁。如果苯环上部分碳原子被金属取代，形成的一系列金属杂环己三烯化合物称为金属苯化合物。1982 年 G. P. Elliott 等首次合成了具有芳香性的稳定金属苯化合物 [Os(CSCHCHCHCH)(CO)(PPh₃)₃]，此后人们合成了大量其他金属(Ir、Ru、Fe、Ni、Mo、W、Pt 等)取代的金属苯化合物、苯环上含有杂原子的多杂苯化合物、双金属取代的双金属苯化合物(图 2-18)，以及金属萘化合物等。

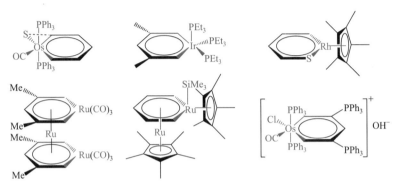

图 2-18 典型的金属苯配合物结构

非经典配合物中还有一类利用 π 酸配体与中心体形成的 π 酸配体配合物，这类配体不仅可与中心体以 σ 键键合，还可以通过反馈 π 键或不定域 π 键接受中心体上的电子。比较常见的 π 酸配合物中有羰基配合物(carbonyl complex)和类羰基配合物。

中性分子 CO 是重要的电子给予体和 π 电子受体，它与过渡元素形成的配合物及其衍生物称为羰基配合物，简称羰合物。几乎所有的过渡金属都能形成羰基配合物。羰合物中心体的常见氧化数为零，甚至还有许多负离子，如羰合物阴离子 $[Mo(CO)_4]^{4-}$、$[Mn(CO)_3]^{3-}$。根据羰合物中心原子的个数可将其分为单核如 $[Cr(CO)_6]$、$[Mo(CO)_6]$ 等，双核如 $[Mn_2(CO)_{10}]$、$[Re_2(CO)_{10}]$ 等，多核如 $[Fe_3(CO)_{12}]$、$[Rh_6(CO)_{16}]$ 等，以及异核羰合物，如 $[MnRe(CO)_{10}]$ 等。在羰合物中，CO 可以与一个或多个金属键合，CO 与金属的配位方式常见的有端基、边桥基、面桥基以及侧基配位方式(图 2-19)，如 $[Co_2(CO)_8]$ 中就有端基和边桥基两种常见配位方式(图 2-20)。

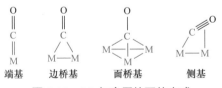

图 2-19 CO 与金属的配位方式

除 CO 外，常见的 π 酸配体还有 N_2、O_2、CN^-、NO、PF_3、PCl_3、$P(C_6H_5)_3$、$P(OCH_3)_3$ 等，这些配体形成的配合物统称为类羰基配合物。

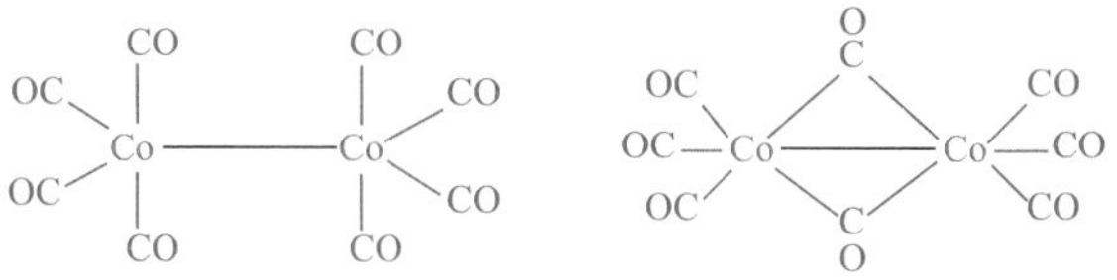

图 2-20　$Co_2(CO)_8$ 的两种结构

在 π 酸配合物和 π 配合物中，很多中心金属与有机基团之间是通过金属碳键连接，这类配合物统称为金属有机化合物或有机金属化合物(organometallic compound)，周期表中几乎所有的金属元素都能与碳结合形成不同形式的金属有机化合物。除了金属原子外，类金属如硼、硅、砷等与碳成键的化合物习惯上也称为金属有机化合物，如二乙氧基二甲基硅烷 $(CH_3)_3Si(OC_2H_5)_2$。

人类历史上第一个制备的金属有机化合物是 1827 年问世的蔡斯盐 $K[PtCl_3(C_2H_4)]\cdot H_2O$，此后有机硅、有机钠、有机锌等相继问世并得到应用，其中著名的格氏试剂、齐格勒-纳塔催化剂极大地推动了金属有机化合物的发展，也带来了巨大的工业经济效益。1951 年二茂铁的制备以及 1952 年该化合物特殊的三明治结构的确证，开辟了一大类新型金属有机化合物的新领域。

值得注意的是，金属有机化合物中金属与碳原子成键方式不仅仅是上面介绍的 π 配体与 π 酸配体的成键过程，也有可能形成 M—C 键(因为金属有机化合物的定义就有"化合物中至少有一个 M—C 键")。例如，烷基、芳基等在形成 M—C 键时，只有碳原子作为电子给予体直接与金属进行键合，这类配合物的种类很多，如工业上和实验室常用的烷基金属、C_4H_9Li 以及格氏试剂 RMgBr 等。

2.3.3　单核与多核配合物

单核配合物是指只含有一个中心原子的配合物，如$[Cu(NH_3)_4]SO_4$、$[Ni(CO)_4]$等。多核配合物(multinuclear complex)是指含有两个或两个以上有限中心原子的配合物，如双核配合物、三核配合物(trinuclear complex)、四核配合物(tetranuclear complex)甚至数百个核的配合物等。多核配合物中心原子之间可通过直接键合、单齿桥联、双齿桥联或无桥联等方式连接[15](图 2-21)。

单齿桥联，同核　　　　双齿桥联，异核　　　　无桥联，同核

图 2-21　几种代表性多核配合物的结构

中心原子相同的多核配合物称为同核配合物(homonuclear complex)，否则称为异核配合物(heteronuclear complex)或杂核配合物，如包含 108 个金属的 3d-4f 异核配合物$[Gd_{54}Ni_{54}(ida)_{48}(OH)_{144}(CO_3)_6(H_2O)_{25}] \cdot (NO_3)_{18} \cdot 140H_2O$ (ida = iminodiacetate，亚氨基二乙酸根)。

多核配合物中心原子之间直接键合形成原子簇合物(cluster compound)，当中心原子为金属时形成的多面体结构原子簇合物称为金属原子簇合物(metal cluster compound)或金属原子簇配合物。原子簇合物的研究开始于 20 世纪初对 $Co_2(CO)_8$、$Fe_2(CO)_9$、$Fe_3(CO)_{12}$ 的研究。金属原子簇配合物是原子簇合物最初的概念，但随着人们后来对硼烷、碳硼烷和过渡金属碳硼烷认识的加深，发现这类化合物电子结构上呈现出相同的规律性，因此把这些非金属簇也包括在原子簇合物的概念中。此外，习惯上还将一类无配体的金属簇离子，如 Bi_9^{5+}、Sb_7^{8-}、Pb_9^{4-}、Se_4^{2+} 等，也称为金属原子簇合物。原子簇合物不仅在结构上有其重要意义，而且在催化领域也起着重要的作用。

原子簇合物有很多种类型，按照配体类型可分为经典配体(如卤素离子、硫离子等)多核配合物和 π 酸配体(如羰基、烯、炔、氰基等)多核配合物两类。

经典配体原子簇配合物中比较常见的配体是卤素离子，如 1963 年发现的金属-金属四重键双核配合物 $K_2[Re_2Cl_8] \cdot 2H_2O^{[16]}$(图 2-22)，以及人们熟知的三核配合物$[Re_3X_{12}]^{3-}$及其衍生物。佩利戈(Eugène-Melchior Péligo, 1811—1890)早在 1844年就第一个合成了含有四重键的化合物——$Cr_2(OAc)_4(H_2O)_2$[水合乙酸铬(Ⅱ)](图2-23)[17]，但接下来的一个世纪内却没有人意识到其中成键的独特性，直至$[Re_2Cl_8]^{2-}$的发现才正式引起学术界的关注。

羰基簇合物是 π 酸配体原子簇配合物中的典型代表。羰基簇合物是指配体是CO 或 CO 加上其他配体，如 $Ni_2(CO)_2(Cp)_2$ 和 $Ir_4(CO)_{12}$(图 2-24)，这类配合物中CO 既可以与金属直接相连，也可以起桥联作用将金属连接起来。

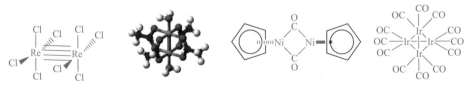

图 2-22　$[Re_2Cl_8]^{2-}$ 的结构　　图 2-23　水合乙酸铬(Ⅱ)的结构　　图 2-24　$Ni_2(CO)_2(Cp)_2$ 和 $Ir_4(CO)_{12}$ 的结构

簇合物在新型纳米材料领域也极具前景。以富勒烯 C_{60} 的空心笼状结构为例，其碳原子簇合物可以与金属形成离子型化合物，也可以形成加成化合物或包合物，如 $Ni(Me_3P)_2Cl_2$ 和 C_{60} 可形成 Ni 桥联富勒烯聚合物(图 2-25)。

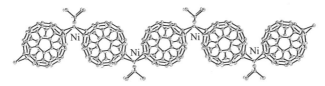

图 2-25　$[Ni(Me_3P)_2(\mu-\eta^2,\eta^2-C_{60})]_n$ 的结构

原子簇合物丰富的成键方式和奇特的结构使其具有多样的物理性质和化学活性，如可在较低温度和压力下催化聚烯烃反应，或者还在生物酶和生物蛋白中作为重要的活性中心。

2.3.4　配位聚合物

当配合物中存在无限多个中心原子，并与配体通过自组装形成的高度规则的一维、二维或三维结构时，称为配位聚合物。配位聚合物的概念于 1963 年由贝勒(J. C. Bailar, 1904—1991)[18-20]提出，至今已经发展成为一门极为重要的学科领域，且每年有大量的研究论文和专著发表。配位聚合物受到广泛关注的原因，一方面是其极为丰富的结构类型，可以实现从一维到三维多种结构的设计与合成；另一方面是配位聚合物以其具有的独特的物理性质与化学性质，在光学、磁学、电学、超导、能源存储、气体吸附及催化等方面都有很好的应用前景。配位聚合物所具有的独特性质来源于中心原子与配体各自的特性，人们可通过晶体工程预先选择具有特定物理与化学性质的结构单元，通过金属离子将配体分子按照设计排列，从而获得具有预期结构和功能的晶体材料[21-24]。关于配位聚合物的相关内容，将在第 5 章和第 6 章做详细介绍。

2.4　配位化合物的异构现象

异构是指化学式相同但结构不同的现象，配合物的异构及其多种异构现象是研究和掌握配合物性质的重要基础。凡有相同化学组成但不同结构的分子或离子互称为异构体(isomer)。类似地，化学组成相同的配合物以不同空间结构形式存在的现象称为同分异构现象(isomerism)。配合物的空间异构现象为其丰富的立体化学奠定了基础，也对其广泛应用提供了重要基础条件。配合物的空间构型虽种类繁多，但基本规律是：①形成体在中间，配体围绕中心离子排布；②配体之间倾向于尽可能远离，从而使整体能量最低，实现配合物的稳定。

原子间连接方向不同所引起的异构现象属于结构异构(structural isomerism，也称为构造异构)，结构异构主要包括键合异构(linkage isomerism)、电离异构(ionization isomerism)、配位异构(coordination isomerism)、水合异构(hydration isomerism) 等 。空间排列方式不同所引起的异构现象称为立体异构 (stereoisomerism，也称为空间异构)，包括几何异构(geometrical isomerism)和旋光异构(optical isomerism)。图 2-26 总结了常见的配合物异构体分类与判断方法。

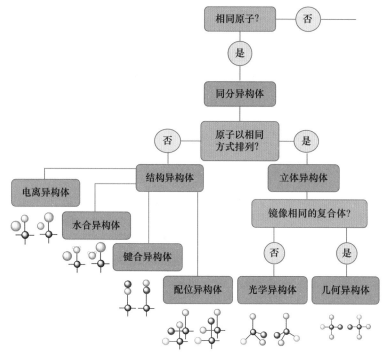

图 2-26 配合物异构体的分类与判断方法

2.4.1 结构异构

1. 键合异构现象

含有两个或两个以上不同配位原子的配体，可以通过不同的配位原子与中心金属离子配位形成配合物，这些配合物彼此称为键合异构体。例如，$[Co(NH_3)_5(NO_2)]^{2+}$ 和$[Co(NH_3)_5(ONO)]^{2+}$就是一对键合异构体，前者为硝基配合物(氮原子配位)，后者为亚硝酸根配合物(氧原子配位)，二者的结构示于图 2-27。这种能以不同配位原子与同一金属离子键合的配体，称为异性双基配体。

理论上，生成键合异构的必要条件是配体的不同原子都含有孤对电子。因此，硫氰酸根和氰根等是形成键合异构体的常见配体。典型的键合异构体有 $[Pd(bipy)(SCN)_2]$ 和 $[Pd(bipy)(NCS)_2]$、$[Co(en)_2(NO_2)_2]^+$ 和 $[Co(en)_2(ONO)_2]^+$、$[Co(NH_3)_5SSO_3]^+$和$[Co(NH_3)_5OSO_2S]^+$、cis-$[Co(trien)(CN)_2]^+$和 cis-$[Co(trien)(NC)_2]^+$ 等。而引起异性双基配体键合状态改变的因素主要包括成键原子与内层其他配体

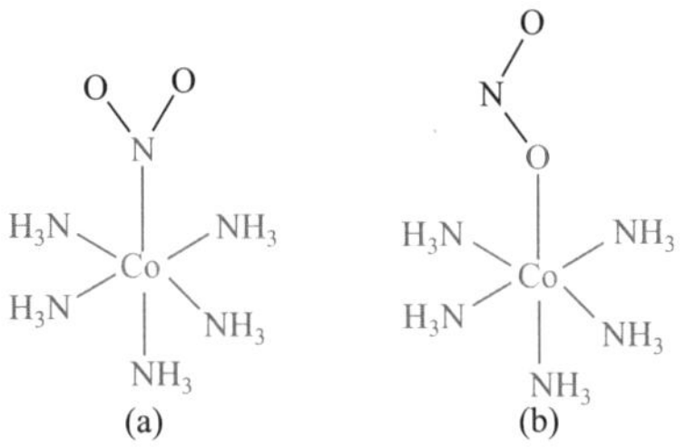

图 2-27　$[Co(NH_3)_5(NO_2)]^{2+}$(a)和$[Co(NH_3)_5(ONO)]^{2+}$(b)的结构

的性质以及空间效应[25]。例如，Pd(Ⅱ)是软酸，而硫氰酸根中 S 为软碱，因此在 $[Pd(SCN)_4]^{2-}$中 SCN$^-$通过 S 与 Pd 成键；而 Co(Ⅲ)为硬酸，在$[Co(NH_3)_5NCS]^{2+}$中配体通过 N 与 Co 成键。

2. 配位异构现象

当配合物由配阳离子和配阴离子组成时，配体在配阳离子和配阴离子中的分布不同而造成的异构现象称为配位异构现象，如 $[Co(NH_3)_6][Cr(CN)_6]$ 和 $[Cr(NH_3)_6][Co(CN)_6]$，$[Pt(NH_3)_4][CuCl_4]$和$[Cu(NH_3)_4][PtCl_4]$。其中也可以形成一系列包括中间形式的配位异构体，如$[Co(en)_3][Cr(C_2O_4)_3]$、$[Co(en)_2(C_2O_4)][Cr(en)(C_2O_4)_2]$、$[Co(en)(C_2O_4)_2][Cr(en)_2(C_2O_4)]$ 和 $[Co(C_2O_4)_3][Cr(en)_3]$ 、 $[Cr(NH_3)_6][Cr(SCN)_6]$ 和 $[Cr(NH_3)_4(SCN)_2][Cr(NH_3)_2(SCN)_4]$等。

对于同一种中心金属离子形成的阴、阳配离子，也能形成配位异构体，其中金属离子的氧化态可以相同，也可以不同，如$[Pt^{II}(NH_3)_4]$ $[Pt^{II}Cl_4]$和$[Pt^{II}(NH_3)_3Cl]$ $[Pt^{II}(NH_3)Cl_3]$，$[Pt^{II}(NH_3)_4]$ $[Pt^{IV}Cl_6]$和$[Pt^{IV}(NH_3)_4Cl_2]$ $[Pt^{II}Cl_4]$ 等。

3. 配体异构现象

如果配体本身有异构体，那么由它们形成的配合物当然也就成为异构体，这样的异构现象称为配体异构现象。例如，由 1,2-二氨基丙烷($H_2N—CH_2—CH(NH_2)—CH_3$)和 1,3-二氨基丙烷($H_2N—CH_2—CH_2—CH_2—NH_2$)(图 2-28)形成的配合物$[Co(H_2N—CH_2—CH(NH_2)—CH_3)_2Cl_2]$ 及 $[Co(H_2N—CH_2—CH_2—CH_2—NH_2)_2Cl_2]$就互为配位异构体。

4. 构型异构现象

当一个配合物可以采取两种或两种以上的空间构型时，则会产生构型异构现象。如$[NiCl_2(Ph_2PCH_2Ph)_2]$就有两种空间构型：四面体构型和平面四边形构型，其构型转变见图 2-29。可以产生这种异构现象的还有配位数为 5 的三角双锥和四方锥形配合物，配位数为 5 的十二面体和四方反棱柱形配合物。总的来说，这种异构现象比较少见。

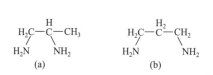

图 2-28 1, 2-二氨基丙烷(a)和 1, 3-二氨基
丙烷(b)的结构

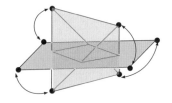

图 2-29 四面体和正方平面构型之间的
构型转变

5. 电离异构现象

配合物内、外层离子的分布不同而造成的异构现象称为电离异构现象，如 $[Co(NH_3)_5Br]SO_4$ 和 $[Co(NH_3)_5(SO_4)]Br$。前者呈暗紫色，后者呈紫红色，它们在水溶液中电离出不同的离子，因而发生不同的化学反应：

$$[Co(NH_3)_5Br]SO_4 \xrightarrow{Ba^{2+}} BaSO_4 \tag{2-2}$$

$$[Co(NH_3)_5SO_4]Br \xrightarrow{Ba^{2+}} 无反应 \tag{2-3}$$

$$[Co(NH_3)_5SO_4]Br \xrightarrow{Ag^+} AgBr \tag{2-4}$$

6. 溶剂合异构现象

在某些配合物中，溶剂分子可部分或全部进入内层，形成溶剂配位异构体。这种现象称为溶剂合异构现象，如 $[Cr(H_2O)_6]Cl_3$(蓝紫色)，$[Cr(H_2O)_5Cl]Cl_2 \cdot H_2O$(蓝绿色)，$[Cr(H_2O)_4Cl_2]Cl \cdot 2H_2O$(灰绿色)，$[Cr(H_2O)_3Cl_3] \cdot 3H_2O$(黄色)(图 2-30)。

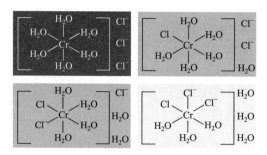

图 2-30 铬配合物的溶剂合异构现象

溶剂合异构体的物理性质、化学性质及稳定性都有很大的差别，如

$$[Cr(H_2O)_6]Cl_3 \xrightarrow[浓H_2SO_4]{脱水} 无变化 \tag{2-5}$$

$$[Cr(H_2O)_5Cl]Cl_2 \cdot H_2O \xrightarrow[\text{浓}H_2SO_4]{\text{脱水}} [Cr(H_2O)_5Cl]Cl_2 \tag{2-6}$$

$$[Cr(H_2O)_4Cl_2]Cl \cdot 2H_2O \xrightarrow[\text{浓}H_2SO_4]{\text{脱水}} [Cr(H_2O)_4Cl_2]Cl \tag{2-7}$$

上述三种异构体中，由于水分子所处位置的不同，中心体对其束缚的能力也有差异，处于外层的水分子和内层相比更容易被脱去；另外由于 Cl^- 具有较强的反位效应，Cl^- 进入内层后会降低其热稳定性；上述原因综合导致三种异构体有较为明显的热稳定性差异。

7. 聚合异构现象

配合物聚合时，由于聚合度不同或者同一聚合度但聚合方式不同所造成的异构现象称为聚合异构现象。聚合异构是配位异构的一个特例。需指出的是，与有机物的单纯聚合现象不同，配合物的聚合异构现象是既"聚合"又"异构"。例如，$[Pt(NH_3)_4][PtCl_4]$ 不是 $[Pt(NH_3)_2Cl_2]$ 的单纯聚合体，而是它的聚合异构体(二聚异构体)。而 $[Pt(NH_3)_4][Pt(NH_3)Cl_3]_2$ 则是 $[Pt(NH_3)_2Cl_2]$ 的三聚异构体。又如，$[Co(NH_3)_6][Co(NH_3)_2(NO_2)_4]$ 和 $[Co(NH_3)_4(NO_2)_2][Co(NH_3)_2(NO_2)_4]$ 都是 $[Co(NH_3)_3(NO_2)_3]$ 的二聚异构体但两者的聚合方式不相同。

2.4.2 几何异构

配合物中，由于配体在空间相对位置不同所产生的异构，称为几何异构。配体通常是彼此相互靠近(顺式，*cis-*)或彼此处于对位(反式，*trans-*)，故又称为顺-反异构。配位数为 2、3 以及配位数为 4 的四面体配合物没有几何异构现象，因为在这些结构体系中所有的配位位置都是彼此相邻的。对于平面正方形(配位数为 4)和八面体配合物(配位数为 6)来说，几何异构现象较常见。

1. 平面正方形配合物

在平面四方形中，当相同的配体处于同一边时，为顺式异构体；当相同的配体不在同一边时，为反式异构体。MA_4 和 MA_3B 型平面正方形配合物无几何异构现象。MA_2B_2 型平面正方形配合物的几何异构现象是大家非常熟悉的，其中最著名的化合物是 $[Pt(NH_3)_2Cl_2]$，其顺式(a)和反式(b)异构体的结构如下(图 2-31)。

这种结构上的差别也极大地影响它们的物理化学性质，其顺式结构为橙黄色晶体，在 25℃时水中的溶解度为 0.25g，不太稳定，能与乙二胺反应；其反式结构为鲜黄色晶体，25℃时溶解度为 0.0366g/100g 水，较稳定，与乙二胺不反应。

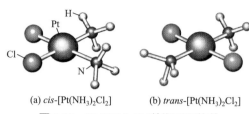

(a) cis-[Pt(NH₃)₂Cl₂]　　(b) trans-[Pt(NH₃)₂Cl₂]

图 2-31　[Pt(NH₃)₂Cl₂]的顺反异构体

MABCD 型配合物(如[Pt(NO₂)(NH₃)(NH₂OH)(py)]⁺、[Pt(Cl)(Br)(py)(NH₃)]等)具有三种几何异构体。例如，[Pt(NO₂)(NH₃)(NH₂OH)(py)]⁺的三种异构体如图 2-32 所示。

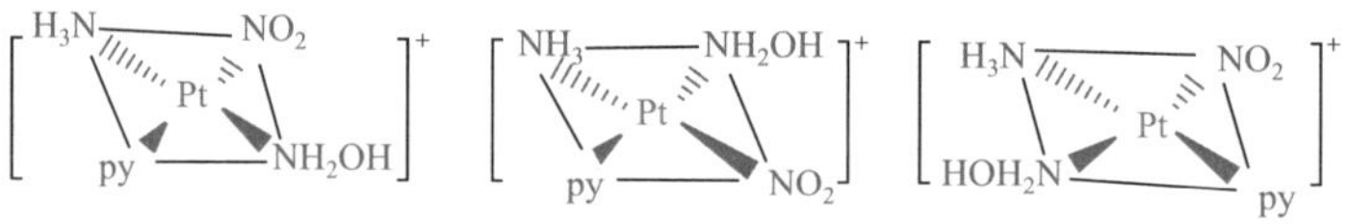

图 2-32　[Pt(NO₂)(NH₃)(NH₂OH)(py)]⁺的异构体

具有不对称双齿配体的平面正方形配合物[M(AB)₂]也有几何异构现象。例如，甘氨酸(Gly)根阴离子 NH₂CH₂COO⁻，它与 Pt(Ⅱ)生成的 cis-[Pt(Gly)₂]和 trans-[Pt(Gly)₂]具有如下结构(图 2-33)。

多核配合物中也存在几何异构现象。双核配合物[Pt₂(Pr₃P)₂(SEt)₂Cl₂]就是一个典型的实例(图 2-34)。

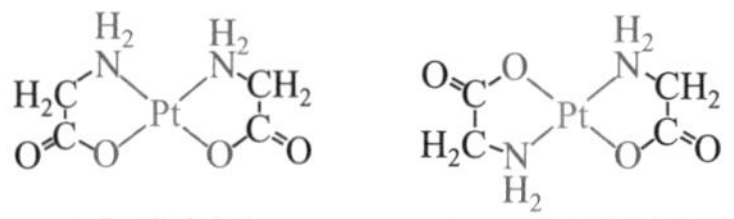

cis-[Pt(Gly)₂]　　trans-[Pt(Gly)₂]　　cis-[Pt₂(Pr₃P)₂(SEt)₂Cl₂]　　trans-[Pt₂(Pr₃P)₂(SEt)₂Cl₂]

图 2-33　cis-[Pt(Gly)₂]和　　　图 2-34　双核配合物[Pt₂(Pr₃P)₂(SEt)₂Cl₂]的几何异构
trans-[Pt(Gly)₂]的结构

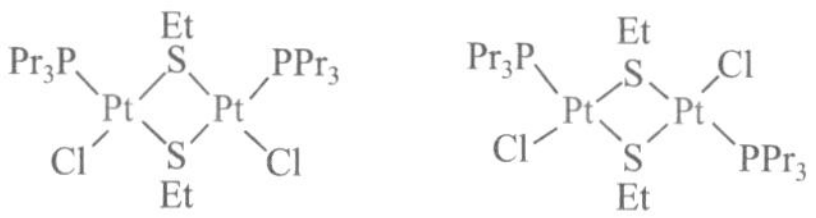

2. 八面体配合物

MA₆ 和 MA₅B 型的八面体配合物不存在几何异构体。MA₄B₂ 型配合物具有顺式和反式两种异构体(图 2-35)。

MA₄B₂ 型配合物的种类很多，如 [Cr(NH₃)₄Cl₂]⁺、[Cr(NH₃)₄(NO₂)₂]⁺、[Ru(PMe₃)₄Cl₂] 和 [Pt(NH₃)₄Cl₂]²⁺ 就是其中的典型代表。此外，[MA₄XY]、[M(AA)₂X₂]和[M(AA)₂XY]型配合物[其中 M 代表 Co(Ⅲ)、Cr(Ⅲ)、Rh(Ⅲ)、Ir(Ⅲ)、Pt(Ⅳ)、Ru(Ⅱ)和 Os(Ⅱ)，X 和 Y 代表阴离子配体如 Cl⁻、Br⁻、I⁻、SCN⁻和 NO₂⁻ 等]也都有顺式和反式两种异构体。作为示例，将[M(AA)₂X₂]型的两种异构体表示如下(图 2-36)。

图 2-35 MA₄B₂ 型配合物的顺反异构体   图 2-36 [M(AA)₂X₂]型的两种异构体

[MA₃B₃]型配合物也有两种几何异构体：一种是三个 A 占据八面体同一个三角面的三个顶点，称为面式(facial 或 *fac-*)；另一种是三个 A 位于对半剖开八面体的正方平面(子午面)的三个顶点上，称为经式或子午式(meridonal 或 *mer-*)。

[MA₃B₃]和[M(AB)₃]型配合物也均有这两种异构体(图 2-37)。

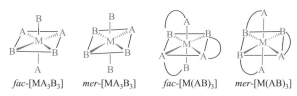

图 2-37 [MA₃B₃]和[M(AB)₃]型配合物的两种异构体

总的来说，具有面式、经式异构体的配合物的数目不多。已知的例子有[Co(NH₃)₃(CN)₃]、[Co(NH₃)₃(NO₂)₃]、[Ru(H₂O)₃Cl₃]、[RhCl₃(CH₃CN)₃]、[Ir(H₂O)₃Cl₃]、[Cr(Gly)₃]和[Co(Gly)₃]等。可见，[MA₃(BB)C]也有面式(三个 A 处于一个三角面的三个顶点)和经式(三个 A 在一个四方平面的三个顶点之上)的区别(图 2-38)，[Co(NH₃)₃(C₂O₄)(NO₂)]就是典型的配合物实例。

图 2-38 [MA₃(BB)C]的面式、经式异构体

[M(ABA)₂] (ABA 为三齿配体)型配合物有三种异构体，分别为经式、对称面式和不对称面式。

[MABCDEF]型配合物应该有 15 种几何异构体，目前已知的实例是[Pt(py)(NH₃)(NO₂)ClBrI]，且已分离出 7 种几何异构体。

2.4.3 旋光异构

实物在镜中的像称为镜像。当分子的形状与其镜像不能互相重叠时，这种互为镜像的两个分子称为手性分子(chiral molecule)。手性分子与其镜像互为对映体

(enantiomer)。对映体彼此无法重叠。它们之间的关系类似于人的左右手的关系，从镜中观察自己的左手，镜像与右手完全相同。人的双手是不能彼此重叠的，再高明的外科医生也无法将左手移植到右腕上代替右手(图 2-39)。

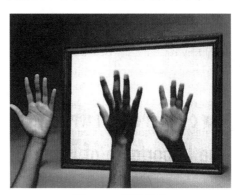

图 2-39　手的镜像

根据 IUPAC 的建议，互为对映异构体的手性螯合物的绝对构型符号为 Δ 和 Λ。具体手性符号的确定方法为[26]：以[Co(en)$_3$]$^{3+}$为例(图 2-41)，选取八面体一对相互平行的三角形平面，以中心体为中心画投影图，然后按照配合物的确定构型连接双齿配体的螯合位置。联结的方向规定为：由前面(靠近我们的平面)三角形的顶点到后面(远离我们的平面)三角形的顶点，若联结方向为顺时针则为 Δ 构型，若联结方向为逆时针方向则为 Λ 构型。

对映体能使偏振光平面向右或向左旋转(旋转方向相反但度数相同)，呈现不同的旋光性，所以称为旋光异构体(optical isomer)，或者说对映体的分子(或离子)具有旋光活性(optical activity)。显然，只有手性分子才具有旋光活性。旋光异构又称光学异构。旋光异构是由于分子中没有对称面和对称中心而引起的旋光性相反的两种不同的空间排布。例如，当分子中存在一个不对称的碳原子时，就可能出现两种旋光异构体。

在钠 D 线(589nm)下，当朝光源观察时，能使入射偏振光平面右旋的异构体为右旋异构体，使入射偏振光平面左旋的异构体称为左旋异构体。左旋和右旋异构体的大多数物理和化学性质都相同，差别仅显示在手性环境中。例如，在手性酶存在时，一个旋光异构体可能发生酶催化反应，而另一个则完全不反应[27]。于是，一个异构体可能在人体酶的催化下产生某种生理效应，它的对映体则产生不同的效应，或者不产生任何效应。再如，烟草中的左旋尼古丁的毒性要比人工合成的右旋尼古丁的毒性大得多。又如，美国孟山都公司生产的 L-dopa(二羟基苯基-L-丙氨酸)是治疗震颤性麻痹症的特效药，而它的右旋异构体(D-dopa)却无任何生理活性。陕西师范大学王长号等[28-30]发现了天然人端粒 G-四链体 DNA(G4DNA)和环二核苷酸的手性催化活性，证明了金属辅助因子对核酸催化性能的协同增强效应，实现了 G4DNA、环状 RNA、单核苷酸杂化催化剂的高效不对称催化及其产物构型翻转。

例题 2-2

如何测定配合物的旋光性?

解　提示：可以使用旋光仪(图 2-40)，它是测定物质旋光度的仪器。基于对样品旋光度的测量，可以分析物质的浓度、含量及纯度等。

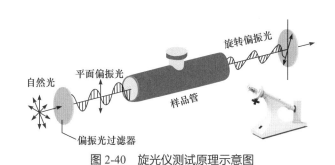

图 2-40　旋光仪测试原理示意图

许多旋光活性配合物常表现出旋光不稳定性。它们在溶液中进行转化，左旋异构体转化为右旋异构体，右旋异构体转化为左旋异构体。当左旋和右旋异构体达等量时，即得一无旋光活性的外消旋体，称为外消旋化(racemization)。

数学上已经严格证明，手性分子的充分必要条件是不具备任意次的旋转反映轴 S_n[31]。因此，平面正方形的四配位化合物通常没有旋光性(除非配体本身具有旋光性)，而四面体构型的配合物则常有旋光活性。在配合物中，最重要的具有旋光性的配合物是含双齿配体的六配位螯合物。

含双齿配体的六配位螯合物有很多旋光异构体，最常见的是[M(AA)$_3$]型螯合物，如[Co(en)$_3$]$^{3+}$，它有一对对映体(图 2-41)，类似配合物还有[Cr(C$_2$O$_4$)$_3$]$^{3-}$等。

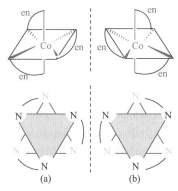

图 2-41　[Co(en)$_3$]$^{3+}$的旋光对映体：Δ-[Co(en)$_3$]$^{3+}$(a)和 Λ-[Co(en)$_3$]$^{3+}$(b)

旋光异构现象通常和几何异构现象密切相关。例如，[M(AA)₂X₂]、[M(AA)₂XY]、[M(AA)X₂Y₂]以及[M(AA)(BB)X₂]等类型的螯合物，它们的顺式异构体都可分离出一对旋光活性异构体，而反式异构体则没有旋光活性，如[Co(en)₂(NO₂)₂]⁺的三种异构体如图 2-42 所示。

不难想象，如果配体本身具有旋光活性，原本是非旋光性的配合物也会出现旋光性，因而异构体的数目将会大大增加，情况会变得非常复杂，如[Co(en)(Pn)(NO₂)₂]⁺，其中 Pn 代表 1,2-丙二胺(图 2-43)。

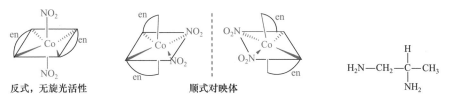

图 2-42　[M(AA)₂X₂]的旋光异构体　　　　图 2-43　1,2-丙二胺的结构式

[Co(en)(Pn)(NO₂)₂]⁺有一个手性碳原子，具有旋光活性，一般用 *d*-Pn (右旋)和 *l*-Pn (左旋)代表这一对对映体，该配合物的旋光异构体有：

1) 反式异构体

反式异构体的情况比较简单，它有三种形态：左旋体、右旋体(图 2-44)以及由左、右旋体 1：1 所组成的外消旋体。

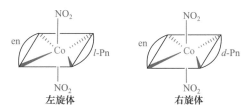

图 2-44　*trans*-[Co(en)(Pn)(NO₂)₂]⁺的旋光活性

2) 顺式异构体

如果用 *d*-Co 和 *l*-Co 表示由配合物分子的不对称性引起的旋光性，那么它们与 *d*-Pn、*l*-Pn 可以有四种组合形式：(*l*-Co，*l*-Pn)、(*l*-Co，*d*-Pn)、(*d*-Co，*l*-Pn)、(*d*-Co，*d*-Pn)。同时，它们还可以形成两种外消旋体：(*d*-Co，*d*-Pn)与(*l*-Co，*l*-Pn)、(*l*-Co，*d*-Pn)与(*d*-Co，*l*-Pn)。

此外，还有四种部分外消旋体：(*d*-Co，*d*-Pn)与(*d*-Co，*l*-Pn)、(*d*-Co，*d*-Pn)与(*l*-Co，*d*-Pn)、(*l*-Co，*l*-Pn)与(*l*-Co，*d*-Pn)、(*l*-Co，*l*-Pn)与(*d*-Co，*l*-Pn)，这样就有 10 种可能形态。

不仅如此，由于 1,2-丙二胺是手性分子，两个氨基基团是不等同的，其中氨基的对位可能是 en 的氨基，也可能是硝基，这样就使得上述每种情况都有相应的几何异构体。例如，(*l*-Co，*d*-Pn)的两种几何异构体如图 2-45 所示。

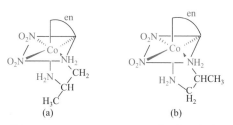

图 2-45 *l*-Co(a)和 *d*-Pn(b)两种几何异构体

对于上述 10 种形态，每一种都有两个相应的几何异构体，分别称为 α-顺式和 β-顺式。因此，[Co(en)(Pn)(NO$_2$)$_2$]$^+$共有 23 种形态。其中有 α-顺式、β-顺式各 10 种，3 种反式形态。这些旋光异构体在实验中已经全部得到。由此可见，组成更复杂的配合物其旋光异构体数量更多。

思考题

2-4 查阅文献，了解如何分离和鉴定配合物的旋光异构体。

2.5 配位化合物的命名

2.5.1 命名总则

配合物数量和种类繁多，因此建立科学合理的命名规则就显得尤为重要。除了少数配合物采用习惯命名(如 K$_4$[Fe(CN)$_6$]被称为亚铁氰化钾或黄血盐，K$_3$[Fe(CN)$_6$]被称为铁氰化钾或赤血盐，K[PtCl$_3$(C$_2$H$_4$)]·H$_2$O 被称为蔡斯盐等)外，大多数配合物的命名方法都服从一般无机化合物的命名规则。参考 IUPAC 推荐的系统命名方法，中国化学会于 1980 年出版《无机化学命名原则》制定了一套配合物的命名规则。

根据命名原则，若配合物的酸根是一个简单的阴离子，则称为"某化某"。例如，[Co(NH$_3$)$_5$H$_2$O]Cl$_3$ 命名为三氯化五氨一水合钴(Ⅲ)。若酸根是一个复杂的阴离子，则称为"某酸某"。例如，K[PtCl$_3$NH$_3$]命名为三氯一氨合铂(Ⅱ)酸钾。若外层为氢离子，则在配阴离子之后缀以"酸"字，如 H[PtCl$_3$(NH$_3$)]，命名为三氯一氨合铂(Ⅱ)酸。非离子型的中性分子配合物则以中性化合物来命名。

显然，配合物的命名的复杂性主要在于配合物的内层，处于配合物内层的配离子，其命名方法按如下顺序：配体数(用倍数词头二、三、四等数字表示)—配体的名称[不同配体之间以中圆点(·)分开]—"合"字—中心离子名称—中心离子氧

化态用带括号的罗马数字(Ⅰ)、(Ⅱ)等表示。例如,

$$K_3[Fe(CN)_6]$$　六氰合铁(Ⅲ)酸钾

$$K_4[Fe(CN)_6]$$　六氰合铁(Ⅱ)酸钾

$$[Fe(en)_3]Cl_3$$　三氯化三(乙二胺)合铁(Ⅲ)

2.5.2　配体顺序法则

若配离子中的配体不止一种,则需要对其配体命名顺序进行排序,配体列出的顺序按如下规定。

(1) 无机优先法则:在配体中既有无机配体又有有机配体,则无机配体排列在前,有机配体排列在后。例如,

$$cis\text{-}[PtCl_2(Ph_3P)_2]$$　顺-二氯·二(三苯基膦)合铂(Ⅱ)

(2) 阴离子优先法则:在无机配体和有机配体中,先列出阴离子的名称,后分别列出中性分子和阳离子的名称。例如,

$$[Co(N_3)(NH_3)_5]SO_4$$　硫酸叠氮·五氨合钴(Ⅱ)

(3) 字母顺序法则Ⅰ:同类配体的名称,按配位原子元素符号的英文字母顺序排列。例如,

$$[Co(NH_3)_5H_2O]Cl_3$$　三氯化五氨·水合钴(Ⅲ)

$$[CoCl(NH_3)_3(H_2O)_2]Cl_2$$　二氯化氯·三氨·二水合钴(Ⅲ)

(4) 少原子数优先法则:同类配体中若配位原子相同,则将含较少原子数的配体排在前面,含较多原子数的配体列后。例如,

$$[PtNO_2NH_3NH_2OH(py)]Cl$$　氯化一硝基·一氨·一羟胺·一吡啶合铂(Ⅱ)

(5) 字母顺序法则Ⅱ:若配位原子相同,配体中含原子的数目也相同,则按在结构式中与配位原子相连的原子的元素符号的字母顺序排列。例如,

$$[PtNH_2NO_2(NH_3)_2]$$　氨基·硝基·二氨合铂(Ⅱ)

(6) 字母顺序法则Ⅲ:配体化学式相同但配位原子不同,配体名称也有所不同,排列则按配位原子元素符号的字母顺序。例如,—SCN(硫原子配位)硫氰酸根和—NCS(氮原子配位)异硫氰酸根,以及—NO₂(氮原子配位)硝基和—ONO(氧原子配位)亚硝酸根等;若配位原子尚不清楚,则以化学式中所列顺序为准。例如,

$$K_2[Pt(NO_2)_4]$$　四硝基合铂(Ⅱ)酸钾

$$[Co(ONO)(NH_3)_5]SO_4$$　硫酸亚硝酸根·五氨合钴(Ⅲ)

$$[Co(NCS)(NH_3)_5]Cl_2$$　二氯化异硫氰酸根·五氨合钴(Ⅲ)

2.5.3　含特殊配体配合物的命名

(1) 烃基配体与金属相连时，一般都表现为阴离子，但在命名时将其称为"基"。例如，

$$K[B(C_6H_5)_4]　四苯基合硼(III)酸钾$$

$$K_4[Ni(C_2C_6H_5)_4]　四(苯乙炔基)合镍酸钾$$

(2) 含有多齿配体的配合物，IUPAC 未给出命名原则，因此参考配合物的英文命名方法，命名时将多齿配体中配位原子的元素符号用"κ"标示在配体后，并在其右上角标明配位的原子数目，如图 2-46 所示。

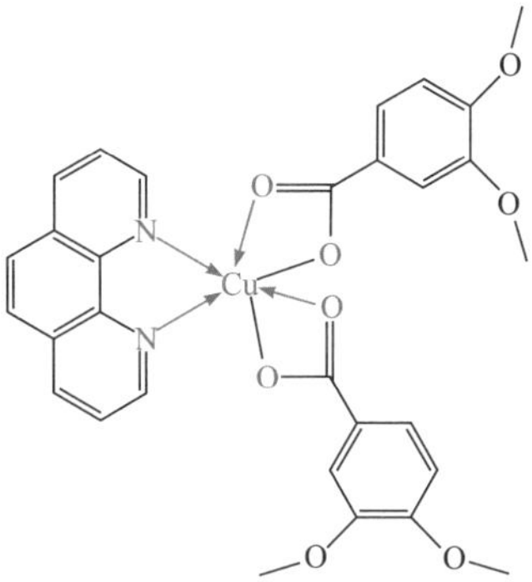

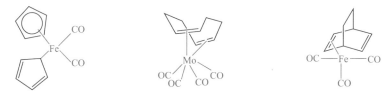

二(3,4-二甲氧基苯甲酸根-$\kappa^2 O,O'$)·(1,10-邻二氮杂菲-$\kappa^2 N,N'$)合铜(II)

图 2-46　多齿配合物的命名实例

(3) 对于有机金属配合物，为了表示键合情况，在以 π 键配位的不饱和配体的名称前加词头，并在 η 的右上角标示出与中心体键合的配位原子数目。若不饱和配体提供一个原子与中心体键合，则在配体前加词头 σ 或 η^1(图 2-47)。例如，

$$K[PtCl_3(C_2H_4)]　三氯·(\eta^2\text{-乙烯})合铂(II)酸钾$$

$$[Fe(C_5H_5)_2]　二(\eta^5\text{-茂基})合铁(II)$$

$$[Ni(NO)_3(C_6H_6)]　三亚硝酰·(\eta^6\text{-苯})合镍$$

$$[ReH(C_5H_5)_2]　氢·二(\eta^5\text{-茂})合铼(III)$$

二羰基·(η^5-茂)·(η^1-茂)合铁(II)　四羰基·(η^4-1,4-环辛二烯)合钼　三羰基·(η^2-二环[2.1.1]庚-2,5-烯)合铁

图 2-47　有机金属配合物的命名实例

(4) 若配体的链上或环上只有一部分原子参加配位，或只有一部分双键参加配位，则在 η 后插入参加配位原子的坐标。如果是配体中相邻的 n 个原子与中心体成键，则可将第一个配位原子与最末的配位原子的坐标列出，写成(1–n)，如图 2-48 所示。

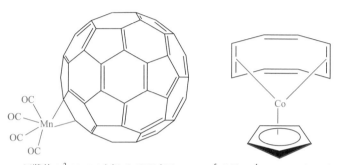

四羰基·(η²-1,2-C₆₀)合锰(Ⅰ)配阴离子　　(η⁵-茂基)·(η⁴-1,2:5-6-环辛四烯)合钴

图 2-48　配体中部分原子参与配位的命名实例

2.5.4　几何异构体的命名

几何异构一般发生在配位数为 4 的平面正方形和配位数为 6 的八面体配合物中，这类配合物用词头顺式(cis-)、反式(trans-)、面式(fac-)、经式(mer-)进行命名，当配合物中存在多种配体时，用小写英文字母作为位标表明配体具体的空间位置。当相同配体彼此靠近时，即为顺式；否则，即为反式，如图 2-49 所示。

面式和经式常用于八面体构型中 MA_3B_3 的情况，面式表示八面体构型中有一面的 3 个顶点被相同配体占据，而经式表示 3 个配体 A 和 3 个配体 B 形成的平面互相垂直，如图 2-50 所示。

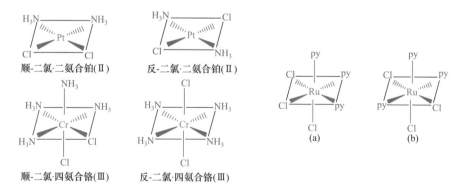

图 2-49　配位数为 4 或 6 的顺反异构体　　图 2-50　面-三氯·三(吡啶)合钌(Ⅲ)(a)和经-三氯·三(吡啶)合钌(Ⅲ)(b)

2.5.5　多核配合物的命名

(1) 简单对称结构：多核配合物中若中心原子之间有金属键直接相连且结构对称，可命名最小重复单元，并在其前加倍数词头，如[$(CO)_5Mn-Mn(CO)_5$]的命名为二(五羰基合锰)。

(2) 简单不对称结构：若结构不对称，则将英文字母在前的中心体及相连配体作为另一个中心体的配体(词尾用"基")来命名，如[$(C_6H_5)_3As-AuMn(CO)_5$]的命名为五羰基·[(三苯基胂)金基]合锰。

(3) 桥联配体结构：多核配合物中桥联配体前以希腊字母"μ"标明。若配合物中桥联基团不同时，每个桥联基团前均要用"μ"表示；若并桥联的中心多于两个，则在 μ 的下角标明数目；若同一种配体既有桥联基团，又有非桥联基团，则先列桥联基团；当中心体间既有桥联基团又有金属键相连时，在整个名称后将金属-金属键的元素符号包在括号"( )"中，如图 2-51 所示。

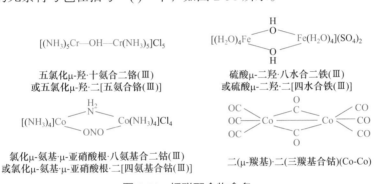

| [$(NH_3)_5Cr-OH-Cr(NH_3)_5]Cl_5$ | [$(H_2O)_4Fe$ ... $Fe(H_2O)_4](SO_4)_2$ |

五氯化μ-羟·十氨合二铬(Ⅲ)
或五氯化μ-羟·二[五氨合铬(Ⅲ)]

硫酸μ-二羟·八水合二铁(Ⅲ)
或硫酸μ-二羟·二[四水合铁(Ⅲ)]

[$(NH_3)_4Co$ ... $Co(NH_3)_4]Cl_4$

氯化μ-氨基·μ-亚硝酸根·八氨基合二钴(Ⅲ)
或氯化μ-氨基·μ-亚硝酸根·二[四氨基合钴(Ⅲ)]

二(μ-羰基)·二(三羰基合钴)(Co-Co)

图 2-51　桥联配合物命名

(4) 原子簇结构：原子簇合物中还应该标明中心原子的几何形状，如三角(triangle)、正方(quadra)、四面体(tetrahedron)、八面体(octahedron)等。图 2-52 为典型的原子簇命名实例。

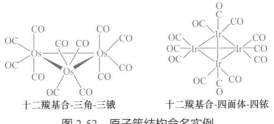

十二羰基-三角-三锇　　　　十二羰基合-四面体-四铱

图 2-52　原子簇结构命名实例

(5) 配位聚合物：IUPAC 仅针对配位聚合物中的链状配位聚合物进行了命名，命名方法是在重复单元的名称前加"链"字。据此，配位聚合物命名时可在重复单元的名称前加"聚"字，如图 2-53 所示。

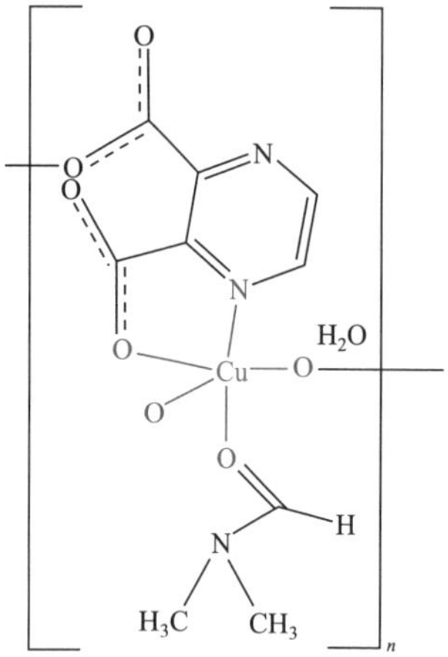

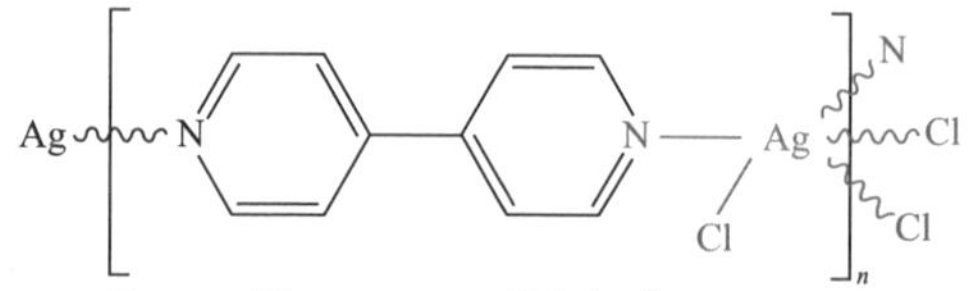

聚[三(μ-氯)·二(μ₂-4,4'-联吡啶-$\kappa^2 N:N'$)合银(I)]

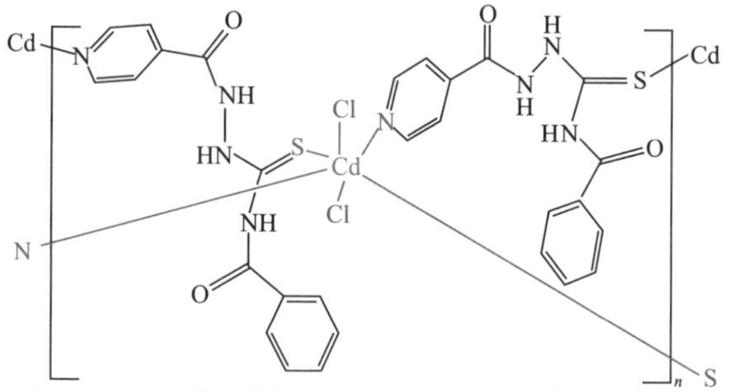

聚{一水合[三(μ₃-吡嗪-2,3-二羧
酸根-$\kappa^4 N^1,O^2:O^3:O^3$)·(N,N-二
甲基甲酰胺-κO)合铜(Ⅱ)]}

聚[二氯·二(μ-4-苯甲酰基-1-异烟酰基-氨基硫脲-$\kappa^2 N:S$)合铬(Ⅱ)]

图 2-53   配位聚合物命名实例

思考题

2-5 $[Co(NO_2)(NH_3)_5]^{2+}$呈黄色，$[Co(ONO)(NH_3)_5]^{2+}$呈红色，试用简单方法分析为什么这两种键合异构体呈现不同的颜色。

历史事件回顾

2   顺铂类抗癌药物

一、铂类药物的发展与典型化学结构

肿瘤目前已经是威胁人类健康的第一大杀手，全球每年因为癌症发病和死亡的比率大幅提升。IARC 的数据[32]表明，2020 年全球新发癌症病例高达 1929 万例，根据 IARC 的推测，在未来 20 年，全球癌症例数可能会增加 60%，形势非常严峻。目前临床上对癌症的治疗方法主要包括放射、手术和化学治疗等。在化学治疗中，顺铂类抗癌药物是目前广泛使用的药物(图 2-54)。

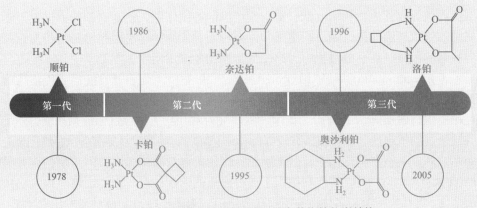

图 2-54　铂类药物的发展与典型铂类药物的化学结构

顺铂是第一代铂类药物，化学名称为顺式二氯二氨合铂(Ⅱ)，分子式为 *cis*-[Pt(NH$_3$)$_2$Cl$_2$]，因其分子结构中两个配体氨处于顺式而得名。最早合成顺铂的是佩伦(M. Peyrone，1813—1883)，在 1844 年得到，因此也将顺铂称为 Peyrone 盐[33]；1893 年，维尔纳再次对顺铂的结构进行了研究，但并未发现它的作用[34]；1965 年，密歇根州立大学的罗森堡(B. Rosenberg，1924—2009)等意外发现ⅧB 族过渡金属可以抑制细菌的分裂过程，使细菌形成长丝状，其长度约为正常长度的 300 倍[33]。他们对此产生了极大的兴趣并迅速展开深入研究，发现是实验中使用的铂电极在实验条件下与酸性氯化物反应形成了(NH$_4$)$_2$PtCl$_6$ 等化合物，进而抑制了细菌的分裂，顺铂的抗癌活性终于被发现[35-36]。1969 年，罗森堡报告顺铂具有潜在的抗癌活性。1978 年，顺铂在美国批准临床使用。我国于 1973 年成功研制顺铂，并于 1976 年正式投产[37]。自此，对顺铂类药物的研发、合成及其生物医药应用方面的研究受到诸多科研工作者的追捧和青睐，顺铂更是带动了一门新学科——生物无机化学的形成和发展。

在前期工作的基础上，铂药的构效关系被总结如下：铂(Ⅱ)配合物中两个氨配体处于顺式时有活性，反式结构几乎没有活性；氨配体为稳定基团，氮原子上至少有一个氢原子，氨配体的烷基程度越大对其活性越不利；化合物必须为中性；铂药进入肿瘤细胞核时有离去基团，与铂有中等束缚能力[38]。

顺铂于 1978 年被美国食品药品监督管理局(FDA)特批允许临床应用，是第一个上市的铂类抗癌药物[39]，应用于膀胱癌和睾丸癌的治疗，尤其对睾丸癌的治疗疗效较为显著，早期治愈率达 90%以上。同时，顺铂对喉癌、乳腺癌、鼻咽癌、甲状腺癌和肺癌等实体肿瘤均表现出一定的疗效，呈现出许多独特的优点，如抗癌谱广、可协同作用于多种抗肿瘤药物、无耐药交叉性等。根据统计，将顺铂作为首选药物或参与使用于我国癌症化疗在所有化疗方案中的占比达 60%以上。

虽然顺铂药物在癌症治疗中取得了巨大成功，但也存在以下缺点[40]，如①水溶性差，导致其生物利用度低；②正常组织的毒副作用大；③顺铂药物进入人体后常经代谢被清除掉，因此产生很多毒副作用；④顺铂容易引起多药耐药性。在寻找新的铂类抗癌药的过程中，第二代抗癌铂药应运而生。

卡铂(carboplatin)和奈达铂(nedaplatin)是 20 世纪末先后开发的第二代铂药的典型代表。卡铂的化学全称为顺-1,1-环丁烷二羧酸二氨合铂(Ⅱ)，结构式见图 2-54，是由美国百时美施贵宝公司、英国癌症研究院和庄信万丰(Johnson Matthey)公司共同研发的抗癌药物。卡铂具有较好的化学稳定性，溶解度比顺铂高 16 倍；除造血系统外，其他毒副作用明显低于顺铂；作用机制与顺铂相同，但与顺铂交叉耐药(交叉度 90%)，可以替代顺铂用于部分癌瘤的治疗；与非铂类抗癌药物无交叉耐药性，可在临床上与多种抗癌药物联合使用。我国于 1990 年成功研发出卡铂[41]，目前已经有多家制药公司可以生产卡铂抗癌药物。

奈达铂的化学全称为顺-乙醇酸-二氨合铂(Ⅱ)，由日本盐野义制药株式会社开发，1995 年首次被获准上市。国内最早于 2003 年由南京东捷药业有限公司成功生产制造。奈达铂的水溶性约是顺铂的 10 倍，且对肾的毒性也小于顺铂和卡铂。高水溶性使其在使用过程中无需水化，对消化器官和肾的毒副作用较低，且对黑素瘤、头颈部肿瘤、膀胱癌、食道癌、卵巢癌和宫颈癌等都有很好的疗效。但在白血病模型上与顺铂交叉耐药，在某种程度上限制了其临床应用。

第二代铂药由于交叉耐药性、不理想的生物毒性促使科学家寻找新一代的铂药，奥沙利铂(oxaliplatin) 和洛铂(lobaplatin)就是第三代铂药的典型代表。奥沙利铂的化学全称是顺-草酸-(反式-1-1,2-环己二胺)合铂(Ⅱ)，是第一个可以抵抗顺铂耐药性的铂类药物[42]。其结构稳定，水溶性优于顺铂但低于卡铂，体外细胞毒性谱广，体内抗肿瘤活性强于顺铂，对肠道、肝、肾和骨髓的毒性明显小于顺铂和卡铂，且耐受性更好。例如，对顺铂耐药的白血病依然可以表现出活性。对顺铂和卡铂耐药株也都表现出显著的抑制作用，尤其对死亡率较高的晚期肠癌治疗效果显著，因此奥沙利铂的临床应用非常广泛，具有广阔的市场前景。

洛铂的化学全称是 1,2-二胺甲基-环丁烷-乳酸合铂(Ⅱ)，由德国爱斯达制药股份有限公司研制，于 2005 年在我国上市，稳定且具有高的水溶性。该药与顺铂和卡铂对癌症的抑制作用和治疗效果相似或更强；毒性与卡铂相近，对肾和胃肠道毒性低，主要毒性表现为对骨髓造血的抑制；洛铂对耐顺铂的肿瘤也很有效，且与顺铂无交叉耐药性，常用于治疗晚期乳腺癌、小细胞肺癌和慢性粒细胞性白血病等，对体弱者二次伤害也较小[43-44]。

二、顺铂的抗癌作用机制

随着对顺铂研究的深入，其抗癌机制也被研究者重视。目前被广泛接受的抗癌机制为以下四个步骤(图 2-55)：跨膜转移、水合解离、靶向迁移和与 DNA 结合[45]。铂类药物进入人体后，首先采用浓差扩散的方式透过细胞膜，由于铂药分子体积与有机药物相比较小，整体表现为电中性，又具有一定的脂溶性，因此可较为轻松地完成跨膜转移进入细胞；进入细胞后，铂药在低氯离子浓度细胞内可迅速与水结合，并解离出带二价正电荷的水合氨配离子 (cis-[Pt(NH$_3$)$_2$Cl$_2$] + H$_2$O $\longrightarrow$ cis-[Pt(NH$_3$)$_2$(H$_2$O)$_2$]$^{2+}$ + 2Cl$^-$)；对于不稳定的四价铂，将会优先被还原成二价，再发生与之类似的水合解离反应；在静电引力的作用下，生成的[Pt(NH$_3$)$_2$(H$_2$O)$_2$]$^{2+}$迅速转移到细胞核中的靶目标物质 DNA；之后，配离子中的水配位基将被 DNA 中的碱基嘌呤取代，形成 DNA/cis-[Pt(NH$_3$)$_2$]加合物，使 DNA 复制发生障碍，从而抑制癌细胞分裂，实现最终抗癌的目的。

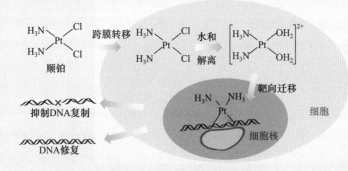

图 2-55　顺铂的抗癌作用机制

　　虽然顺铂类抗癌药物的研究已取得了显著成效,靶向给药也取得了可喜进展,但是对它的研究仍任重而道远,还需进一步掌握其毒副作用原理和揭示抗癌作用机理,探索兼具高抗癌活性和低毒副作用的新型铂类药物。

参 考 文 献

[1] 徐光宪. 北京大学学报(自然科学版), 2002, 38 (2): 149-152.

[2] 宋学琴, 孙银霞. 配位化学. 成都: 西南交通大学出版社, 2015.

[3] Busch D H. Chemical Reviews, 1993, 93 (3): 847-860.

[4] 罗勤慧. 配位化学. 北京: 科学出版社, 2012.

[5] Love R A, Koetzle T F, Williams G J B, et al. Inorganic Chemistry, 1975, 14 (11): 2653-2657.

[6] Hunt L B. Platinum Metals Review, 1984, 28 (2): 76.

[7] 陈玉婷, 徐辉, 窦建民, 等. 化学进展, 2008, (11): 1666-1674.

[8] Yan X, Cai Z, Yi C, et al. Inorganic Chemistry, 2011, 50 (6): 2346-2353.

[9] Setyawati I A, Liu S, Rettig S J, et al. Inorganic Chemistry, 2000, 39 (3): 496-507.

[10] 杨帆, 林纪筠, 单永奎. 配位化学. 上海: 华东师范大学出版社, 2002.

[11] Shriver D, Weller M, Overton T, et al. Inorganic Chemistry. 6th ed. Oxford: Oxford University

Press, 2014.

[12] Pedersen C J. Journal of the American Chemical Society, 1967, 89 (26): 7017-7036.

[13] Lehn J M. Accounts of Chemical Research, 1978, 11 (2): 49-57.

[14] Kealy T J, Pauson P L. Nature, 1951, 168: 1039-1040.

[15] 孙为银. 配位化学. 2 版. 北京: 化学工业出版社, 2010.

[16] Kuznetsov V G, Koz'min P A. Zhurnal Strukturnoi Khimii, 1963, 4: 55-62.

[17] Wisniak J, Peligot E M. Educación Química, 2009, 20 (1): 61-69.

[18] Klein R M, Bailar J C. Inorganic Chemistry, 1963, 2 (6): 1190-1194.

[19] Archer R D. Coordination Chemistry Reviews, 1993, 128 (1-2): 49-68.

[20] Kirschner S. Coordination Chemistry: Papers Presented in Honor of Professor John C. Bailar: Jr. Springer, 2013.

[21] Robin A Y, Fromm K M. Coordination Chemistry Reviews, 2006, 250 (15): 2127-2157.

[22] 陈小明, 张杰鹏. 金属-有机框架材料. 北京: 化学工业出版社, 2017.

[23] Rosi N L, Eckert J, Eddaoudi M, et al. Science, 2003, 300 (5622): 1127-1129.

[24] Xue Y Y, Bai X Y, Zhang J, et al. Angewandte Chemie International Edition, 2021, 60 (18): 10122-10128.

[25] 刘伟生. 配位化学. 2 版. 北京: 化学工业出版社, 2018.

[26] 章慧. 配位化学——原理与应用. 北京: 化学工业出版社, 2008.

[27] 蒋南, 胡学铮, 夏咏梅, 等. 现代化工, 2004, 24 (1): 24-27.

[28] Wang C, Jia G, Zhou J, et al. Angewandte Chemie International Edition, 2012, 51 (37): 9352-9355.

[29] Wang C, Qi Q, Li W, et al. Nature Communications, 2020, 11 (1): 4792.

[30] Wang C, Sinn M, Stifel J, et al. Journal of the American Chemical Society, 2017, 139 (45): 16154-16160.

[31] 项斯芬, 姚光庆. 中等无机化学. 北京: 北京大学出版社, 2003.

[32] Wild C P, Weiderpass E, Stewart B W. World Cancer Report: Cancer Research for Cancer Prevention. Lyon: IARC Publications, 2020.

[33] Rosenberg B, van Camp L, Krigas T. Nature, 1965, 205 (4972): 698-699.

[34] Rosenberg B, van Camp L, Grimley E B, et al. Journal of Biological Chemistry, 1967, 242 (6): 1347-1352.

[35] Rosenberg B, van Camp L, Trosko J E, et al. Nature, 1969, 222 (5191): 385-386.

[36] 宋海勤. 基于生物可降解高分子的金属铂类抗癌药物的研究. 长春: 吉林大学, 2013.

[37] 梁晓华. 上海医药, 2013, 34 (23): 3-6.

[38] Cleare M J, Hoeschele J D. Bioinorganic Chemistry, 1973, 2 (3): 187-210.

[39] Kelland L. Nature Review Cancer, 2007, 7 (8): 573-584.

[40] Song H, Li W, Qi R, et al. Chemical Communications, 2015, 51 (57): 11493-11495.

[41] 郭建阳, 郑念耿. 贵州大学学报(自然科学版), 2003, (2): 209-214.

[42] 林晓雯, 张艳华. 中国医院用药评价与分析, 2011, 11 (1): 4-7.

[43] Mckeage M J. Expert Opinion on Investigational Drugs, 2001, 10 (1): 119-128.

[44] Gietema J A, Veldhuis G J, Guchelaar H J, et al. British Journal of Cancer, 1995, 71 (6): 1302-1307.

[45] 张伟娜, 李春珑, 海士坤, 等. 当代化工, 2019, 48 (3): 628-633.

第3章

配位化合物化学键理论的应用及电子光谱

3.1 配位化合物的价键理论

20 世纪 30 年代初，鲍林等提出了配位化合物的价键理论，用于解释配合物中配位数、空间构型及磁学现象，在当时取得了巨大成功[1]。鲍林首先提出配合物中心体与配位原子之间形成电价配键或共价配键，相应的配合物分别称为电价配合物和共价配合物。通常基础无机化学中主要指后者共价配合物，其基本要点如下：

(1) 配位化合物中，配位原子可提供孤对电子，是电子对给予体；而中心原子是电子对的受体，提供与配位数相同数目的空轨道。从而，配位原子与中心原子之间形成配位键。

(2) 中心原子能量相近的价层空轨道进行杂化，形成数目相等且具有一定空间伸展的杂化轨道，从而与配位原子的孤对电子沿键轴方向重叠成键。

例如，Fe^{3+}的 3d 能级上有 5 个电子，这些 d 电子分布服从洪德(F. Hund, 1896—1997)规则，在简并轨道中，最大自旋状态即自旋平行时最稳定。在配离子 $[FeF_6]^{3-}$中，中心 Fe^{3+}最外层的 1 个 4s、3 个 4p 和 2 个 4d 空轨道受配体影响，形成 6 个不同方向的 sp^3d^2 杂化轨道，从而 6 个 F^-通过孤对电子与这些杂化轨道形成配位键。

(3) 中心原子的杂化轨道具有空间取向，这决定了配位原子在中心原子周围的排布方式，从而决定了配合物的空间构型。例如，Fe^{3+}的 6 个 sp^3d^2 杂化轨道为减小互相之间的排斥，在空间以正八面体取向，$[FeF_6]^{3-}$形成正八面体型配离子。表 3-1 呈现了配离子的空间构型与中心原子所提供杂化轨道的数目和类型的关系。

表 3-1   配离子的空间构型和形成体的轨道杂化类型

配位数	杂化类型	空间构型	实例
2	sp	直线形	$[Ag(NH_3)_2]^+$，$[Cu(NH_3)_2]^+$，$[Cu(CN)_2]^-$
3	sp^2	平面三角形	$[CuCl_3]^{2-}$，$[HgI_3]^-$
4	sp^3	正四面体	$[ZnCl_4]^{2-}$，$[FeCl_4]^-$，$[CrO_4]^{2-}$，$[BF_4]^-$，$[Ni(CO)_4]$
	dsp^2 sp^2d	正方形	$[Pt(NH_3)_2Cl_2]$，$[PtCl_4]^{2-}$，$[Cu(NH_3)_4]^{2+}$，$[Ni(CN)_4]^{2-}$，$[Zn(CN)_4]^{2-}$
5	d^3sp dsp^3	三角双锥	$Fe(CO)_5$，$[CuCl_5]^{3-}$
	d^2sp^2 d^4s	四方锥	$[TiF_5]^{2-}$ (d^4s)，$[SbF_5]^{2-}$
6	d^2sp^3 sp^3d^2	八面体	$[PtCl_6]^{2-}$，$[Fe(CN)_6]^{4-}$，$[Co(NH_3)_6]^{3+}$，$[CeCl_6]^{2-}$，$[Ti(H_2O)]^{2+}$

例题 3-1

试分析$[BeF_4]^{2-}$和$[Be(H_2O)_4]^{2+}$的杂化类型并画出结构。

【提示】如图所示：

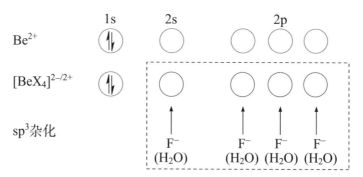

3.1.1 配位数与配位构型

配合物的构型是指配位单元的空间构型，在配合物的立体化学中占有十分重要的地位，价键理论则能够直观地解释中心体价层电子结构与配位构型的关系，为不同构型的配合物的设计提供了重要的理论基础[2]。

过渡金属配合物的配位数一般为2～12，大部分配合物为四到八配位，而二、三配位及大于八配位的过渡金属配合物数量较少，这与过渡金属离子所能提供的价层成键轨道(s、p、d)数目有关。针对特定配位数及配位构型，除考虑中心原子与配体之间的成键作用外，还需考虑中心原子或离子的半径及配体的立体效应。在配位单元中，由于排斥作用，配体之间尽可能远离，以保持能量最低。中心离子半径越大，能容纳的配位原子越多；配体的体积越大，一定空间内能与中心体配位的配体数目越少。

1. 低配位配合物

低配位配合物通常指配位数是二到七的配合物。

1) 二配位配合物

具有 d^{10} 电子组态的金属离子易于形成二配位配合物，如 Cu^+、Ag^+、Au^+、Hg^{2+} 等，由于中心金属离子具有 sp 轨道杂化，形成的配合物或配离子通常为直线形。

例如，配阴离子 $[M(CN)_2]^-$ ($M=Ag^+$，Au^+) 为直线形构型 $[N\equiv C—M—C\equiv N]^-$，中心金属离子 M^+ 的 sp 杂化轨道接受 CN^- 碳上的孤对电子形成配位键，同时 d 轨道的电子能够与 CN^- 的反键轨道形成 $d\pi$-$p\pi^*$ 反馈键，增强了结构稳定性。其他典型的线形二配位配合物还有 AgSCN、$[Ag(NH_3)_2]_2SO_4$ 和 AuI 等。其中，AgCN、AgSCN 和 AuI 均以聚合体形式存在单晶，结构见图 3-1 中 AgCN、AgSCN 和 AuI 的一维链结构。值得注意的是，同族的元素 Cu^+ 的二配位配合物却较为罕见，如 Cu_2O 和 CuCN。$K[Cu(CN)_2]$ 虽然形式上和 Ag^+、Au^+ 相应的配合物类似，但 $[Cu(CN)_2]^-$ 中的 Cu^+ 是三配位而不是二配位(见下文)。

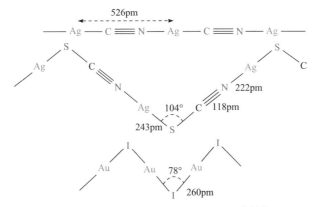

图 3-1　$(AgCN)_x$、$(AgSCN)_x$ 和 $(AuI)_x$ 的结构

Hg^{2+} 的线形二配位配合物有：HgX_2 ($X=Cl$、Br、I)、$Hg(SCN)X$ ($X=Cl$、Br)、$RHgX$ ($X=Cl$、Br) 等。但是，同族元素 Zn^{2+} 和 Cd^{2+} 则易形成稳定的四配位四面体配合物。

　　随着现代配位化学的发展及合成技术不断提高，配位化学家通过对特殊配体的设计合成，利用配体的立体效应已经将二配位配合物拓展到其他 d 电子组态的过渡金属中，包括 $Cr^{1+/2+}$、$Mn^{1+/2+}$、$Fe^{1+/2+}$、$Co^{1+/2+}$、$Ni^{1+/2+}$ 等。图 3-2 呈现了一个典型二配位 Co^{2+} 的配合物结构，其特殊的配位环境导致了罕见的 Non-Aufbau 电子组态[3]。

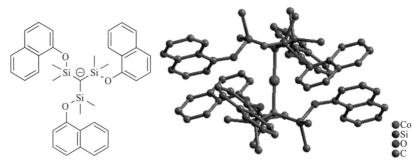

图 3-2　二配位 Co^{2+}配合物的分子结构

2) 三配位配合物

　　三配位配合物为数较少，主要有 Cu^+、Hg^{2+} 和 Pt(0)的一些配合物，如 $K[Cu(CN)_2]$、$(Ph_3P)_2Cu_2Cl_2$、$Cu[SC(NH_2)_2]_3Cl$、$[Cu(SPPh_3)_3]ClO_4$、$[Cu(SPMe_3)Cl]_3$ 和 $Pt(PPh_3)_3$ 等。其中，每个金属离子分别与三个配位原子配位成键，形成平面三角形的构型。

　　在图 3-3 中，$K[Cu(CN)_2]$的结构中包含一个螺旋形的聚合阴离子，其中每个 Cu^+ 与源于不同 CN^- 的两个 C 原子和一个 N 原子配位，形成平面三角形的构型。配合物$[Cu(SPMe_3)Cl]_3$ 中，铜离子同样为平面三角形配位，与硫原子共同组成一个六元环。

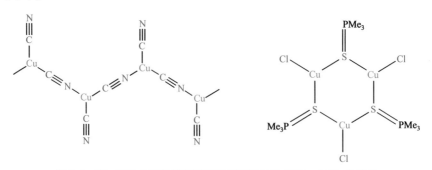

图 3-3　$[Cu(CN)_2]^-$的螺旋形阴离子结构及$[Cu(SPMe_3)Cl]_3$的结构

　　但是，化学式为 MX_3 的配合物中金属离子不一定形成三配位结构。例如，$CrCl_3$ 是层状结构，Cr^{3+}的周围有六个 Cl^-配位。而在 $CsCuCl_3$ 中，由于氯桥键的存在, Cu^{2+} 的周围有四个 Cl^- 配位, 呈链状结构—Cl—CuCl$_2$—Cl—CuCl$_2$—。AuCl$_3$ 中的 Au^{3+} 也是四配位的, 确切的化学式应为 Au_2Cl_6。

现代配位化学中, 三配位配合物也不限于以上金属离子, 已拓展到其他 d 电子组态的过渡金属。例如, 利用大体积有机配体与金属离子配位形成了三配位的 Fe^{2+} 及 Co^{2+} 配合物(图 3-4)等[4]。

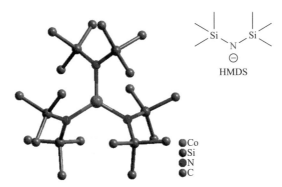

图 3-4　典型的三配位 Fe^{2+} 和 Co^{2+} 配合物[M(HMDS)$_3$]$^-$

3) 四配位配合物

四配位配合物是配位化学中最常见的一类, 它主要有四面体和平面正方形两种配位构型。通常主族元素的四配位配合物为四面体配位构型, 如 $BeCl_4^{2-}$、BF_4^-、AlF_4^- 和 $SnCl_4$ 等。这是因为主族元素易形成 sp^3 杂化方式, 采取四面体空间排列构型, 配体之间的距离较远, 静电排斥作用力最小, 能量最低。此外, 若中心体存在多余未成键孤对电子, 也会形成平面正方形构型, 如 XeF_4 中, 中心 Xe 与氟形成平面四边形构型, 两对孤对电子位于平面的上下两侧。

对于过渡离子而言, 四配位构型既有四面体形, 也有平面正方形。通常, d^8 组态的过渡金属离子或原子易形成平面正方形配合物, 而非 d^8 电子构型的过渡金属离子或原子也可形成四面体构型配合物。价键理论认为这是由于中心金属离子采取了不同的杂化方式。d^8 组态的过渡金属离子通常会采取 dsp^2 杂化, 如 [Pt(NH$_3$)$_2$Cl$_2$]、[Ni(CN)$_4$]$^{2-}$ 等, 而其他组态金属离子则易采取 sp^3 杂化, 如[ZnCl$_4$]$^{2-}$、[FeCl$_4$]$^-$ 等。但是, 具有 d^8 组态的金属离子若因离子半径太小, 或配体体积太大, 以至于不可能形成平面正方形时, 也可能形成四面体的构型。

4) 五配位配合物

五配位配合物虽然少见却占有非常重要的地位, 在研究配合物的反应动力学时发现, 无论在四配位还是在六配位配合物的取代反应历程中, 都可形成不稳定的五配位中间产物, 类似的现象出现在许多重要催化反应以及生物体内的某些生化反应中。

目前，许多已知的主族元素的配合物呈现了五配位构型，如 $P(C_6H_5)_5$、$Sb(C_6H_5)_5$ 等，同时第一过渡系金属的五配位配合物也已有发现。整体来看，含 $d^1\sim d^5$ 组态的五配位金属配合物较为少见，而 d^8 组态的相对较多。

三角双锥(TBP)和四方锥(SP)是五配位配合物中最常见的几何构型。例如，如图 3-5 所示，$Fe(CO)_5$ 具有典型的三角双锥几何构型，其轴向和水平方向的 Fe—C 键键长几乎相等。$[CdCl_5]^{3-}$ 等具有类似结构。相比而言，$[CuCl_5]^{3-}$ 在轴向和水平方向键长相差较大，晶体结构表明，其水平方向 Cu—Cl 键键长(239.1pm)比轴向(229.6pm)长约 10pm，原因在于中心 Cu^{2+} 具有 d^9 电子组态，其中 d_{z^2} 轨道只有一个电子，而其他 d 轨道均有一对电子，从而水平方向 d 电子和键对电子的斥力相对较强，键长较长。

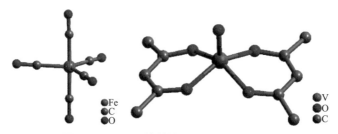

图 3-5 $Fe(CO)_5$ 的结构和 $VO(acac)_2$ 的结构

图 3-6 中 $VO(acac)_2$ 具有四方锥形配位构型，其中锥底 V—O 键键长为 197pm，而顶点 V=O 键键长为 157pm，后者双键键长比前者单键短得多。另外，V 位于锥底四个氧原子形成的平面上方约 55pm 处。

需要指出的是，三角双锥和四方锥构型可以通过变形从一种形式转变为另一种形式，这主要是因为从几何外形和能量关系来看，两者没有显著的差别，并且热力学稳定性相近(图 3-6)。例如，在$[Ni(CN)_5]^{3-}$的晶体结构中，两种构型共存[5]。

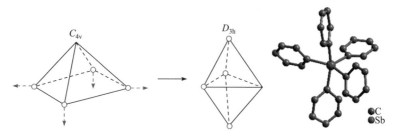

图 3-6 三角锥和四方锥几何构型之间的转换及 $Sb(C_6H_5)_5$ 的结构

在三角双锥和四方锥两种极端构型之间因变形而形成的一些畸变中间构型的 ML_5 配合物有 $P(C_6H_5)_5$ 、 $Sb(C_6H_5)_5$ 、 $Nb[N(CH_3)_3]_5$ 、 $[Co(C_6H_7NO)_5]^{2+}$ 、$[Ni(P(OC_2H_5)_3)_5]^{2+}$和$[Pt(GeCl_3)_5]^{3-}$等。图 3-6 给出了 $Sb(C_6H_5)_5$ 的结构。在 $Sb(C_6H_5)_5$

中，尽管 Sb—C 键键长符合一般四方锥的构型，但是各个 C(顶点)—Sb—C(锥底)键角却偏离它们的平均值约±4°。但需要指出的是，化学式为 ML_5 的化合物并不一定都是五配位的。例如，$[AlF_5]^{2-}$ 中就含有六配位的 AlF_6 单元，整个配合物为一链状的—F—AlF_4—F—AlF_4—结构。

5) 六配位配合物

六配位配合物在配位化学发展中具有特殊的意义，经典配位化学就是从这里产生和发展起来的。

六配位配合物一般为八面体几何构型，通常有两种畸变方式：一种是沿四重轴拉长或压扁的四角畸变，形成拉长或压扁的八面体，仍保持四重轴对称性，属 D_{4h} 点群，如图 3-7 所示。另一种是沿三重轴拉长或压缩的三角畸变，形成三角反棱柱体，保持三重轴的对称性，属 D_{3d} 点群，如图 3-7 所示。

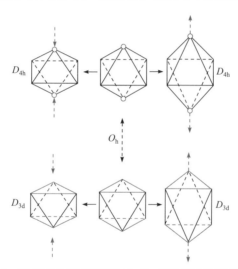

图 3-7　正八面体的两种畸变方式：四角畸变和三角畸变

CuF_2、$CuCl_2$、$CsCuCl_3$、CrF_2 以及 $Cu(NH_3)_6Cl_2$ 等都是拉长的八面体几何构型。例如，在 CuF_2 结构中，水平面上的四条 Cu—F 键键长较短(193pm)，而四重轴方向上的两条 Cu—F 键键长较长(227pm)。呈压扁的八面体构型的配合物比较少，具体的例子有 K_2CuF_4、$KCuF_3$ 和 $KCrF_3$ 等。例如，在 K_2CuF_4 中，水平面的四条 Cu—F 键较长(208pm)，而轴向两条 Cu—F 键较短(195pm)。

上述四角畸变，一般都与姜-泰勒效应(参考 3.2.5 小节)有关。ThI_2 是八面体三角畸变形成三角反棱柱体构型的实例之一。在 ThI_2 的晶体中，存在由三角反棱柱体和三角棱柱体构成的层状结构。两者中的 Th 原子周围都有六个 I 配位。

采用三角棱柱体构型的配合物比较少。例如，Re 以及 Mo、W、V、Zr 等与 $S_2C_2R_2$(R=Ph、…)配体形成的六配位配合物都是三角棱柱体构型的典型实例。

图 3-8 给出了 Re(S₂C₂Ph₂)₃ 的结构。显然，其中 ReS₆ 的结构部分属于 D_{3h} 点群，而整个分子接近于 C_3 对称。

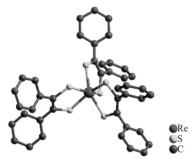

Re
S
C

图 3-8   Re(S₂C₂Ph₂)₃ 的结构

6) 七配位配合物

如图 3-9 所示，七配位配合物具有三种几何构型，分别为：五角双锥，如 $[UO_2F_5]^{3-}$；单帽八面体，第七个配体加在八面体的一个三角面上，如 $[TaOF_6]^{3-}$；单帽三角棱柱体，第七个配体加在三角棱柱的矩形柱面上，如 $[TaF_7]^{2-}$。第七个配键的存在，使得配体与配体之间的排斥力增强，键强削弱，因此七配位配合物不如六配位配合物稳定，较为少见。

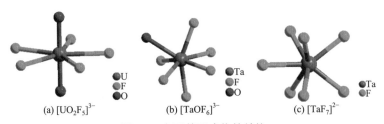

(a) $[UO_2F_5]^{3-}$ (b) $[TaOF_6]^{3-}$ (c) $[TaF_7]^{2-}$

U   Ta   Ta
F   F   F
O   O

图 3-9   七配位配合物的结构

需要指出的是，虽然七配位化合物较少，但是大多数过渡金属离子都能形成七配位配合物，特别是具有 $d^0 \sim d^4$ 组态的过渡金属离子。

除了上述三种常见的结构形式外，少数七配位配合物还具有 4∶3 形式的正方形底——三角形帽的结构，具体结构实例如 Fe(CO)₃(CPh)₄(图 3-10)。

由上述几何构型可见，与其他配位构型相比，七配位构型具有更低的结构对称性，因而这些配位构型易发生畸变，在溶液中它们极易发生分子内重排。另外，含七个相同单齿配体的配合物数量极少，而不同的配位原子具有不同键长，将使配合物趋于稳定，这同时加剧了配位多面体的畸变。

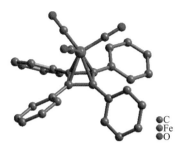

图 3-10　Fe(CO)$_3$(CPh)$_4$ 的结构

2. 高配位配合物

高配位配合物通常指八配位及八配位以上的配位化合物，而形成高配位配合物需要具备以下四个条件：①金属离子尺寸较大，而配体体积相对较小，从而减少配体间的空间位阻；②金属离子的 d 电子数较少，以获得较多的配位场稳定化能(LFSE)，并减少 d 电子和配体电子间的相互排斥作用；③金属离子具有较高的氧化数；④配位原子具有高电负性，同时变形性较小。否则，高电荷的金属离子将会使配体极化变形，配体间的相互排斥作用增强。

考虑上述四个方面的因素，具有 d^0～d^2 电子组态的过渡金属元素及镧系和锕系元素的氧化态一般都大于+3，容易形成高配位配合物。主要的配体包括 F$^-$、O^{2-}、CN$^-$、NO$_3^-$、NCS$^-$、H$_2$O 和一些螯合间距较小的双齿配体，如 C$_2$O$_4^{2-}$ 等。

八配位配合物有五种常见的几何构型，分别为：四方反棱柱体、十二面体、立方体、双帽三角棱柱体及六角双锥，以前两种为主。图 3-11 示出了这五种常见八配位配合物的结构。

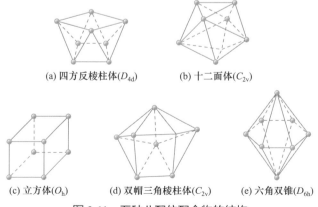

(a) 四方反棱柱体(D_{4d})　　(b) 十二面体(C_{2v})

(c) 立方体(O_h)　　(d) 双帽三角棱柱体(C_{2v})　　(e) 六角双锥(D_{6h})

图 3-11　五种八配位配合物的结构

作为示例，图 3-12 给出 Cs$_4$[U(NCS)$_8$] 中[U(NCS)$_8$]$^{4-}$和 K$_4$[Mo(CN)$_8$] · 2H$_2$O 中

$[Mo(CN)_8]^{4-}$ 的结构，前者为立方体构型，后者为四方反棱柱体。

其他构型，如 Na_3PaF_8 中的 $[PaF_8]^{3-}$ 具有立方体构型，$(NH_4)_4[VO_2(C_2O_4)_3]$ 中的 $[VO_2(C_2O_4)_3]^{4-}$ 具有六角双锥构型，以及 Li_4UF_8 中的 $[UF_8]^{4-}$ 为双帽三角棱柱体构型等，此处不再详述。

配位数为九到十二的高配位过渡金属配合物比较少见。九配位配合物的典型几何构型之一是三帽三角棱柱体，属 D_{3h} 点群。在三角棱柱体的三个矩形柱面中心的垂线上，分别加有一个配体，如 $[ReH_9]^{2-}$、$[TcH_9]^{2-}$ 及 $[Er(H_2O)_9]^{3+}$ (图 3-13)等。另外一种构型是单帽四方反棱柱体，属 C_{4v} 点群，如 $[Pr(NCS)_3(H_2O)_6]$。

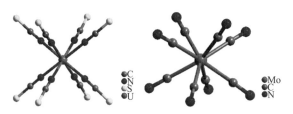

图 3-12　$[U(NCS)_8]^{4-}$ 的立方体结构及 $[Mo(CN)_8]^{4-}$ 的四
　　　　方反棱柱结构

图 3-13　$[Er(H_2O)_9]^{3+}$ 的结构

配位数为十的配位多面体通常有：双帽四方反棱柱体(D_{4d})，如 $[Th(C_2O_4)_5]^{4-}$；双帽十二面体(D_2)，如 $[La(NO_3)_3(bipy)_2]$；十四面体(C_{2v})，如 $[Ho(NO_3)_5]^{2-}$。从能量计算考虑，双帽四方反棱柱几何构型最稳定。

配位数为十一的配合物很难具有某个理想的配位多面体构型，较为罕见，可能为单帽五角棱柱体或单帽五角反棱柱体，常见于由大环配体和体积很小的双齿硝酸根构筑的配合物中，如 $Th(NO_3)_4(H_2O)_3$。

十二配位配合物最稳定的几何构型是二十面体，属于 I_h 点群。化合物 $(NH_4)_2[Ce(NO_3)_6]$ 和 $[Mg(H_2O)_6]_3[Ce(NO_3)_6]_2 \cdot 6H_2O$ 中的 $[Ce(NO_3)_6]^{3-}$ 和 $Mg[Th(NO_3)_6] \cdot 8H_2O$ 中的 $[Th(NO_3)_6]^{2-}$ 就属于这种构型，其中的 NO_3^- 都是双齿配位。

配位数高于十二的配合物较为罕见。

3.1.2　内轨型和外轨型配合物

不同配位原子的给电子能力不同，从而与中心原子形成的配位键强度不同。通常电负性越小，配位原子给电子能力越强，与中心原子形成的配位键越强。另外，还需要考虑配体的类型，若配体能够与中心原子形成反馈 π 键，如 CO、CN^- 等，则能够进一步增强配位键强度。因此，不同配体对于中心原子 d 轨道的影响不同。若中心原子与弱配体配位，则中心原子电子排布与自由离子的高自旋状态保持一致，参与杂化的价层轨道属于同一主层，d 轨道在外侧，即采取 $nsnpnd$ 杂化，形成的配位化合物为外轨型配合物；若中心原子与强配体配位，则中心原子

d 轨道电子重新排布，即采取 $(n-1)d\,ns\,np$ 杂化，中心原子参与杂化的价层轨道属于不同主层，d 轨道在内侧，形成的配位化合物为内轨型配合物。因此，能够使中心原子价层电子发生重排的为强配体，如 CO、CN^-、NO_2^- 等；不能使中心原子价层电子发生重排的为弱配体，如 F^-、Cl^-、H_2O 等[6]。

如图 3-14 所示，在 $[Fe(CN)_6]^{4-}$ 中，Fe^{2+} 与 CN^- 配位，由于 CN^- 具有很强的配位成键能力，将中心 Fe^{2+} 中 6 个电子挤入 3 个 d 轨道配对，从而两个内层 d 轨道空出，形成 d^2sp^3 杂化轨道。这导致了中心金属离子的电子排布不同于自由离子，而 6 个 d^2sp^3 杂化轨道与 CN^- 提供的孤对电子形成配位键，形成内轨型配合物。当 Fe^{2+} 与 F^- 形成 $[FeF_6]^{4-}$ 时，尽管同为八面体构型配离子，但氟离子为弱配体，不能使 3d 轨道电子排布发生重排，因此外层的 4d 轨道与 4s 及 4p 轨道杂化形成 sp^3d^2 杂化轨道，配位化合物为外轨型配合物。

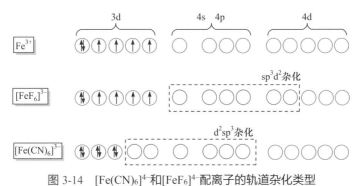

图 3-14　$[Fe(CN)_6]^{4-}$ 和 $[FeF_6]^{4-}$ 配离子的轨道杂化类型

例题 3-2

已知 $[Ni(CN)_4]^{2-}$ 是内轨型配合物，试分析其杂化类型及构型。

解

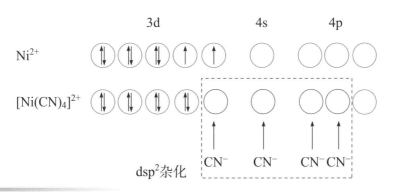

$[Ni(CN)_4]^{2-}$ 是内轨型配合物，说明空出 1 个内层 3d 轨道，从而形成 dsp^2，形

成平面四边形。这说明对四配位配合物来说，也有形成内轨型配合物和外轨型配合物之分。

配合物是内轨型还是外轨型，主要取决于中心离子的电子构型、中心离子所带的电荷及配体形成共价配键的能力。

1. 中心原子电子构型

一般来说，中心原子电子构型的影响大致分为下列三种情况。

(1) 具有 d^{10} 构型的离子常形成外轨型，因为这些离子次外层 d 轨道处于全充满状态，只能用外层轨道成键。例如，$[Ag(NH_3)_2]^+$、$[AgCl_2]^-$、$[Au(CN)_2]^-$、$[Zn(NH_3)_4]^{2+}$、$[ZnCl_4]^{2-}$ 等，其中 Ag^+、Au^+、Zn^{2+} 均为 d^{10} 构型，形成体分别采取 sp 或 sp^3 杂化。

(2) 具有 $d^1 \sim d^3$ 构型的离子，至少可提供 2 个空的 $(n-1)d$ 轨道，所以易形成内轨型配合物。

(3) 具有 $d^4 \sim d^8$ 构型的离子既可形成内轨型配合物，也可形成外轨型配合物，这主要取决于与中心体成键配体的性质。

例如，Ni^{2+} 的外层价电子构型为 $3d^8$。当与 NH_3 成键时，配合物 $[Ni(NH_3)_4]^{2+}$ 中 Ni^{2+} 外层的 4s 与 4p 轨道构成 sp^3 杂化轨道，导致正四面体空间构型；当与 CN^- 形成配位键时，3d 轨道的 2 个单电子被迫成对，从而外层的 1 个 4s 和 2 个 4p 轨道与 1 个空的 3d 轨道形成 dsp^2 杂化轨道，进而与 CN^- 的孤对电子配位成键，因此 $[Ni(CN^-)_4]^{2-}$ 为内轨型配合物，空间构型为平面正方形。

2. 中心离子的电荷数

正电荷增多，中心离子对配位原子的成键能力越强，同时价层轨道电子数减少，便于其内层轨道参与成键，有利于形成内轨型配合物。例如，$[Co(NH_3)_6]^{2+}$ 为外轨型配合物，而 $[Co(NH_3)_6]^{3+}$ 为内轨型配合物。

3. 配体形成共价配键的能力

配体形成共价配键的能力主要取决于配位原子的电负性及配体与中心原子能否形成反馈 π 键，这是影响配合物类型最为关键的因素。通常电负性越小，配位原子给电子能力越强，与中心原子形成的配位键共价性越强，倾向于形成共价配键；而电负性越大，吸电子能力越强，不易给出电子，配位键共价性越弱，倾向于电价配键。含有 π 电子的配体如羰基、氰、烯烃等与过渡金属配合，经常有反馈 π 键形成，能有效增强配体与中心原子之间配位键的共价性。例如，F^- 和 CN^- 两种配体相比较，显然 F 原子电负性很大，而 CN^- 易与过渡金属离子形成反馈 π 键，因此它们与 Fe^{3+} 形成配合物时，前者配位键倾向于形成电价配键，为外轨型配合物，后者倾向于形成共价配键，为内轨型配合物。

3.1.3　价键理论的应用

配合物的价键理论继承和发展了传统的价键概念，化学键概念明确，解释问题简洁、形象，容易为化学家所接受，不仅较好地说明了配合物的配位数及空间构型，也合理阐明了配合物的许多性质。

1. 配合物的稳定性

虽然说配离子在溶液中都有较高的稳定性，但不同配离子的稳定性差异显著。例如，$[FeF_6]^{3-}$和$[Fe(CN)_6]^{3-}$，中心离子相同，且都是配位数为 6 的正八面体配离子，但前者稳定性不如后者。同样，$[Ni(CN)_4]^{2-}$比$[Ni(NH_3)_4]^{2+}$更稳定。按价键理论的观点，这种稳定性的差别与形成配离子的配位键强度有关，通常共价性增大则配位键强度增强，因此共价配键强于电价配键，同种配位构型内轨型配合物稳定性强于外轨型配合物。因此，$[Fe(CN)_6]^{3-}$与$[Ni(CN)_4]^{2-}$配合物更稳定。

2. 配合物的磁性

配合物磁性是判断配合物电子结构的一个重要手段，它直接反映了配合物分子轨道中的成单电子数。分子的磁性可用分子磁矩 μ 进行量度，实验中通过磁天平或磁量计测定配合物的磁化强度，可以进一步计算其磁矩 μ。若配离子电子结构中不存在单电子，自旋相反的电子所产生的磁效应相互抵消，分子磁矩 $\mu = 0\ \mu_B$，此类物质称为抗磁性物质。反之，若配离子电子结构中存在未成对电子，则配合物表现为顺磁性，分子磁矩 $\mu > 0\ \mu_B$，其数值与分子中未成对电子的数目直接相关。例如，通过实验测试得到 $K_3[FeF_6]$ 和 $K_3[Fe(CN)_6]$ 两种配合物的分子磁矩分别为 $5.9\mu_B$ 和 $2.0\mu_B$，磁性强弱明显不同，这揭示了两种配合物具有不同的电子结构[7]。

根据磁学理论，分子的自旋磁矩可用下式计算：

$$\mu = \sqrt{n(n+2)}\mu_B$$

式中，n 为分子中未成对电子数；μ 的单位为玻尔磁子，用符号 μ_B 表示。通过上式计算单电子数 $n = 1 \sim 5$ 时的磁矩如下：

n	0	1	2	3	4	5
μ/μ_B	0	1.73	2.83	3.87	4.90	5.92

将实验值与理论值进行比较，可确定配离子中未成对电子数目。例如，$[FeF_6]^{3-}$的磁矩 $\mu = 5.90\mu_B$，表明$[FeF_6]^{3-}$中应有 5 个未成对电子，这与自由 Fe^{3+} 的单电子数相同，表明氟离子配位未改变中心金属离子的电子排布，因此中心离子采取

sp^3d^2 杂化，形成外轨型配合物；$[Fe(CN)_6]^{3-}$的磁矩 $\mu = 2.0\mu_B$，揭示分子中只有 1 个未成对电子，不同于自由 Fe^{3+} 的电子排布，表明 CN^- 配位使中心金属离子电子发生了重排，其中四个两两配对，只保留一个未成对电子，从而空出两个 3d 轨道与外层轨道杂化形成 d^2sp^3 杂化，形成内轨型配合物。配离子的磁性与形成配离子的配位模型正好相吻合。由此可见，配合物的价键理论能较好地解释配合物的磁性。因此，通过测定配合物的磁矩，将其实验值与理论值进行比较来确定配合物中未成对电子数，从而推测配合物是内轨型还是外轨型。

例题 3-3

根据实验测得的有效磁矩，判断下列各种离子分别有多少个未成对电子。哪个是外轨型配合物，哪个是内轨型配合物。

(1) $[Fe(en)_2]^{2+}$ 5.5μ_B　　(2) $[Mn(SCN)_6]^{4-}$ 6.1μ_B　　(3) $[Mn(SCN)_6]^{4-}$ 1.8μ_B

(4) $[Co(SCN)_4]^{2-}$ 4.3μ_B　　(5) $[Pt(CN)_4]^{2-}$ 0μ_B

解　根据计算磁矩的近似公式 $\mu = [n(n+2)]^{1/2}\mu_B$，反算即可得到结论：

(1) $5.5 = [n(n+2)]^{1/2}$，解得 $n \approx 4$，所以$[Fe(en)_2]^{2+}$是外轨型配合物。

(2) $6.1 = [n(n+2)]^{1/2}$，解得 $n \approx 5$，所以$[Mn(SCN)_6]^{4-}$是外轨型配合物。

(3) $1.8 = [n(n+2)]^{1/2}$，解得 $n \approx 1$，所以$[Mn(SCN)_6]^{4-}$是内轨型配合物。

(4) $4.3 = [n(n+2)]^{1/2}$，解得 $n \approx 3$，所以$[Co(SCN)_4]^{2-}$是外轨型配合物。

(5) $0 = [n(n+2)]^{1/2}$，解得 $n \approx 0$，所以$[Pt(CN)_4]^{2-}$是内轨型配合物。

虽然 20 世纪初价键理论深受化学家的欢迎，取得了巨大成功，但它同时有很大的局限性：

(1) 价键理论是一个定性的理论，不能定量或半定量地解释配合物的性质。如第 4 周期过渡金属八面体型配离子的稳定性，当配位体相同时常与金属离子所含 d 电子数有关。其稳定性次序约为：$d^0<d^1<d^2<d^3<d^4>d^5<d^6<d^7<d^8<d^9>d^{10}$，价键理论无法给出合理解释。

(2) 由于未涉及配合物分子的激发态能级，其不能解释配合物的吸收光谱，进而无法解释过渡金属配合物的不同颜色。

(3) 很难解释夹心型配合物的分子结构，如二茂铁、二苯铬等。

(4) 对于 Cu^{2+} 在一些配离子中的电子排布情况，不能做出合理解释。例如，$[Cu(H_2O)_4]^{2+}$配离子经 X 射线实验确定为平面正方形构型，是以 dsp^2 杂化轨道成键。因此，Cu^{2+} 在形成$[Cu(H_2O)_4]^{2+}$时，会有一个 3d 电子被激发到 4p 轨道上去，而这个电子易失去，但相反，$[Cu(H_2O)_4]^{2+}$却很稳定。

随着实验技术及理论研究的不断进步，深层次的晶体场理论、配位场理论及分子轨道理论得到了快速发展。

3.2　晶体场理论

不同于原子或气相离子的尖锐光谱线，原子或离子在晶体中具有很宽的吸收谱线。为了解释这种现象，早在 1929 年，贝蒂发表了《晶体中谱项分裂》的研究论文，后来发展为晶体场理论[8]。与价键理论不同，其引入了中心原子电子结构的能级分裂，从而能够较好地解释配合物的光谱吸收及颜色变化。

晶体场理论是一种静电作用理论，它认为中心离子与其周围配体的相互作用纯粹是静电排斥和吸引作用，没有轨道的重叠，即不形成共价键。中心原子若为过渡金属离子，在周围配体电场[称为晶体场(crystal field)]作用下，原来 5 个简并的 d 轨道发生了能级分裂，d 层在未充满电子的情况下，这种能级分裂将给配合物带来额外的稳定化能，从而使配合物稳定性增强[9]。

晶体场理论的基本要点是：

(1) 配体可看作是无电子结构的离子或偶极子，中心金属离子与配位原子之间通过静电作用相互吸引，不交换电子，不形成任何共价键。

(2) 中心金属离子在周围配体形成的静电场作用下，原来 5 个简并 d 轨道能级发生分裂，分裂能的大小与空间构型、配体及中心体的性质有关。

(3) 中心金属离子能级分裂的结果是使体系的总能量有所降低，即给配合物带来了额外的晶体场稳定化能(crystal field stabilization energy，CFSE)。

其中，分裂能和晶体场稳定化能是配合物的重要参数，决定着配合物许多方面的性质。

3.2.1　晶体场中 d 轨道的分裂

1. 中心离子 d 轨道能级的分裂

在自由原子或离子中，同一电子层中 5 个 d 轨道能量相等，能级简并，但是不同 d 轨道具有不同的空间取向。图 3-15 为 5 个 d 轨道的角度分布图。在不同对称性的晶体场作用下，各轨道电子受到不同的静电作用力，因而产生能级分裂。正如 3.1.2 小节中展现的目前为止已发现各种各样配位构型的配合物，而不同构型会产生不同对称性的晶体场，从而 d 轨道的分裂方式和大小也不尽相同。

首先，假设在球形对称的晶体场中，所有 d 轨道电子受到相同静电作用力，所有轨道能量同时升高，且升高幅度相同，5 个轨道不会发生分裂，仍然保持能量简并。在其他类型的晶体场中，由于晶体场对称性降低，根据配位原子分布不同，各轨道能量升高幅度不同，即产生能级分裂。但不管是哪种类型的晶体场，

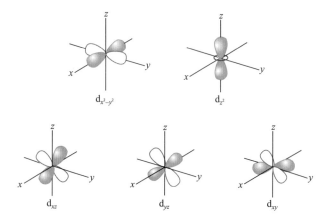

图 3-15 d 轨道的角度分布示意图

分裂后 5 个 d 轨道的总能量应与球形晶体场的总能量相等，从而选取此球形晶体场能量(E_s)作为计算能量零点。

1) 正八面体场(O_h 场，octahedral field)

如图 3-16 所示，在正八面体 O_h 晶体场中，过渡金属离子位于八面体中心，6 个配位原子分别沿着三个坐标轴从正负两个方向($\pm x$、$\pm y$、$\pm z$)接近中心离子，因此配体必然与沿着 x、y、z 轴方向上的 d_{z^2} 和 $d_{x^2-y^2}$ 轨道电子具有更强的静电作用，使它们的能量升高，剩余 d_{xy}、d_{xz}、d_{yz} 三条 d 轨道则由于在配体进攻方向之间，受到排斥作用较小。因此，在 O_h 场中，本来能量简并的五条 d 轨道分裂成了两组。一组是能量较高的 e_g 轨道，包括 d_{z^2} 和 $d_{x^2-y^2}$，另一组是能量较低的 t_{2g} 轨道，包括 d_{xy}、d_{xz} 和 d_{yz}。e 和 t 分别表示二重简并和三重简并，而下标 g 则代表轨道的对称性。

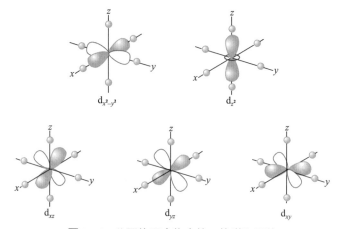

图 3-16 八面体配合物中的 d 轨道和配体

在八面体场中 d 轨道的这种分裂情况如图 3-17 所示。

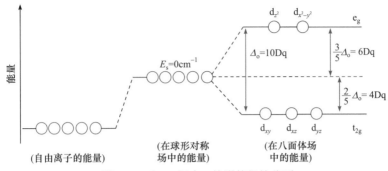

图 3-17　在 O_h 场中 d 轨道能级的分裂

d 轨道发生分裂后，最高能级的 d 轨道与最低能级的 d 轨道之间的能量差，称为分裂能，用 Δ 表示。具体到 O_h 八面体配合物中，则 e_g 和 t_{2g} 轨道的能级差为分裂能，用 Δ_o 表示(脚标"o"表示八面体 O_h 场)。

以假想球形晶体场能量为零点，有

$$E(e_g) - E(t_{2g}) = \Delta_o$$

$$2E(e_g) + 3E(t_{2g}) = 0$$

解得

$$E(e_g) = +0.6\Delta_o$$

$$E(t_{2g}) = -0.4\Delta_o$$

其中，Δ_o 可按晶体场理论进行准确计算，其值等于 10Dq，Dq 为单位。

因此，e_g 能量为+6Dq，t_{2g} 能量为-4Dq。

可见，在八面体场中，d 轨道分裂的结果是：与球形晶体场能量相比较，e_g 轨道能量上升了 6Dq，而 t_{2g} 轨道能量下降了 4Dq。

实际上，Δ_o 值很少通过计算获得，通常是由电子光谱实验数据求得。

2) 正四面体场(T_d 场)

金属离子位于正四面体的中心位置，四个顶点上各有一个配位原子，即可得到正四面体构型的晶体场。其中，d 轨道与配体的相对位置如图 3-18 所示。

采取前述类似方法，d 轨道也分为两组，一组为 d_{z^2} 和 $d_{x^2-y^2}$ 轨道，它们沿着 x、y、z 轴分布于配体之间指向立方体面的中心，离配体负电荷较远，排斥作用力小，能量较低，用 e 表示，此处由于无对称中心，所以没有 g、u 之分。另一组为 d_{xy}、d_{xz} 和 d_{yz}，轨道的方向指向立方体的棱边中心，离顶点配体相对较近，所以能量较高，表示为 t_2。故在正四面体晶体场作用下，5 个简并 d 轨道的能级产生了和八面体场相反的分裂，其能级分裂如图 3-19 所示，其分裂能用 Δ_t 表示。

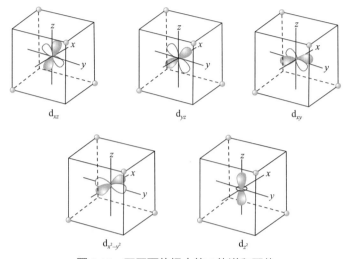

图 3-18　正四面体场中的 d 轨道和配体

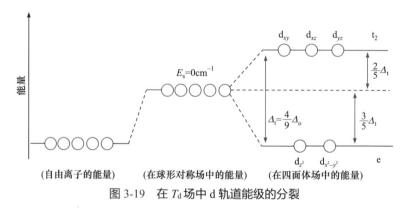

图 3-19　在 T_d 场中 d 轨道能级的分裂

需要指出，在四面体场中不管是 e 轨道还是 t_2 轨道都没有直接指向配体，而在八面体场中，e_g 轨道是直接指向配体的，因此轨道中电子受到配体的排斥作用不如八面体场中强烈。另外，在四面体配合物中只有 4 个配体参与形成晶体场，而在正八面体配合物中有 6 个配体。因此，Δ_t 小于正八面体中 Δ_o。计算表明，在配体相同以及它与中心离子的距离相同的条件下，正四面体场中 d 轨道能级分裂所产生的能级差只有八面体场的 4/9，即四面体场的分裂能 Δ_t 为

$$\Delta_t = 4/9\Delta_o = 4/9 \times 10Dq$$

则有

$$E(t_2) - E(e) = \Delta_t$$

$$3E(t_2) + 2E(e) = 0$$

解得

$$E(t_2) = +3/5\Delta_t = +1.78\text{Dq}$$

$$E(e) = -2/5\Delta_t = -2.67\text{Dq}$$

3) 平面正方形场(square planar field)

除去八面体中 z 轴上的两个配位原子即为平面正方形晶体场，如图 3-20 所示，4 个配体沿±x 和±y 四个方向分别接近中心离子。$d_{x^2-y^2}$ 轨道坐落于 xy 坐标轴上，且指向配体，因此能级最高；d_{xy} 轨道同样在 xy 平面内，但指向配位原子之间，同样受到较大的静电排斥力，但能级要低于 $d_{x^2-y^2}$ 轨道能级；由于 d_{z^2} 轨道在 xy 平面上有一个小环区，与配位原子存在一定的排斥作用，所以轨道能级较低，低于 d_{xy} 轨道能级；d_{yz} 和 d_{xz} 轨道完全不在 xy 平面内，受到的排斥最小，是简并的，能级最低。故在平面正方形配合物中，d 轨道能级分裂成四组，如图 3-21 所示，能级顺序依次为 $d_{x^2-y^2}$、d_{xy}、d_{z^2} 及 d_{yz}、d_{xz}。对比八面体晶体场，由于 z 轴方向没有配位原子，显著低于 xy 平面内的电场分布，从而导致 $d_{x^2-y^2}$ 与最低轨道 d_{yz}、d_{xz} 存在更大的势差，也就是能级差 Δ_{sq} 大于 Δ_o。

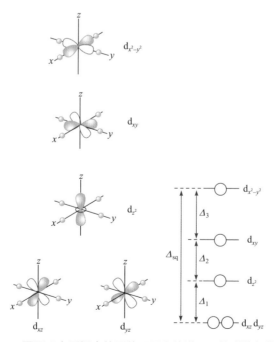

图 3-20　平面正方形场中的配位原子和轨道及 d 轨道能级的分裂

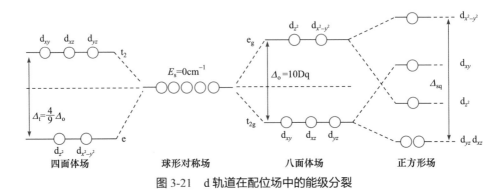

图 3-21　d 轨道在配位场中的能级分裂

至此，可以将八面体、四面体和正方形晶体场中 d 轨道能级分裂的情况总结如图 3-21 所示，以便比较，可以看出相同情况下分裂能 $\Delta_{sq} > \Delta_o > \Delta_t$。

对于其他类型的晶体场，如三角棱柱、三角双锥、四角锥等，都可以通过类似方法推出。表 3-2 列出了其他不同类型晶体场中 d 轨道的能级分裂情况。

表 3-2　d 轨道在不同对称性的环境中的能级分裂(能量均以正八面体场的 Dq 为单位)

配位数	几何构型	d_{z^2}	$d_{x^2-y^2}$	d_{xy}	d_{xz}	d_{yz}
1	直线 [a]	5.14 [a]	− 3.14	− 3.14	0.57	0.57
2	直线 [a]	10.28	− 6.28	− 6.28	1.14	1.14
3	正三角形 [b]	− 3.21	5.46	5.46	− 3.86	− 3.86
4	正四面体	− 2.67	− 2.67	1.78	1.78	1.78
4	正方形 [b]	− 4.28	12.28	2.28	− 5.14	− 5.14
5	三角双锥 [c]	7.07	− 0.82	− 0.82	− 2.72	− 2.72
5	四方锥 [c]	0.86	9.14	− 0.86	− 4.57	− 4.57
6	正八面体	6.00	6.00	− 4.00	− 4.00	− 4.00
6	三棱柱	0.96	− 5.84	− 5.84	5.36	5.36
7	五角双锥	4.93	2.82	2.82	− 5.28	− 5.28
8	立方体	− 5.34	− 5.34	3.56	3.56	3.56
8	四方反棱柱	− 5.34	− 0.89	− 0.89	3.56	3.56
9	ReH$_9$ 结构	− 2.25	− 0.38	− 0.38	1.51	1.51
12	正二十面体	0.00	0.00	0.00	0.00	0.00

a. 配体位于 z 轴；b. 配体位于 xy 平面；c. 锥体底面位于 xy 平面。

需要指出，到目前为止只讨论了 d 轨道在理想几何构型的晶体场中能级分裂情况，而对于实际的化合物(参考 3.1.2 小节)晶体场通常存在不同程度的变形，因此在实际配合物中需要进一步具体分析以得到准确的能级分裂结果。如图 3-22 所示，四配位 Co^{2+} 配合物并非理想正四面体 T_d 构型，而是沿 C_2 轴拉长为 D_{2d} 构型，从而导致了 d 轨道能级进一步分裂[10]。

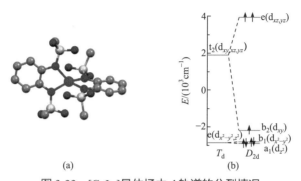

图 3-22　[CoL$_2$]晶体场中 d 轨道的分裂情况

紫色为 Co 原子，灰色为 C 原子，蓝色为 N 原子，黄色为 S 原子，红色为 O 原子

3.2.2　分裂能

在 3.2.1 小节八面体晶体场中已经提到晶体场分裂能的概念，即 d 轨道发生分裂后，最高能级的 d 轨道与最低能级的 d 轨道之间的能量差，并以 Δ 表示。具体到八面体配合物，电子由 t_{2g} 轨道跃迁到 e_g 轨道时所需要的能量，即为八面体晶体场的分裂能 Δ_o。

分裂能 Δ 可以通过理论计算获得，但通常是借助光谱实验推算得到。例如，Ti^{3+} 具有 d^1 电子组态，在八面体配合物中，这个 d 电子应在三重简并的 t_{2g} 轨道上，当它吸收光子时将发生 d-d 跃迁：$[Ti(H_2O)_6]^{3+}$ $(t_{2g})^1(e_g)^0 \longrightarrow (t_{2g})^0(e_g)^1$。该跃迁的最大吸收在 $20300cm^{-1}$ 处，这就是该配合物中的 Δ_o 值。由于过渡金属离子中 d 轨道的分裂能产生的吸收光谱通常在可见光区，因此其配合物的 Δ 值可借助紫外-可见光谱实验推算得到。由光谱实验中测得的某些八面体配合物的分裂能 (Δ_o)数值见表 3-3。

表 3-3　一些过渡金属的八面体配合物的 Δ_o 值(cm^{-1})

d 电子	离子	6Br⁻	6Cl⁻	3C$_2$O$_4^{2-}$	6H$_2$O	EDTA	6NH$_3$	3en	6CN⁻
3d^1	Ti(Ⅲ)	—	—	—	20000	13400	—	—	—
3d^2	V(Ⅲ)	—	—	16500	17700	—	—	—	—

续表

d 电子	离子	6Br⁻	6Cl⁻	3C₂O₄²⁻	6H₂O	EDTA	6NH₃	3en	6CN⁻
3d³	V(Ⅱ)	—	—	—	12600	—	—	—	—
	Cr(Ⅲ)	—	13600	17400	17400	18400	21600	21000	26300
4d³	Mo(Ⅲ)	—	19200	—	—	—	—	—	—
3d⁴	Cr(Ⅱ)	—	—	—	13900	—	—	—	—
	Mn(Ⅲ)	—	—	20100	21000	—	—	—	—
3d⁵	Mn(Ⅱ)	—	—	—	7800	6800	9100	—	—
	Fe(Ⅲ)	—	—	—	13700	—	—	—	—
3d⁶	Fe(Ⅱ)	—	—	—	10400	9700	—	—	33000
	Co(Ⅲ)	—	—	18000	18600	20400	23000	23300	34000
4d⁶	Rh(Ⅲ)	18900	20300	26300	27000	—	33900	34400	—
5d⁶	Ir(Ⅲ)	23100	24900	—	—	—	—	41200	—
	Pt(Ⅳ)	24000	29000	—	—	—	—	—	—
3d⁷	Co(Ⅱ)	—	—	—	9300	10200	10100	11000	—
3d⁸	Ni(Ⅱ)	7000	7300	—	8500	10100	10800	11600	—
3d⁹	Cu(Ⅱ)	—	—	—	12600	13600	15100	16400	—

晶体场分裂能 Δ 是一个很重要的参数,可用来衡量晶体场的强弱,并决定体系的能量、配合物的磁性和稳定性等。分裂能的大小主要与配位场类型、金属中心和配体类型有关。

(1) 配位场类型不同,Δ 值不同。在相同金属离子和相同配体的情况下,$\Delta_{sq} > \Delta_o > \Delta_t$。

(2) 考虑金属中心的影响。

对于同一配体构成的相同类型的配位场,中心金属离子正电荷越高,拉引配体越紧,配体对 d 轨道的微扰作用越强。因而随着中心离子氧化态的增加,Δ 值增大。一般地,+3 价离子的 Δ 值比+2 价离子要大 40%~60%。中心离子的半径越大,d 轨道离核越远,越容易在配位场的作用下改变其能量,所以分裂能 Δ 也越大。

同族同氧化态的过渡金属离子,随着主量子数的增加,d 轨道半径增大,d 轨道越扩展，受到配位场的作用越强烈，从而 Δ 增加。所以，由 3d 到 4d、5d，Δ_o 增大。结果是第二、第三过渡金属离子几乎只形成低自旋配合物。

对于一些常见的金属离子，分裂能大小存在以下趋势：

$$Mn^{2+}<Ni^{2+}<Co^{2+}<Fe^{2+}<V^{2+}<Fe^{3+}<Co^{3+}<Mo^{3+}<Rh^{3+}<$$

$$Ru^{3+}<Rd^{4+}<Ir^{3+}<Pt^{4+}$$

(3) 考虑配体类型影响。

对同一金属离子，配体不同，d 轨道的分裂程度不同，Δ_o 就不同。例如，对 CrL_6 型配合物，配体中的配位原子对 Δ_o 的影响按 O<S<P<N<C 的顺序。根据电子光谱实验测得的 Δ_o 值的大小排列配体，有下列顺序：

$$I^-<Br^-<\underline{O}CrO_3^{2-}<Cl^-\approx\underline{S}CN^-<N_3^-<(EtO)_2P\underline{S}_2^-<F^-<\underline{S}SO_3^{2-}<(NH_2)_2C\underline{O}<$$

$$\underline{O}CO_2^{2-}<\underline{O}CO_2R^-<ONO^-\approx OH^-<\underline{O}SO_3^{2-}<ONO_2^-<O_2CCO_2^{2-}<H_2O<$$

$$\underline{N}CS^-<H_2NCH_2COO^-\approx EDTA^{4-}<py\approx NH_3\approx \underline{P}R_3<en<SO_3^{2-}<\underline{N}H_2OH<$$

$$NO_2^-\approx bipy\approx phen<H^-<CH_3^-\approx C_6H_5^-<Cp\,(环戊二烯)<CN^-\approx CO<\underline{P}(OR)_3$$

该顺序称为光谱化学序列(spectrochemical series)，它代表配体的配位能力及形成配位场的强弱。排在左边的配体为弱场配体，排在右边的配体是强场配体。

纯静电理论并不能完全解释上述配位场强度顺序。例如，OH^- 比 H_2O 配位强度弱，但是 H_2O 不带电荷，而 OH^- 带一个负电荷，按静电的观点 OH^- 应该对中心金属离子的 d 轨道电子具有更大的影响，但事实上是 OH^- 的场强度反而低于 H_2O，显然很难用纯粹静电效应进行解释。这说明 d 轨道的能量裂分并不是纯粹的静电效应，研究表明其中的共价成键因素也不可忽略。

3.2.3 高自旋与低自旋

对于含有多个 d 电子的过渡金属配合物，分为内轨型和外轨型。在内轨型配合物中 d 轨道中电子重排配对导致未成对电子数减少，配合物具有低自旋状态，磁矩较小，而外轨型配合物则保持自由离子的高自旋状态，磁矩较大。例如，Fe^{2+} 自由离子的 3d 轨道上有 6 个电子，这些电子的排布服从洪德规则，即在简并轨道中总自旋值最大，也就是自旋平行单电子数最多，因此其 3d 轨道中有四个自旋平行单电子，总自旋 $S=2$。在形成 $[Fe(H_2O)_6]^{2+}$ 时，由于 H_2O 为弱配体，中心离子采用外轨型 sp^3d^2 轨道杂化，3d 电子层电子不发生重排，仍然保持 $S=2$ 的高自旋状态。当 CN^- 与 Fe^{2+} 配位形成配离子时，CN^- 对电子的排斥力很强，能使 Fe^{2+} 的 3d 电子发生重排配对，6 个电子只占 3d 轨道中的 3 个，从而 3d 轨道中没有未配对电子，总自旋 $S=0$，即低自旋状态。在八面体晶体场中,像这样的高低自旋状态普遍存在于 $d^4 \sim d^7$ 电子构型的过渡金属配合物当中,而 $d^1 \sim d^3$ 及 $d^8 \sim d^{10}$ 的过渡金属配合物只能存在一种稳定的自旋状态。那么如何利用晶体场理论解释配合物中高、低自旋的现象呢? 这里需要介绍电子成对能(P)的概念。

例题 3-4

画出八面体晶体场中 $d^1 \sim d^{10}$ 的电子排布,解释为什么 $d^4 \sim d^7$ 存在高低自旋现象?

【提示】

当轨道已被一个电子占据后,若要再填入电子,势必要克服与原有电子之间的排斥作用。电子成对能就是两个电子在占有同一轨道自旋成对时所需要的能量,用符号 P 表示。它主要包括库仑作用和交换作用两部分,这里不做详细介绍。

在配合物中,由于配位场的存在,中心离子的 d 轨道的能级会发生分裂,若电子填充发生分裂,则先填入能量最低的 d 轨道,而电子成对能 P 要求电子尽可能分占不同的 d 轨道并保持自旋平行。因此,当 $\Delta > P$ 时,电子尽可能填入能量较低的轨道,由于同一轨道中的两个电子的自旋必须反平行,这就造成配合物的低自旋状态(LS);反之,当 $\Delta < P$ 时,电子尽可能分占不同 d 轨道并保持自旋平行,这就造成配合物的高自旋状态(HS)。

如 3.2.2 小节所讲,分裂能 Δ 主要与配位场类型及强弱、中心离子的性质有关:

(1) 在弱场配体作用下，由于 Δ 值较小，中心离子采取高自旋电子状态；反之，在强场配体作用下，Δ 值较大，中心离子采取低自旋构型。其中，F^- 和 CN^- 分别位于光谱化学序列的左端(Δ 小)和右端(Δ 大)，因此所有 F^- 配合物都是高自旋，而所有的 CN^- 配合物都采取低自旋。

(2) 对于四面体配合物，因为 $\Delta_t = 4/9\Delta_o$，晶体场分裂能小，通常 Δ_t 不会超过 P，所以四面体配合物通常只有高自旋而无低自旋电子构型。

(3) 第二、第三过渡系金属配合物几乎都是低自旋型的，因为 4d 及 5d 轨道半径较大，分裂能 Δ 增大。

(4) 除此以外，电子成对能具有以下规律：$P(d^5) > P(d^4) > P(d^7) > P(d^6)$。因此，对 d^6 组态离子，由于其成对能最小，容易被 Δ 值所超过；相反，d^5 组态的离子，由于其成对能最大，不太被 Δ 值超过，因此在八面场中多数 d^6 组态的离子常是低自旋型，d^5 组态的离子常呈高自旋型。事实上，d^6 构型的 Co^{3+}，除 CoF_6^{3-} 外全是低自旋的；Fe^{2+} 的配离子也大多数是低自旋型的。而 d^5 组态的离子，除非配体的场特别强(如 CN^-、phen)，否则都是高自旋的。

例题 3-5

八面体 Co^{2+} 配合物的磁矩为 $4.0\mu_B$，试推断其电子组态。

解　Co^{2+} 配合物可能有两种组态: $t_{2g}^5 e_g^2$(3 个未成对电子, 高自旋)和 $t_{2g}^6 e_g^1$(1 个未成对电子, 低自旋)，相应的自旋磁矩分别为 $3.87\mu_B$ 和 $1.73\mu_B$。根据题目给出的信息，该配合物应为高自旋 $t_{2g}^5 e_g^2$ 组态。

3.2.4　晶体场稳定化能

d 电子从球形晶体场中未分裂的 d 轨道能级进入特定晶体场中分裂的 d 轨道时，所产生的总能量下降值，称为晶体场稳定化能(CFSE)。CFSE 越大，配合物相对越稳定，所以 CFSE 的大小也是衡量配合物稳定性的一个重要因素。

以八面体晶体场为例，由于 t_{2g} 轨道的能量较 e_g 低，d 轨道的平均能量不变，因此每一个在 t_{2g} 轨道上的电子，其能量降低 4Dq，而在 e_g 轨道上的每一个电子，其能量将升高 6Dq。除此以外，当电子重排配对时，还必须克服成对能(P)。根据各种组态 d 电子在八面体配合物中 d 轨道的占据情况(3.2.3 小节)，可以算出各种组态的配位场稳定化能。

对于在配位场中电子成对情况相对于气态离子没有改变的体系，包括 d^1、d^2、d^3、d^8、d^9、d^{10} 以及在弱场情况下的 d^4、d^5、d^6、d^7 构型。设电子的排布为 $t_{2g}^m e_g^n$，则 CFSE = $(-4m + 6n)$ Dq。例如，d^8 组态离子能级为 $t_{2g}^6 e_g^2$，CFSE = $(-4 \times 6 + 6 \times 2)$ Dq = -12Dq。

对于 $d^4 \sim d^7$ 低自旋组态离子，$\Delta_o > P$，电子发生了重排，不再与球形场相同，在球形场中为自旋平行的电子，到八面体场中可能变成自旋反平行，电子发生了配对，此时需考虑电子成对能 P 的变化。此时 $CFSE = (-4m+6n)\,Dq+zP$，z 为电子重排前后电子对数的变化。例如，d^6 组态的 Co^{3+} 自由离子中有一对配对电子，在配离子 $[Co(NH_3)_6]^{3+}$(强场低自旋)中，配对电子变为 3 对，故 $z = 3-1 = 2$，于是，$LFSE = (-4 \times 6 + 6 \times 0)\,Dq + 2P = -24Dq + 2P$。

表 3-4 中列出了所有 d 电子组态在八面体晶体场中的 CFSE。其他构型晶体场的 CFSE 可以根据表 3-2 计算得到。

表 3-4　八面体场的 CFSE

电子组态	弱场			强场		
	结构	单电子数	CFSE	结构	单电子数	CFSE
d^1	t_{2g}^1	1	+4Dq	t_{2g}^1	1	+4Dq
d^2	t_{2g}^2	2	+8Dq	t_{2g}^2	2	+8Dq
d^3	t_{2g}^3	3	+12Dq	t_{2g}^3	3	+12Dq
d^4	$t_{2g}^3 e_g^1$	4	+6Dq	t_{2g}	2	+16Dq−P
d^5	$t_{2g}^3 e_g^2$	5	+0Dq	t_{2g}	1	+20Dq−2P
d^6	$t_{2g}^4 e_g^2$	4	+4Dq	t_{2g}	0	+24Dq−2P
d^7	$t_{2g}^5 e_g^2$	3	+8Dq	$t_{2g}^6 e_g^1$	1	+18Dq−P
d^8	$t_{2g}^6 e_g^2$	2	+12Dq	$t_{2g}^6 e_g^2$	2	+12Dq
d^9	$t_{2g}^6 e_g^3$	1	+6Dq	$t_{2g}^6 e_g^3$	1	+6Dq
d^{10}	$t_{2g}^6 e_g^4$	0	+0Dq	$t_{2g}^6 e_g^4$	0	+0Dq

例题 3-6

计算 d^6(高自旋)、d^6(低自旋)和 d^3、d^8 四种组态的 CFSE。

解　d^6(高自旋)：$CFSE = [4 \times (-0.4\Delta_o) + 2 \times 0.6\Delta_o] = -0.4\Delta_o$

d^6(低自旋)：$CFSE = [6 \times (-0.4\Delta_o) + 2P] = -2.4\Delta_o + 2P$

d^3：$CFSE = [3 \times (-0.4\Delta_o)] = -1.2\Delta_o$

d^8：$CFSE = [6 \times (-0.4\Delta_o) + 2 \times 0.6\Delta_o] = -1.2\Delta_o$

3.2.5　姜-泰勒效应

1937 年，姜(H. A. Jahn，1907—1979)和泰勒(E. Teller，1908—2003)基于群论提出姜-泰勒效应，即在对称的非线形分子中，简并轨道的不对称占据必然会导致分子的几何构型发生畸变，结果是降低分子的对称性和轨道的简并度，使体系能量进一步降低从而达到更稳定状态[11]。

以 d^9 的 Cu^{2+} 为例，在 O_h 场中，二重简并的 e_g 轨道上有三个电子。假定它采取 $d_{z^2}^2 d_{x^2-y^2}^1$ 的结构，即 $d_{x^2-y^2}$ 轨道上比 d_{z^2} 轨道上少一个电子，因此在 xy 平面上的电子云密度将小于全满时球形对称状态下的电子云密度，则 xy 平面上的四个配体对来自 Cu^{2+} 的静电引力所受到的屏蔽要比 z 轴上的两个配体少。因此，xy 平面上的四个配体应比 z 轴上的两个配体靠金属更近，于是正八面体变成了拉长的八面体或四角双锥体；若相反，在 d_{z^2} 轨道上有一个电子而在 $d_{x^2-y^2}$ 轨道上有两个电子 ($d_{z^2}^1 d_{x^2-y^2}^2$)，则 xy 平面上的四个配体将比 z 轴上的两个配体离金属远，结果将得到一个压扁的八面体。

如图 3-23 所示，以上两种情况均会导致 3d 轨道能级的变化，对于 e_g 轨道上的 3 个电子，其中两个电子能量降低，一个电子能量升高，从而导致配合物整体能量下降，趋于更稳定状态。而具体采取哪种变形方式，姜-泰勒效应并不能给出预测结果。实验事实表明，绝大部分的配合物是拉长的八面体，即四个短键两个长键的构型更稳定。例如，$CuCl_2$ 晶体中 Cu^{2+} 周围有 6 个 Cl^- 配位，4 个短键键长为 230pm，2 个长键键长为 295pm。$CuCl_2$ 晶体呈拉长的八面体构型。

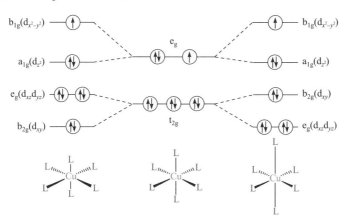

图 3-23　拉长及压扁八面体的 d 轨道能级分裂状况

对于 d^8 组态($t_{2g}^6 e_g^2$)，e_g 上的两个电子分占两条轨道，简并轨道对称占据因而不产生畸变。同样，对其他 t_{2g} 或 e_g 的全满或半满占据方式的 t_{2g}^3、t_{2g}^6、$t_{2g}^3 e_g^2$、$t_{2g}^6 e_g^2$ 构型的配离子也不会发生姜-泰勒畸变。相反，在碰到 t_{2g} 或 e_g 轨道的不对称占据的配离子如 d^1、d^2、$t_{2g}^3 e_g^1$、$t_{2g}^4 e_g^2$、$t_{2g}^5 e_g^2$、$t_{2g}^6 e_g^1$、$t_{2g}^6 e_g^3$ 等时，则要考虑由姜-泰勒畸变带来的稳定化作用。由于 e_g 轨道的反键特征(分子轨道理论)，相比 t_{2g} 轨道的不对称占据，e_g 轨道的不对称占据会导致更强的构型畸变。表 3-5 举出若干八面体配合物的姜-泰勒效应的例子。

表 3-5 d^n 组态八面体配合物的姜-泰勒效应和实例

	d 电子数	d 电子的分布	畸变情况	实例
强的畸变	d^9	$t_{2g}^6 d_{z^2}^2 d_{x^2-y^2}^1$	z 轴上键显著增长	$CsCuCl_3$，$K_2CuCl_4 \cdot 2H_2O$
	d^7（低自旋）	$t_{2g}^6 d_{z^2}^1 d_{x^2-y^2}^0$	z 轴上键显著增长	$NaNiO_2$
	d^4（高自旋）	$t_{2g}^3 d_{z^2}^1 d_{x^2-y^2}^0$	z 轴上键显著增长	MnF_6^{3-}，CrF_2
弱的畸变	d^1	d_{xy}^1	x，y 轴上键略增长	$[Ti(H_2O)_6]^{3+}$
	d^2	$d_{xy}^1 d_{xz}^1$	x，y 轴上键略增长	$[Ti(H_2O)_6]^{2+}$
	d^4（低自旋）	$d_{xy}^2 d_{xz}^1 d_{yz}^1$	z 轴上键略缩短	$[Cr(CN)_6]^{3-}$
	d^5（低自旋）	$d_{xy}^2 d_{xz}^2 d_{yz}^1$	yz 平面上键略缩短	$[Fe(CN)_6]^{3-}$
	d^6（高自旋）	$d_{xy}^2 d_{xz}^1 d_{yz}^1 e_g^2$	xy 平面上键增长	$[Fe(H_2O)_6]^{2+}$
	d^7（高自旋）	$d_{xy}^2 d_{xz}^2 d_{yz}^1 e_g^2$	yz 平面上键略缩短	$[Co(H_2O)_6]^{2+}$

平面正方形配合物可以看作是八面体配合物发生拉长畸变的极端产物。例如，Cu^{2+} 配合物畸变显著时，z 轴上的两个配体外移很远，则 d_{z^2} 的能级下降到 d_{xy} 的能级之下(图 3-20)，这时已接近平面正方形构型。例如，$[Cu(NH_3)_4(H_2O)_2]^{2+}$ 为拉长的八面体，经常用 $[Cu(NH_3)_4]^{2+}$ 来表示四个 NH_3 分子以短键与 Cu^{2+} 结合，所以这个配离子也可用平面正方形结构描述。再如，d^8 构型的 Ni^{2+}、Pd^{2+}、Pt^{2+} 易生成低自旋的平面正方形配合物，可由因 d^8 采用 $t_{2g}^6 d_{z^2}^2 d_{x^2-y^2}^0$ 的电子分布结构，所以 z 轴上配体所受斥力比 x、y 方向大得多来解释。

姜-泰勒效应同样存在于许多其他构型晶体场中，如四面体及三方棱柱等构型。仍然以 Cu^{2+} 为例，在四面体场中高能级轨道为 t_2，五个电子填充到轨道中存在三种简并状态，为了进一步降低能量获得稳定状态，四面体构型同样会发生畸变，如图 3-24 所示的四配位 Cu^{2+} 配合物。但与八面体不同，四面体的畸变主要体现在两个配体的扭转角，而不是键长上，从而使其构型取向平面四边形增加晶体场分裂能以获得更稳定的结构。对于三方棱柱构型，在高能级轨道上同样存在简并状态也会发生构型畸变，如图 3-24 所示的配合物，不同于八面体中轴向配位键的反式拉长，此构型呈现了顺式拉长的畸变构型[12]。

另外，姜-泰勒效应不仅仅存在于配合物稳定基态构型中，对于更高能量的激发态能级同样存在此类效应。如图 3-25 中的八面体 Mn^{3+} 配合物，可以通过特定波长的光激发实现从基态轴向拉长八面体构型到激发态轴向压缩八面体构型转变，图中反映了电子从基态构型中 d_{z^2} 轨道激发到 $d_{x^2-y^2}$ 轨道中，这一现象已经在实验上通过瞬态吸收光谱被观察到[13]。除此以外，若基态与激发态之间能级差较小，它们之间可以通过分子振动能量进行耦合，一定温度下也可以实现动态姜-泰勒效应，在此不再详细说明。

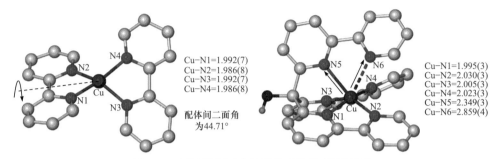

图 3-24　四面体及三方棱柱构型的姜-泰勒畸变

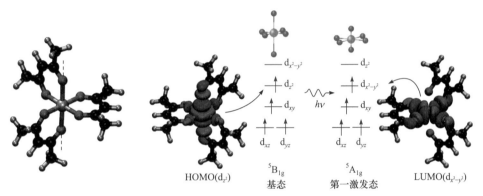

图 3-25　Mn³⁺配合物[Mn(acac)₃；acac=乙酰丙酮配体]分子结构；基态拉长八面体及激发态压扁八面体的能级轨道及电子结构

由此可见，姜-泰勒效应在配位化学中是一种普遍现象，特别是对于过渡金属配位化学非常重要，因为构型畸变会影响材料中的能级结构及电子分布，并且进一步影响材料的导电性、磁性及其他物理性质。

姜　　　　　　　　泰勒

思考题

3-1　查阅文献，思考姜-泰勒效应在晶体工程研究中的作用。

3.2.6　晶体场理论的应用

相比价键理论,晶体场理论对配位化学中的许多现象能够给出更合理的解释。

1. 配合物的紫外-可见光谱

配合物的晶体场理论能较好地解释配合物的颜色。可见光波长在 $400\sim780nm$ 范围内，物质在可见光照射下呈现的颜色是由物质对不同波长的光进行选择性吸收引起的。物质若吸收可见光中的红色光，则呈现蓝绿色；若吸收蓝绿色光，则使物质呈现红色。即物质呈现的颜色与该物质选择吸收光的颜色为互补色。

过渡金属配合物一般都具有颜色，这是由于在晶体或溶液中，过渡金属离子的 d 轨道在周围配位场的影响下发生能级分裂。当 d 轨道上的电子未填满时，低能 d 轨道上的电子可以跃迁到高能空的 d 轨道上(即 d-d 跃迁)。这个过程吸收的能量即为分裂能 Δ，所对应的频率即为吸收峰对应的频率。实验测定结果表明，配合物 Δ 值的大小在 $10000\sim30000cm^{-1}$，由此可估计到 d-d 跃迁的频率应在近紫外和可见光谱区，所以过渡金属配合物一般都是有颜色的，而颜色的变化显然与 Δ 的大小有直接关系。光谱化学序列反映了 Δ 值变化的顺序，因此也可以用它来解释某些配合物的颜色变化。

例如，水溶液中的 $[Ti(H_2O)_6]^{3+}$ 其吸收光谱在波长为 490nm 处有一最大吸收峰(图 3-26)，表明 Ti^{3+} 的一个 d 电子从基态的 t_{2g} 轨道激发跃迁到 e_g 轨道而吸收光。该吸收谱带在可见光谱的蓝绿区。因此，$[Ti(H_2O)_6]^{3+}$ 呈现其互补色淡紫色。反之，根据测定 $[Ti(H_2O)_6]^{3+}$ 的分裂能就等于该吸收波长的能量，即 $\Delta_o = 1/\lambda = 20300cm^{-1}$。

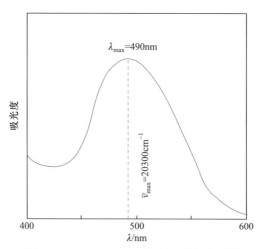

图 3-26　$[Ti(H_2O)_6]^{3+}$ 的紫外-可见吸收光谱

例题 3-7

由 $[Ti(H_2O)_6]^{3+}$ 的吸收光谱图分析计算配合物的晶体场稳定化能。

解　配合物为八面体，已知 Δ_o 等于 $20300cm^{-1}$，Ti^{3+} 为 d^1 组态离子，唯一的 d 电子填入三条 t_{2g} 轨道之一，因而，

$$CFSE = 1 \times (-0.4\,\Delta_o) = -8120 cm^{-1}$$

乘以换算因子 $1kJ \cdot mol^{-1}/83.6cm^{-1}$，得

$$CFSE = -97.1kJ \cdot mol^{-1}$$

思考题

3-2　配位化合物 $[Cr(H_2O)_6]Cl_3$ 为紫色，而 $[Cr(NH_3)_6]Cl_3$ 却是黄色。试利用光谱化学序列解释颜色上的这种不同。

2. 配合物立体构型的选择

配合物的空间构型主要取决于配位场稳定化能和配体间的排斥作用。

由表 3-5 计算可知，除了 d^0、d^5、d^{10} 在弱场中的 LFSE 为零外，无论弱场还是强场，其他情况下都遵守 $CFSE(S_q) > CFSE(O_h) > CFSE(T_d)$。在强场中，正方形配合物与八面体配合物稳定化能的差值以 d^8 为最大，而在弱场中，以 d^4、d^9 组态为最大。另外，在弱场中相差 5 个 d 电子的各对组态的稳定化能值相等(如 d^1 与 d^6、…、d^4 与 d^9 等)。这是因为根据重心不变原理，在弱场中，无论是哪种几何构型，多出的 5 个 d 电子对稳定化能没有贡献。

针对配体间的排斥作用，电荷越高，配位数越大，配体间的排斥作用力越大，配体越趋向于远离。

1) O_h 或 T_d 构型的选择

除弱场中 d^0、d^5、d^{10} 外，四面体配合物的稳定化能总小于八面体配合物，而且在四面体配合物中四条配位键的总键能小于八面体配合物中六条键的总键能，所以 d^0、d^5、d^{10} 构型的离子在条件合适时会形成 T_d 配合物。例如，d^0 的 $TiCl_4$、$ZrCl_4$、$HfCl_4$ 和 d^5 的 $[FeCl_4]^-$，d^{10} 的 $[Zn(NH_3)_4]^{2+}$、$[Cd(CN)_4]^{2-}$、$[CdCl_4]^{2-}$、$[Hg(SCN)_4]^{2-}$，其他情况下多为 O_h 配合物。

但是，从配体间的排斥作用看，T_d 构型应比 O_h 有利，因而庞大的配体易生成 T_d 配合物。

2) S_q 或 T_d 构型的选择

四配位过渡金属化合物采用四面体构型，还是平面正方形构型主要考虑两种因素，即配体相互间的静电排斥作用和配位场稳定化能的影响。

在平面正方形场或四面体场弱场中，d^0、d^5 及 d^{10} 组态的 LFSE 均为 0。由于采取四面体的空间排列时，配体间排斥力最小，配合物更稳定。例如，$TiCl_4(d^0)$、

[FeCl$_4$]$^-$ (d^5)以及[ZnCl$_4$]$^{2-}$ (d^{10})等均为四面体构型。

d^1 和 d^6 组态离子 S_q 和 T_d 构型的 CFSE 之差非常小，配体间的排斥因素较为重要，故 VCl$_4$ (d^1)、[FeCl$_4$]$^{2-}$(d^6)也是四面体形的。

d^2 和 d^7 组态离子的两种构型 LFSE 差值也较小，它们的四配位的化合物既有四面体形的，也有平面正方形的。

对于 d^3 和 d^4 组态的离子，平面正方形场和四面体场的 LFSE 差值较大(大于 10Dq)，其四配位化合物似应是平面正方形，但目前实验上得到的平面正方形构型配合物并不多，这可能是除了 CFSE 外，还有其他的影响因素，如静电排斥、空间位阻、姜-泰勒效应等的影响。

d^8 组态离子的四配位化合物以平面正方形为主，因为采取这种构型可以获得更多的 LFSE。对第二系列和第三系列过渡金属，如 Au$_2$Cl$_6$、[Rh(CO)$_2$Cl$_2$]、[PdCl$_4$]$^{2-}$、[Pd(CN)$_4$]$^{2-}$、[PtCl$_4$]$^{2-}$、[Pt(NH$_3$)$_4$]$^{2+}$等均采用了该构型。而第一系列过渡金属，由于离子半径小，当与电负性高或体积大的配体结合时，需考虑静电排斥、空间效应等因素，通常平面正方形和四面体两种构型都会出现。例如，[Ni(CN)$_4$]$^{2-}$为黄棕色、反磁性的平面正方形构型，而蓝绿色、顺磁性的[NiX$_4$]$^{2-}$(X=Cl$^-$、Br$^-$、I$^-$)为四面体构型。

d^9 组态 Cu^{2+} 的四配位化合物具有独特之处，从配位场稳定化能考虑它倾向于形成平面正方形构型，如 Na[Cu^{II}(NH$_3$)$_4$] [Cu^I(S$_2$O$_3$)$_2$] 中，[Cu^{II}(NH$_3$)$_4$]$^{2+}$ 配离子就是平面正方形。但从排斥力等因素考虑，四面体能量较低。不过，迄今尚未发现 Cu^{2+} 的正四面体配合物，而只有畸变的几何构型，如[CuCl$_4$]$^{2-}$就是一个压扁了的四面体，它的键角为 100°，介于平面正方形的 90°和正四面体的 109.5°之间，显然，姜-泰勒效应等因素也在影响着 d^9 组态离子配合物的立体构型。

在强场中，一般来说，若 LFSE 差值较大(大于 10Dq)，且配体体积又不太大时，配合物将取平面正方形构型，此时，LFSE 是决定性的因素。

3. 配合物稳定性与稳定化能的关系

基于表 3-4，图 3-27 画出了八面体 O_h 场中 CFSE 随电子结构 d^n 的变化。在弱场中，曲线呈"反双峰状"，称为反双峰效应，特点是曲线有三个极大值和两个极小值。最高点为 d^0(如 Ca^{2+})、d^5(如 Mn^{2+}、Fe^{3+})和 d^{10}(如 Zn^{2+})组态，它们的 CFSE 均为零。最低点为 d^3(如 V^{2+}、Cr^{3+})和 d^8(如 Ni^{2+})组态。在强场中，曲线呈"V"形，最低点位于 d^6 组态(如 Fe^{2+}和 Co^{3+})。

比较 CFSE 的相对大小，则可在一定条件下得出配合物的稳定性与所含 d 电子数的关系，尽管 CFSE 的绝对值并不大，通常只占配合物生成焓的百分之几，但它却明显地影响着过渡金属配合物的热力学性质。典型的例子为第四周期二价

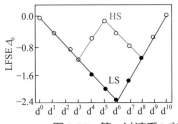 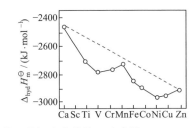

图 3-27　第一过渡系 M^{2+} 的晶体场稳定化能及水合焓

离子的水合焓 $(\Delta_{hyd}H_m^{\ominus})$ 随原子序数增加出现"反双峰"现象, 如图 3-27 所示, 极小值出现在 V^{2+} 和 Ni^{2+} 处, 极大值出现在 Ca^{2+}、Mn^{2+}、Zn^{2+} 处, 显然, 这种偏差可以用晶体场稳定化能解释。

气态金属离子溶于水中所释放的热量称为水合焓 $(\Delta_{hyd}H_m^{\ominus})$, 二价离子的水合焓:

$$M^{2+}(g) + 6H_2O(l) \Longrightarrow [M(H_2O)_6]^{2+}(aq) \qquad \Delta_{hyd}H_m^{\ominus}$$

其中, H_2O 为弱场配体, 相应水合离子 $[M(H_2O)_6]^{2+}$ 中 $d^4 \sim d^7$ 离子采取高自旋状态, 因此 CFSE 的双峰曲线完全符合水合离子 $[M(H_2O)_6]^{2+}$ 水合焓 $(\Delta_{hyd}H_m^{\ominus})$ 的变化。如果从每一个 M^{2+} 离子的 $\Delta_{hyd}H_m^{\ominus}$ 中扣除 CFSE, 则可得到一条近似于 Ca^{2+}、Mn^{2+}、Zn^{2+} 连线的平滑曲线, 该曲线代表 M^{2+} 在水溶剂中形成的球形场水合焓。

4. Irving-Williams 序列

八面体配位 3d 金属离子 M^{2+} 的标准生成常数呈现了如下趋势:

$$Ba^{2+} < Sr^{2+} < Ca^{2+} < Mg^{2+} < Mn^{2+} < Fe^{2+} < Co^{2+} < Ni^{2+} < Cu^{2+} > Zn^{2+}$$

这称为 Irving-Williams 序列, 反映了 M^{2+} 配合物的稳定性顺序。例如, 当 Mn^{2+} 到 Zn^{2+} 离子与乙二胺生成的配合物 $[M(en)_3]^{2+}$, 它们的标准生成常数可观察到下述顺序:

$$Mn^{2+}(d^5) < Fe^{2+}(d^6) < Co^{2+}(d^7) < Ni^{2+}(d^8) < Cu^{2+}(d^9) > Zn^{2+}(d^{10})$$

$lg\beta$　　5.67　　　　9.52　　　　13.82　　　18.06　　　18.60　　　12.09

这一顺序大致与 CFSE 的变化一致, 类似于前述反双峰曲线趋势中的右半段。只是峰值不在 d^8 的 Ni^{2+} 而是 d^9 的 Cu^{2+} 的配合物, 这个差异被认为与姜-泰勒畸变有关。

5. 标准电极电势

以 Co^{3+} 为例。在水溶液中，Co^{3+} 是不稳定的，容易被还原成 Co^{2+}，但当水溶液中存在强场配体时，Co^{3+} 被稳定，这可从下列标准电极电势看出：

$$[Co(H_2O)_6]^{3+} + e^- \rightleftharpoons [Co(H_2O)_6]^{2+} \quad E^{\ominus} = 1.84V$$

$$[Co(edta)]^- + e^- \rightleftharpoons [Co(edta)]^{2-} \quad E^{\ominus} = 0.60V$$

$$[Co(C_2O_4)_3]^{3-} + e^- \rightleftharpoons [Co(C_2O_4)_3]^{4-} \; E^{\ominus} = 0.57V$$

$$[Co(phen)_3]^{3+} + e^- \rightleftharpoons [Co(phen)_3]^{2+} \; E^{\ominus} = 0.42V$$

$$[Co(NH_3)_6]^{3+} + e^- \rightleftharpoons [Co(NH_3)_6]^{2+} \; E^{\ominus} = 0.10V$$

$$[Co(en)_3]^{3+} + e^- \rightleftharpoons [Co(en)_3]^{2+} \quad E^{\ominus} = -0.26V$$

$$[Co(CN)_6]^{3-} + e^- \rightleftharpoons [Co(CN)_6]^{4-} \quad E^{\ominus} = -0.83V$$

上述 Co^{3+} 与不同配体形成的配离子的电势下降次序基本上是配体的光谱化学顺序，也就是配位场稳定化能增加的次序。

3.3 配位化合物的配位场理论

晶体场理论具有模型简单、图像明确、使用数学方法严谨等优点，对于稀土金属配合物，由于 4f 电子属于内层轨道，受外层 5s 及 5p 电子屏蔽，其金属离子与配位原子之间共价键几乎可以忽略，晶体场理论对其光谱及磁性能够给出很好的解释。

但是，对于过渡金属配合物，其价层轨道与配位原子之间具有较大的共价键成分，而晶体场理论却完全忽略了中心原子与配体之间的共价成键作用，因此对于许多重要实验事实并不能圆满地解释，如光谱化学序列，定量计算的结果与实际情况往往也相差甚远。因此，在过渡金属配位化学中，结合了分子轨道理论的配位场理论更加符合金属与配体之间的成键情况，其着重考虑了分子对称性决定共价成键的分子轨道，为许多实验结果给出了更合理的解释[14]。

配位场理论认为当配体接近中心原子时，中心原子的价层轨道与能量接近、对称性匹配的配体群轨道可以重叠组成分子轨道。这些分子轨道的建立类似于多原子分子中分子轨道，如例题 3-8 中 H_2O 的分子轨道。对于第一过渡系元素，中心原子的价层轨道包括五条 3d、一条 4s 和三条 4p 轨道，它们可以根据配合物分子

例题 3-8

如何利用分子轨道理论构筑 H_2O 的分子轨道?

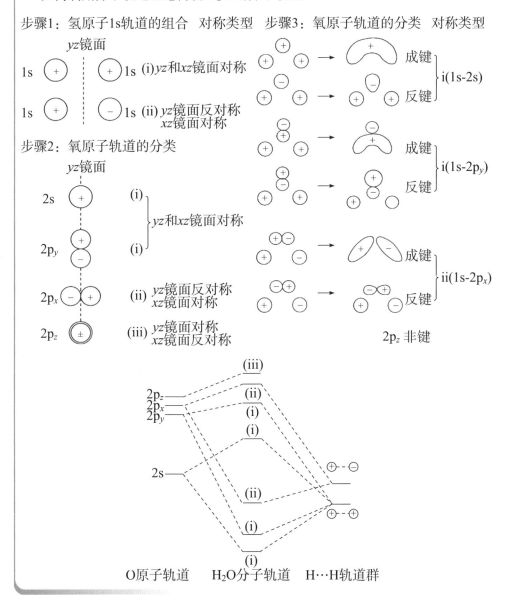

步骤1:氢原子1s轨道的组合   对称类型   步骤3:氧原子轨道的分类   对称类型

(i)yz和xz镜面对称

(ii)yz镜面反对称 xz镜面对称

步骤2:氧原子轨道的分类

(i)
(i) yz和xz镜面对称

(ii)yz镜面反对称 xz镜面对称

(iii)yz镜面对称 xz镜面反对称

成键
反键 } i(1s-2s)

成键
反键 } i(1s-2p_y)

成键
反键 } ii(1s-2p_x)

$2p_z$ 非键

O原子轨道 H_2O分子轨道   H$\cdots$H轨道群

对称性进行分组。而对于配体所提供的用于成键的原子轨道,可以根据分子的对称性将其进行线性组合成数目相等的群轨道,从而与对称性相同的中心体的价层轨道形成分子轨道。进一步分子轨道的能级顺序能够通过群论的计算或经验方法,而准确的能级分裂来自于光谱或电子能谱的校准。下面仅以八面体配合物为例介绍如何进行配合物分子轨道理论分析。

基于配体的特点，配合物的中心体与配体之间存在 σ 成键或同时存在 π 成键，以下将分别进行讨论。

1. σ 成键

以八面体配离子$[Co(NH_3)_6]^{3+}$为例，六个NH_3配体沿 x、y 和 z 轴方向接近中心体。每个NH_3配体都有一个由孤对电子占据的 σ 原子轨道，总共六个 σ 轨道，分别为σ_x、σ_{-x}、σ_y、σ_{-y}、σ_z 和 σ_{-z}(它们分别代表 x、y、z 轴正、负两个方向上的配体的 σ 轨道)。类似H_2O氢原子轨道的线性组合，基于O_h对称性对这六个配体原子轨道进行线性组合，获得对称性与中心体的原子轨道相匹配的六个群轨道，如图 3-28 所示(对于如何通过群论获得其线性组合可参阅参考书)[14]。

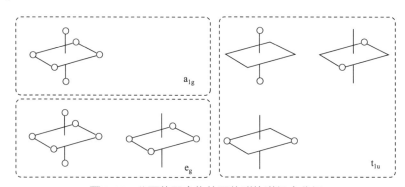

图 3-28　八面体配合物的配体群轨道组合分组

表 3-6 列出基于O_h对称性分类的中心体价层轨道及"配体群轨道"。其中，对称性符号源于群论中O_h对称性的特征标表，a、e、t 分别表示单、双及三重简并，u、g 表示轨道对称性，分别为奇、偶中心对称。进而可以建立正八面体构型的配位化合物的分子轨道。

表 3-6　σ 键合的八面体配合物的金属原子轨道和配体群轨道组合

对称性	金属原子轨道	配体群轨道	分子轨道
a_{1g}	s	$\sum_s = 1/\sqrt{6}\ (\sigma_x + \sigma_{-x} + \sigma_y + \sigma_{-y} + \sigma_z + \sigma_{-z})$	a_{1g}, a_{1g}^*
e_g	d_{z^2}	$\sum_{z^2} = 1/\sqrt{12}\ (2\sigma_z + 2\sigma_{-z} - \sigma_x - \sigma_{-x} - \sigma_y - \sigma_{-y})$	e_g, e_g^*
	$d_{x^2-y^2}$	$\sum_{(x^2-y^2)} = 1/\sqrt{2}\ (\sigma_x + \sigma_{-x} - \sigma_y - \sigma_{-y})$	

续表

对称性	金属原子轨道	配体群轨道	分子轨道
t_{1u}	p_x	$\sum_x = 1/\sqrt{2}\,(\sigma_x - \sigma_{-x})$	t_{1u}, t_{1u}^*
	p_y	$\sum_z = 1/\sqrt{2}\,(\sigma_y - \sigma_{-y})$	
	p_z	$\sum_z = 1/\sqrt{2}\,(\sigma_z - \sigma_{-z})$	
t_{2g}	d_{xy}	在 O_h 场中无与金属原子的 t_{2g} 轨道对应的 σ 配体群轨道	t_{2g}
	d_{xz}		
	d_{yz}		

中心体的 s 轨道与配体群轨道中的 $\sum_s$ 组合为成键的 a_{1g} 和反键的 a_{1g}^* 两条分子轨道，如图 3-29 所示。

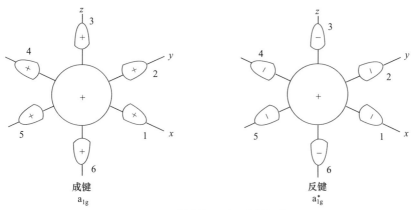

图 3-29　成键的 a_{1g} 和反键的 a_{1g}^*

d_{z^2} 与 $\sum_{z^2}$、$d_{x^2-y^2}$ 与 $\sum_{(x^2-y^2)}$ 也各组成一条成键轨道 e_g、一条反键轨道 e_g^*。由于 d_{z^2} 与 $d_{x^2-y^2}$、$\sum_{z^2}$ 与 $\sum_{(x^2-y^2)}$ 均为二重简并的，因此组成的分子轨道 e_g 和 e_g^* 也是二重简并的，如图 3-30 所示。

p_x、p_y、p_z 及 $\sum_x$、$\sum_y$、$\sum_z$ 均为三重简并，因而组成的分子轨道也是三重简并的，成键的记作 t_{1u}、反键的记作 t_{1u}^*，如图 3-31 所示。

对于 σ 成键，八面体晶体场中原子轨道 d_{xy}、d_{xz} 与 d_{yz} 无对应的配体群轨道，所以 t_{2g} 在这里是非键轨道。

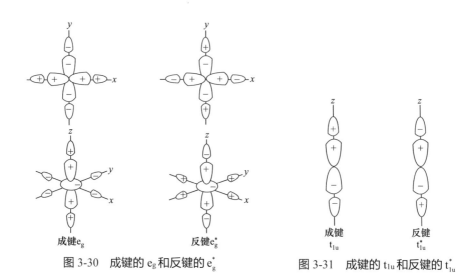

图 3-30　成键的 e_g 和反键的 e_g^*　　　　图 3-31　成键的 t_{1u} 和反键的 t_{1u}^*

由此可见，金属的 s 和 p 轨道与配体群轨道重叠较大，所以产生的 a_{1g} 和 a_{1g}^*、t_{1u} 和 t_{1u}^* 分子轨道能级差也就大。金属的 d_{z^2}、$d_{x^2-y^2}$ 与配体群轨道作用较弱，所以 e_g 与 e_g^* 能级差较小。t_{2g} 轨道以下为成键轨道，以上为反键轨道。根据能量高低画出的分子轨道能级图如图 3-32 所示。

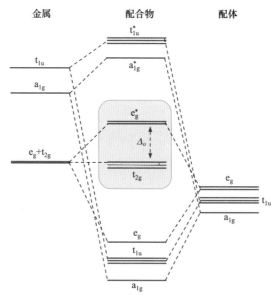

图 3-32　正八面体 O_h 配合物分子轨道能级图

其中，t_{2g} 与 e_g^* 之间的能级差与晶体场理论中的分裂能 Δ 一致。如果配体是强

σ电子给予体时，e_g 能量下降大，e_g^* 能量上升多，使得 t_{2g} 与 e_g^* 的能量差增大，即分裂能 $\varDelta_o$ 增大，导致 $\varDelta_o > P$，得到低自旋排布。如果配体是弱的 σ 电子给予体，e_g 能量下降少，e_g^* 能量上升少，显然，$\varDelta_o$ 小，可能使得 $\varDelta_o < P$，将得到高自旋的排布。

在[Co(NH_3)_6]^{3+}配离子中，全部 18 个电子占据着 a_{1g}、t_{1u}、e_g 和 t_{2g} 九条轨道，因而是一低自旋配离子。其中 6 个 NH_3 配体的 6 对 σ 孤对电子占据的是成键轨道，成 L→M 的 σ 配位方式。t_{2g} 轨道则由金属的 6 个 d 电子所占据。而在[CoF_6]^{3-}中，只有四个 d 电子占据 t_{2g} 轨道，另两个电子占据 e_g^* 轨道，一共有 4 个未成对电子，为一高自旋配离子。很明显，配离子采取高自旋还是低自旋取决于 t_{2g} 与 e_g^* 的能级差 $\varDelta_o$ 及成对能 P 的相对大小。

由上可见，用分子轨道方法获得了与配位场方法相同的结果。

2. π 成键

以上讨论未涉及 π 成键作用，如果配体中含有能够与中心体形成 π 键的轨道，那么必须考虑它们与具有 π 成键能力的金属 t_{2g} 轨道的作用。如图 3-33 所示，此时配体的原子轨道与金属 t_{2g} 轨道重叠形成 π 配位键。配体所提供的 π 轨道，可以是配位原子的 pπ 原子轨道(如在 F^-、Cl^- 中)、dπ 原子轨道(如在膦、胂中)，或配位基团中的 π^* 分子轨道(如在多原子配体 CO、CN^-、py 中)。

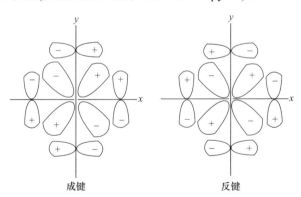

成键　　　　　　　　　反键

图 3-33　配体的原子轨道与金属 t_{2g} 轨道重叠形成 π 配位键

中心离子 t_{2g} 轨道与配体 π 轨道重叠形成 π 键后，分裂能 $\varDelta_o$ 将发生显著变化，主要分为两种情况。以八面体配合物为例。

当配体 π_L 轨道能量低于中心离子的 t_{2g}，且 π_L 轨道已填满电子，通常称为 π 电子给体。如图 3-34 所示，由于 t_{2g} 轨道和 π_L 组合得到的低能量 π 成键分子轨道 $\pi(t_{2g})$ 的能量更接近 π_L 轨道的能量，因而配体上的电子将优先占据成键分子轨道

$\pi(t_{2g})$。而中心离子的 t_{2g} 轨道上的 d 电子只能占据高能量的反键 $\pi^*(t_{2g}^*)$ 分子轨道。从而可得到 L→M(t_{2g})类型的 π 键。由于中心离子的 t_{2g} 能级上升为 t_{2g}^* 能级，结果是分裂能 Δ_0 减小。由于分裂能减小，因此此类配合物多属高自旋构型。这类配合物的配体主要有 F^-、Cl^-、Br^-、I^-、H_2O、OH^- 等，通常为弱场配体，在光谱化学序列的左端。

当配体的 π_L 轨道的能量高于中心离子的 d 轨道且 π_L 轨道是空的，通常称为 π 电子受体。如图 3-34 所示，这时由 t_{2g} 轨道和 π_L 组合得到低能量 π 成键分子轨道(t_{2g})和高能量的反键分子轨道(t_{2g}^*)。原来定域在金属离子的 d 电子进入 $\pi(t_{2g})$ 成键分子轨道中，电子密度从金属离子移向配体。这时金属离子是 π 电子的给予体，配体成为 π 电子的受体，得到了 M(t_{2g})→L 的反馈键。这时，Δ_0 增加，配合物的稳定性加强。毋庸置疑，这类配合物倾向于采取低自旋的构型。配体能按这种方式形成配合物的包括含 P、As、S 等配位原子的配体(有空 $d\pi$ 轨道)和含有多重键的多原子基团如 CO、CN^-、NO_2^-、CN^-、$H_2C{=}CH_2$ 等(有空的 π^* 分子轨道)。由于生成 π 键使 Δ_0 值增大，故上述配体为强场配体，位于光谱化学序列的右端。

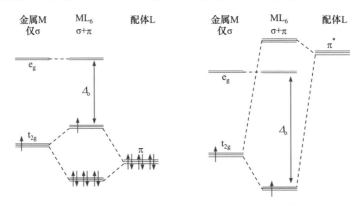

图 3-34 π 电子给体及 π 电子受体形成 π 配位键时对电子能级结构的影响

通过对配体的 π 成键作用对配位场的场强影响归纳，可得到顺序：强 π 电子给体<弱 π 电子给体<很小或无 π 相互作用<弱 π 电子受体<强 π 电子受体。

因此，按照配位场理论，配体为弱的 σ 电子给予体和强的 π 电子给予体时将产生小的分裂能；配体为强的 σ 电子给予体和强的 π 电子受体相结合产生大的分裂能，这样便可以合理地说明整个光谱化学序列，很好地弥补了晶体场理论的不足。

综上所述，价键理论虽然能够利用原子轨道杂化形象地说明配离子的配位构型、配位数及磁性等性质，但它是一种简单的定性理论，由于没有充分考虑配体对中心原子的影响，在解释配合物的许多性质时通常会遇到困难，不能解释配合物的电子吸收光谱。经典的晶体场理论能够成功地说明过渡金属配合物的 d-d 跃迁光谱和磁学性质, 它把配体仅当作对中心金属 d 轨道施以静电场的电荷或电偶极子, 并且未注重配合物的对称性对 d 轨道分裂的影响, 从而不能准确解释配合物中的许多现象, 特别是光谱化学序列。配位场理论则成功地将分子轨道理论应用到晶体场理论当中, 同时考虑了分子对称性及共价配位作用对中心原子电子能级的影响, 将配合物看成是由中心原子和配体构成的分子整体, 因而能做更为全面、更进一步的定量处理。

3.4 过渡金属配合物的电子光谱

前面学习了通过晶体场及配位场理论分析过渡金属离子 d 轨道在不同配位环境中的能级分裂, 但是若要获得配合物准确的电子能级结构及分裂能等信息, 则需要对比实验上的电子光谱具体分析配合物中电子能级跃迁, 特别是紫外-可见范围内的光谱信息通常对应于配合物中 d-d 能级的跃迁。当只有一个电子填充 d 轨道时, 相应的光谱吸收峰则直接反映了 d 轨道在配位场中的分裂能, 如图 3-26 中 $[Ti(H_2O)_6]^{3+}$ 的吸收光谱。但是, 当多个电子同时填充 d 轨道时, 电子之间并不是孤立的, 它们之间排斥作用强烈地影响配合物的电子能级结构, 从而不能直接从吸收光谱中获得配位场分裂参数。

图 3-35 中, d^3 金属配离子 $[Cr(NH_3)_6]^{3+}$ 紫外-可见吸收光谱呈现出三个谱带。最低能量的谱带为自旋禁阻的吸收, 由于能级之间的自旋状态发生了改变, 吸收强度很弱。最高能量的吸收为电荷迁移吸收, 这主要是由于金属配体之间共价成

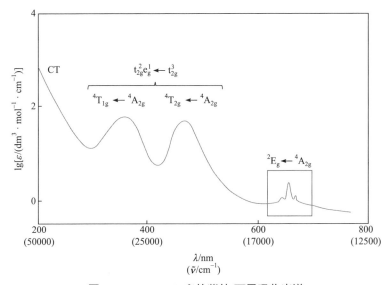

图 3-35 $[Cr(NH_3)_6]^{3+}$ 的紫外-可见吸收光谱

键导致的电荷迁移。中间则为配位场中 d 轨道能级分裂导致的 $t_{2g}^2e_g^1 \leftarrow t_{2g}^3$ 吸收，但不同于$[Ti(H_2O)_6]^{3+}$的吸收光谱，此处吸收峰分裂为两个，这主要是由电子之间的排斥作用导致的。而如何理解电子之间相互作用和配位场分裂在电子光谱中的作用还需要进一步学习光谱项的知识。这里首先介绍自由原子或离子中的光谱项，然后分析其在配合物中的变化。

3.4.1 原子或离子中电子的光谱项

光谱项表示电子的不同能级状态。为了建立原子或离子光谱项，通常采用两种方法。对于元素周期表中轻元素采用 Russell-Saunders 耦合方法，如 3d 金属；而对于重元素采用 jj 耦合方法。这里只对 Russell-Saunders 耦合方法进行论述。

以 d^2 组态为例，由于 d 轨道的角量子数 $l=2$，因角动量在磁场方向的分量有 $2 \times 2+1=5$ 个取向，即磁量子数 $m_l=0, \pm 1, \pm 2$。而自旋角动量在磁场方向上的分量有两个取向，即自旋量子数 $m_s=\pm 1/2$，若以"↑"代表 $m_s=+1/2$，"↓"代表 $m_s=-1/2$，则 d^2 组态的两个 d 电子在 5 条 d 轨道中有 45 种排布方式(表 3-7)。表中"×"代表一个电子，其自旋量子数可以是↑，也可以是↓。以表 3-7 中第 6 行两个电子为例，代表了(2, 1/2)(1, 1/2)、(2, 1/2)(1, −1/2)、(2, −1/2)(1, 1/2)和(2, −1/2)(1, −1/2)四种可能的排布方式(每种排布方式称为一种微状态)。分别记作 $M_L = \sum m_l = 3$、$M_S = \sum m_s = 1$，$M_L=3$、$M_S=0$，$M_L=3$、$M_S=0$，$M_L=3$、$M_S=-1$。

表 3-7 d^2 组态的 45 种可能的电子排布方式

m_l					$M_L = \sum m_l$	$M_S = \sum m_s$
+2	+1	0	−1	−2		
××					4	0
	××				2	0
		××			0	0
			××		−2	0
				××	−4	0
×	×				3	+1,0,0,−1
×		×			2	+1,0,0,−1
×			×		1	+1,0,0,−1
×				×	0	+1,0,0,−1
	×	×			1	+1,0,0,−1
	×		×		0	+1,0,0,−1
	×			×	−1	+1,0,0,−1
		×	×		−1	+1,0,0,−1
		×		×	−2	+1,0,0,−1
			×	×	−3	+1,0,0,−1

上述 45 种微状态可分为若干个多重简并的能级状态，而每一多重简并能级状态又可用一光谱项来表示。

光谱项的一般形式为 ^{2S+1}L，其中 L 用大写字母 S、P、…表示，如

$L=$ 　　0, 1, 2, 3, 4, 5, 6,…

大写字母：S、P、D、F、G、H、I…

光谱项左上角的 $2S+1$ 表示自旋多重态。$2S+1=1$，单重态，意味着无自旋未配对电子；$2S+1=2$，二重态，有一个未配对电子；$2S+1=3$，三重态，有两个未配对电子等。

将表 3-7 中 45 种可能的排布方式重新整理以后，按每组(即一组多重简并态)M_L 和 M_S 所包含的微态的数目列出表格，使用"逐级消去法"或"行列波函数法"从中找出相应的光谱项及其简并度。具体步骤见图 3-36。

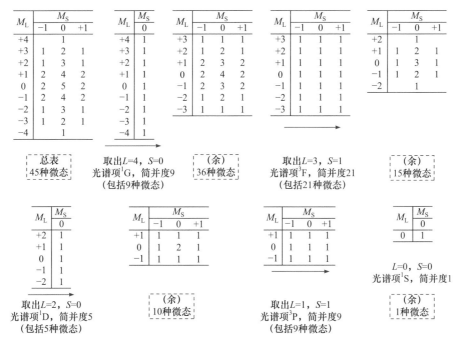

图 3-36　用"逐级消去法"求 d^2 组态的光谱项和简并度

d^2 组态的能级状态可用光谱项 ^1G、^3F、^1D、^3P 和 ^1S 表示。各光谱项的简并度用 $(2L+1)(2S+1)$ 计算。因此，^1G 简并度 $(2\times4+1)\times(2\times0+1)=9$，$^3F$ 为 $(2\times3+1)\times(2\times1+1)=21$ 等。

按照计算，d^1 组态有 10 个微态，d^3 组态有 120 个微态，d^4 组态有 210 个微态，d^5 组态有 252 个微态。表 3-8 列出了 $d^1 \sim d^{10}$ 电子组态的光谱项。

表 3-8 不同 d^n 电子组态离子的光谱项

电子组态	光谱项
d^{10}	^1S
d^1、d^9	^2D
d^2、d^8	^3F、^3P、^1G、^1D、^1S
d^3、d^7	^4F、^4P、^2H、^2G、^2F、^2D、^2P
d^4、d^6	^5D、^3H、^3G、2^3F、^3D、2^3P、^1I、2^1G、^1F、^1D、^1S
d^5	^6S、^4G、^4F、^4D、^4P、^2I、^2H、^2G、2^2F、^2D、^2P、^2S

由表 3-8 可见，组态 d^{10-n} 与 d^n 具有相同的谱项。这可通过"空穴规则"来解释：在多于半满的层中，"空穴"可理解为正电子，正电子类似于电子也会相互排斥。显然，p^{6-n} 与 p^n、f^{14-n} 与 f^n 也会遵循同样的对应关系。

在各电子组态的光谱项中，通常最关心的是基态的光谱项。

按洪德规则和泡利(W. E. Pauli, 1900—1958)原理，基态光谱项应为：①具有最高的自旋多重态(即未成对电子数尽可能多)；②当几个光谱项都具有最高的自旋多重态时，L 值最大的光谱项能量最低(即轨道角动量最大)。

由此求得的基态光谱项列于表 3-9 中。

表 3-9 d^n 电子组态基态光谱项的推算

d^n	m_l					L	S	基态光谱项
	+2	+1	0	−1	−2			
d^1	↑					2	1/2	^2D
d^2	↑	↑				3	1	^3F
d^3	↑	↑	↑			3	3/2	^4F
d^4	↑	↑	↑	↑		2	2	^5D
d^5	↑	↑	↑	↑	↑	0	5/2	^6S
d^6	↑↓	↑	↑	↑	↑	2	2	^5D
d^7	↑↓	↑↓	↑	↑	↑	3	3/2	^4F
d^8	↑↓	↑↓	↑↓	↑	↑	3	1	^3F
d^9	↑↓	↑↓	↑↓	↑↓	↑	2	1/2	^2D
d^{10}	↑↓	↑↓	↑↓	↑↓	↑↓	0	0	^1S

对于激发态与光谱项能量高低的顺序则无法用简单方法预示，只能通过复杂的量子力学计算确定，计算表明同一电子组态的所有光谱项能量可以近似到三个参数的加和，这些参数表示为 A、B、C，被称为 Racah 参数，它们表示电子间排

斥作用的大小。其中，A 表示电子总排斥能的平均值，B、C 将个体 d 电子之间的排斥能关联在一起。它们可以直接通过原子光谱的经验值获得，不需要进行复杂的理论计算。例如，对于 d^2 组态，量子力学计算结果为

^{3}F：$A-8B$；^{3}P：$A+7B$；^{1}G：$A+2B+2C$；^{1}D：$A-3B+2C$；^{1}S：$A+14B+7C$

由此可见，A 对所有光谱项是相同的，C 只有与基态自旋状态不同时出现，而 B 是表示光谱项能量最重要的参数。

对于第一过渡系元素 $C \approx 4B$，由以上计算可知 d^2 组态谱项的能级次序为 ^{3}F$<$ ^{1}D$<$^{3}P$<$^{1}G$<$^{1}S。

3.4.2　配合物中的电子光谱项

这里首先了解配合物中电子能级的表示方法，类似以上原子中电子能级的光谱项，配合物分子中电子能级可以用分子光谱项符号表示。如图 3-35 所示的 ^{4}T$_{2g}$←^{4}A$_{2g}$，左上角标表示能级的自旋多重度，因此左上角的 "4" 表示 $S=3/2$ 的四重态，表明存在三个自旋平行的单电子。剩下部分为该配合物总电子状态的对称性标记。其中，A、E、T 分别表示轨道的多重度，这里用大写表明为多电子波函数，区别于晶体场理论中的 a、e、t；g 表明了轨道为偶对称，而奇对称用 u 表示；数字表示其他的对称性，在此不再讨论，详细内容可查阅相关量子化学书籍。

上述内容从配位场作用及电子间排斥作用两方面分别讨论了其对电子能级结构的影响。实际上在过渡金属化合物中两者能量处于同一数量级，故必须同时考虑。通常在分析配合物能级轨道时可采用两种方法估算两者的综合影响。

第一种认为电子间的互斥作用对能级结构的确定起主导作用，在分析配合物能级结构时首先考虑电子间的互相排斥作用，换句话说，就是先确定电子组态的光谱项，再研究配位场作用对每个谱项的影响，称为 "弱场方法"。

第二种是在决定能级结构时配位场起主导作用，它首先考虑配位场对轨道能级的分裂，然后再研究填充电子间的排斥作用对由配位场分裂所得能级的影响，称为 "强场方法"，适用于中心体与配体之间形成强共价配键的情况。

1. 弱场方法

此方法首先确定给定 d^n 组态产生的光谱项，这已在 3.4.1 小节讨论，下面要讨论的是在配位场的影响下每个光谱项产生的分谱项的数目和能量顺序。

由表 3-9 可见，d^1、d^4、d^6 和 d^9 组态的基谱项都是 D 谱项，仅自旋多重态不同。五重简并的 D 谱项可以参照五个 d 轨道的能级分裂情况：在 O_h 场中，d 轨道可分裂为 e_g 和 t_{2g} 两组轨道，D 谱项能分裂为 E_g 和 T_{2g} 两个分谱项。

当来自 d^1 和 d^6 的 D 谱项的一个电子处于 T_{2g} 时，受到配体电子的排斥比处于 E_g 的小(因 T_{2g} 处于 xy、xz、yz 平面轴间 45°的方向上，而 E_g 是处于轴的方向上)，因此对 d^1 和 d^6，能量为 $T_{2g}<E_g$ (d^6 可认为是在 d^5 上增加一个电子，犹如向 d^0 增加一个电子一样)。需要指出，在忽略化学环境对电子自旋的作用时，一个特定谱项被配位场分裂所得到的所有分谱项都与母谱项具有同样的自旋多重性。因此，对 d^1 (^2D)，$^2T_{2g}<{}^2E_g$；对 d^6 (^5D)，$^5T_{2g}<{}^5E_g$。

对于 d^4 和 d^9 组态，需要用到前面介绍的"空穴规则"。空穴(正电子)的静电行为正好与一个电子的静电行为相反，电子最不稳定的地方，空穴就最稳定。因此由 d^9 产生的 ^2D 谱项分裂的能级顺序与 d^1 的相反，$^2E_g<{}^2T_{2g}$；由 d^4 产生的 ^5D 谱项分裂的能级顺序与 d^6 的顺序也相反，$^5E_g<{}^5T_{2g}$(事实上，所有 d^n 和 d^{10-n} 的能级分裂的情况均相反)。

在四面体场 T_d 中，能级的次序和八面体场 O_h 中的次序相反。因而在 T_d 场中，d^4 和 d^9 的情况应与 O_h 场中 d^1 和 d^6 一样，而 T_d 场中的 d^1 和 d^6 与 O_h 场中的 d^4 和 d^9 相同(事实上，所有八面体 d^n 和四面体 d^{10-n} 的能级分裂情况均相同)。

表示谱项在配位场中的分裂的图形称为 Orgel 图。图 3-37 示出 d^1、d^9 和高自旋 d^4、d^6 组态的 Orgel 谱项分裂图。图中纵坐标是谱项的能量，横坐标是配位场分裂能。由图 3-38 中可看到在同一种场中 d^n 与 d^{10-n} 的关系以及八面体配合物与 d^{10-n} 四面体配合物的类同性。

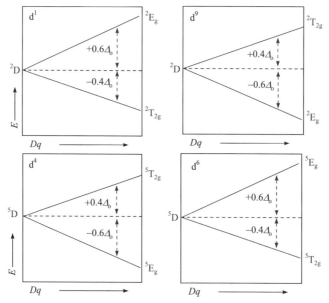

图 3-37　d^1、d^9 和高自旋 d^4、d^6 组态在 O_h 场中的 Orgel 谱项分裂图

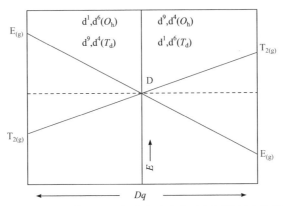

图 3-38　d^1、d^9 和高自旋 d^4、d^6 组态在八面体及四面体配合物的能级关系

　　d^2、d^8、d^3、d^7 组态基态光谱项均为 F 项的能级图，比以上组态复杂。这是因为除配位场的影响外，还有电子之间的相互作用。图 3-39 分别呈现了 O_h 配位场中光谱项分裂 Orgel 图。如同 d^1、d^9 和 d^4、d^6 可用一张 Orgel 图表示谱线的分裂一样，d^2、d^8 和 d^3、d^7 也可用同一张 Orgel 图来表示谱项的分裂情况(图 3-40)。由图可见，d^2 与 d^8、d^3 与 d^7 在图像上也是互为倒反关系的。此外，也能看到 T_d 场中的 d^3、d^8 与 O_h 场中的 d^2、d^7 和 O_h 场中的 d^3、d^8 与 T_d 场中的 d^2、d^7 的一致性。图中相同对称类型的线由于构型相互作用的原因是禁止相交的，因而它们发生弯曲，彼此互相回避。

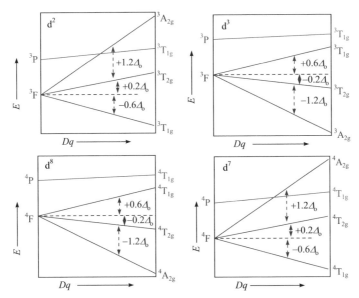

图 3-39　d^2、d^7 和高自旋 d^3、d^8 组态在 O_h 场中的 Orgel 谱项分裂图

最后，d^5 组态的基谱项为 ^6S (在配位场中变为 $^6A_1$)，它不被配位场分裂。

其余高能量谱项的分裂暂时不做讨论，表 3-10 列出了各谱项在配位场中的分裂情况。

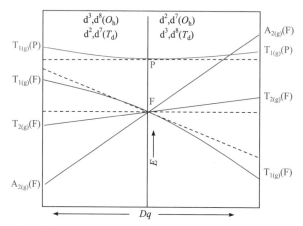

图 3-40　d^2、d^7 和高自旋 d^3、d^8 组态在八面体及四面体配合物的能级关系

表 3-10　d^n 组态各光谱项在配位场中的分裂

光谱项	O_h	T_d	D_{4h}
S	A_{1g}	A_1	A_{1g}
P	T_{1g}	T_2	A_{2g}、E_g
D	E_g、T_{2g}	E、T_2	A_{1g}、B_{1g}、B_{2g}、E_g
F	A_{2g}、T_{1g}、T_{2g}	A_2、T_1、T_2	A_{2g}、B_{1g}、B_{2g}、$2E_g$
G	A_{2g}、E_g、T_{1g}、T_{2g}	A_1、E、T_1、T_2	$2A_{1g}$、A_{2g}、B_{1g}、B_{2g}、$2E_g$
H	E_g、$2T_{1g}$、T_{2g}	E、$2T_1$、T_2	A_{1g}、$2A_{2g}$、B_{1g}、B_{2g}、$3E_g$
I	A_{1g}、A_{2g}、E_g、T_{1g}、$2T_{2g}$	A_1、A_2、E、T_1、$2T_2$	$2A_{1g}$、A_{2g}、$2B_{1g}$、$2B_{2g}$、$3E_g$

上述 Orgel 图只能表示出弱场、高自旋的情况，而没有反映出强场情况下谱项的能量变化，因而 Orgel 图不适用于 $d^4 \sim d^7$ 的低自旋八面体配合物。此外，Orgel 图基态的能量随场强的增加而减小，同时由于状态能量 E 及 Dq 值都是以绝对单位表示，Orgel 图并不能通用于同一电子组态的不同离子和不同配体构成的体系，因为不同情况下 Dq 值不同。

为了克服上述缺点，田边(Y. Tanabe，1927—)和菅野(S. Sugano，1928—)将谱项能量 E 和 Racah 参数 B 的比(E/B)作纵坐标，以 Δ_o/B 作横坐标，并以基谱项的能量取作零点和作为横坐标轴(基线)构成能级图，称为 Tanabe-Sugano 图，简称 T-

S 图[15]。一个 T-S 图对应于一个特定的 d^n 组态。图中各条线分别代表一个激发态，其斜率反映出它们的 Dq 随场强的变化。由于坐标轴所表示的能量均是以 B 为单位，因而是无量纲的，这样就可以适用于相同的组态 d^n 的不同离子和配体所构成的体系，因此改变离子或配体，也改变着 B 值。此外，在 $d^4 \sim d^7$ 的情况下，T-S 图中还包括低自旋多重度的状态，因而用起来十分方便。d^1、d^9 因无电子(或空穴)的相互作用，只有一个谱项，无 T-S 图。d^{10} 不产生 d-d 跃迁光谱。

图 3-41 示出的是 $d^2 \sim d^8$ 的 T-S 图，其中 d^2、d^3 和 d^8 组态的配合物，因无高低自旋之分，T-S 图仅由一个象限组成。以 d^2 组态的 T-S 图为例，图中除画出了

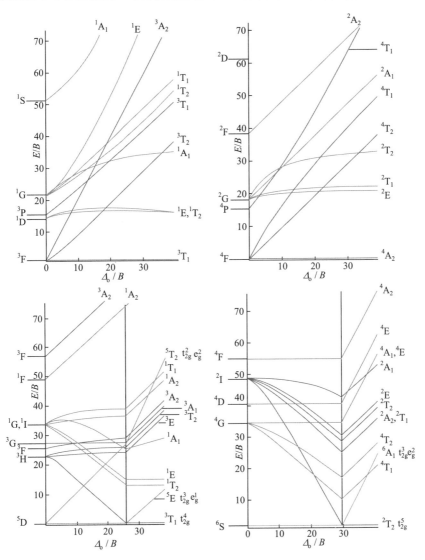

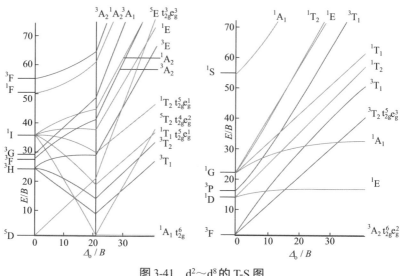

图 3-41　$d^2 \sim d^8$ 的 T-S 图

与基谱项多重度相同的三重态谱项外，还画出了与基谱项多重度不同的单重态谱项，也画出了部分高能量谱项的分裂情况。对于 $d^4 \sim d^7$ 组态的离子可形成高低自旋两种配合物，因而 T-S 图由两部分组成，分别代表高低自旋两种配合物，其左边适用于高自旋构型，它相当于 Orgel 图，右边适用于低自旋构型。因而实际上是两个分立的图，两者所包含的能量状态相同，只是能级次序不同(但在 10 Dq 等于成对能 P 时能级次序也相同，此时称为临界场强)。例如，d^6 组态，基态谱项为 ^5D，在分裂能小于 P ($Dq/B = 2$)的弱场中，^5D 分裂为 $^5T_2$ 和 ^5E，其中 $^5T_2$ 为基态，^5E 为唯一五重激发态；而在分裂能 10 Dq 大于 P 时，产生电子自旋成对，由 ^1I 分裂来的 $^1A_1$ 变成了基态。说明强场对低多重态有利，弱场对高多重态有利。从某一 Dq/B 值开始，基态谱项由高多重态变成低多重态[16]。

2. 强场方法

前面晶体场理论中已经学习了 d 轨道在不同配位构型晶体场中的能级分裂，当多个电子填充这些 d 轨道能级时，必须考虑电子之间的排斥作用。下面以 d^2 离子在正八面体 O_h 场为例对其进行说明。

在 O_h 场中五个 d 轨道分裂为两组，分别为 t_{2g} 和 e_g 轨道。两个电子填充两组轨道时，大体有三种排布方式：两个电子均填入 t_{2g} 轨道；两个电子分别填入 t_{2g} 和 e_g 轨道；两个电子都填入 e_g 轨道，如图 3-42 中 t_{2g}^2、$t_{2g}^1 e_g^1$ 和 e_g^2。基于分裂能，它们的能级顺序为 $t_{2g}^2 > t_{2g} e_g > e_g^2$。如果考虑电子的自旋状态，两个电子分别具有总自旋 $S = 0$ 的单重态($2S + 1 = 1$)和 $S = 1$ 的三重态($2S + 1 = 3$)，这进一步导致更复杂的电子构型。为了简便，此处只考虑三重态，即两个自旋平行的电子填充轨道,这主要是因为高自旋状态通常为配合物分子的自旋基态。基于电子泡利不相容原理,自旋平行的电子必须分别占据两个轨道。对于 t_{2g}^2 构型,三个轨道填充两个电子则有三种排布方式,它们能量相等,因此在分子光谱项中表示为 $^3T_{2g}$。同样,对于 e_g 轨道,两个自旋平行的电子分别占据两个轨道,只有一种状态,为 $^3A_{1g}$。需要指出的是,由于轨道空间分布不同导致电子之间的相互作用不同,$^3T_{2g}$ 和 $^3A_{1g}$ 之间的能级差并不是 Δ_o,这在以下讨论的 $t_{2g}^1 e_g^1$ 构型中体现得更加明显。

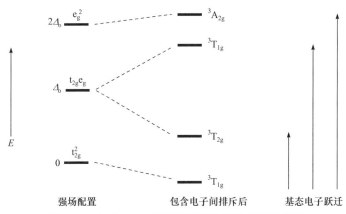

图 3-42　考虑电子互斥作用八面体场中的能级分裂

对于 $t_{2g}^1 e_g^1$ 构型,由于 t_{2g} 电子有三种选择,e_g 电子有两种选择,因此电子的排布方式为 $3 \times 2 = 6$ 种。但是这 6 种排布方式并不是能量简并的,而是分成两组,表示为 $^3T_{2g}$、$^3T_{1g}$,其能量为 $^3T_{2g} > ^3T_{1g}$。这主要与它们占据轨道的空间分布有关,具体如下:

$^3T_{2g}$: $d_{xy}^1 d_{z^2}^1$,$d_{yz}^1 d_{x^2-y^2}^1$,$d_{xz}^1 d_{x^2-y^2}^1$;

$^3T_{1g}$: $d_{xy}^1 d_{x^2-y^2}^1$,$d_{yz}^1 d_{z^2}^1$,$d_{xz}^1 d_{z^2}^1$。

从图 3-43 可以看出,轨道 $d_{xy} d_{x^2-y^2}$ 组合比 $d_{xy} d_{z^2}$ 组合更紧密,相应的电子之间排斥能更高。

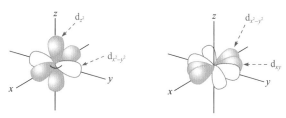

图 3-43　轨道 $d_{xy} d_{x^2-y^2}$ 组合及 $d_{xy} d_{z^2}$ 组合

因此,考虑电子间相互作用的 d^2 组态在八面体场中的电子能级构型可以表示为图 3-42，这里只考虑了自旋三重态的情况。对于其他组态在此不做讨论。

强场方法与弱场方法形成了鲜明对比，它们分别代表两种理想情况，通常过渡金属配合物中配位场和电子间相互作用在同一数量级，其能级结构在两种状况之间。事实上，两种方法能够达到殊途同归的效果。如图 3-44 所示的 d^2 组态在 O_h 场中两种分析方法的相互关联能级图，左侧为弱场方法得到的电子能级结构，右侧为强场方法，随配位场强度增加而电子排斥作用降低，它们的能级结构能够实现有效统一。

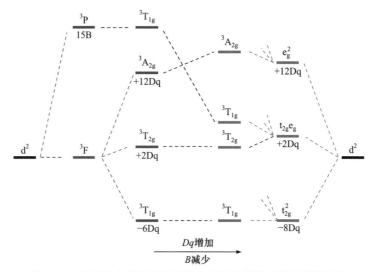

图 3-44　八面体中强场方法及弱场方法获得的 d^2 组态能级关系

3.4.3　配合物的电子光谱

过渡金属配合物 d 电子的能级跃迁的能量通常在紫外-可见区，因此紫外-可见-近红外吸收光谱(UV-vis-NIR)能够很好地反映 d 电子相关的能级结构，这主要包括了 d-d 跃迁及电荷迁移跃迁(charge transfer，CT)。

1. d-d 跃迁

电子的能级跃迁需要服从一定的跃迁规则，称为光谱选择规则或简称选律。满足光谱选律的跃迁，称为允许跃迁；不满足光谱选律的跃迁，称为禁阻跃迁。

光谱选律主要有两个，分别为：

(1) 自旋选律($\Delta S=0$)。自旋选律是指电子只能在自旋多重度相同的能级间跃迁。不同的自旋多重度($\Delta S \neq 0$)的能级跃迁称为系间穿越，为禁阻跃迁。

(2) 宇称选律($\Delta L=1$)。该选律又称为 Laporte 选择定则或轨道选律。对于具有对称中心的分子，g→u 或 u→g 轨道跃迁是允许跃迁，而 g→g、u→u 是禁阻的。

由于角量子数为偶数的 s、d 轨道的对称性为 g, 角量子数为奇数的 p、f 轨道的对称性为 u, 因此对于不同轨道间的跃迁, 即 $\Delta L=1$、3…是允许的, 而 $\Delta L=0$、2…是禁阻的。因而 s→p、p→d、d→f 等是允许的跃迁, 而 s→s、p→p、d→d、s→d、p→f 等跃迁都是禁阻的。

如果严格按照选律, d-d 跃迁是禁阻的, 我们将观察不到 d-d 跃迁产生的光谱。然而, 事实却相反, 这是因为选律只严格适用于选律所依据的理想化模型。在下列情况下, 选律可以产生松动: ①d-p 轨道混合, d-p 轨道的混合可使轨道选律的禁阻状态遭到部分解除; ②电子-振动耦合, 某些振动方式使配合物暂时失去对称中心, 因而在该瞬间 d-d 跃迁成为宇称选律所允许; ③自旋-轨道耦合, 自旋和轨道的耦合使电子跃迁不再严格遵守自旋禁阻选律。

因此, 在过渡金属配合物中 d 轨道之间产生部分允许跃迁, 但是 d-d 跃迁的吸收强度都较低, 可以对各种跃迁的强度作如下归纳:

自旋允许、轨道允许, 其摩尔吸收系数 ε 为 $10^4 \sim 10^5 \text{L} \cdot \text{cm}^{-1} \cdot \text{mol}^{-1}$;

自旋允许、轨道禁阻, ε 为 $1 \sim 10^2 \text{L} \cdot \text{cm}^{-1} \cdot \text{mol}^{-1}$;

自旋禁阻、轨道禁阻, ε 为 $10^{-2} \sim 1 \text{L} \cdot \text{cm}^{-1} \cdot \text{mol}^{-1}$;

自旋允许、轨道禁阻, 但有 d-p 混合的跃迁, ε 约为 $5 \times 10^2 \text{L} \cdot \text{cm}^{-1} \cdot \text{mol}^{-1}$。

另外, 电子跃迁吸收光子的能量等于终态和始态的能级差, 即 $E_e - E_i = h\nu = hc/\lambda$。

因此, 只要测得了配合物的紫外-可见吸收光谱, 就可根据该配合物中心离子的配位场能级算出配位场参数并对光谱进行跃迁指派。相反, 也可通过配位场参数去预测其光谱。这些均可以从 T-S 图中得到。

2. 电荷迁移跃迁

配体轨道与金属轨道成键从而电子能够在配体金属之间发生跃迁, 称为电荷迁移跃迁。主要包括两种形式: 一种是配体向金属的电荷迁移(ligand-to-metal charge transfer, LMCT), 另一种是金属向配体的电荷迁移(metal-to-ligand charge transfer, MLCT)。

通常, 电荷迁移跃迁比 d-d 跃迁能量更高, 并且此类跃迁既是宇称允许又是自旋允许的, 因而吸收峰一般出现在近紫外和紫外区, 且吸收强度很大。

配体向金属的电荷迁移(L→M)一般发生在含有 pπ 给予电子的配体和有空轨道的金属离子之间, 相当于金属被还原, 配体被氧化。以 MnO_4^- 为例, Mn(Ⅶ)为 d^0 组态, 电子可从氧的弱成键 σ 轨道和 pπ 轨道分别向金属的 e_g 轨道和 t_{2g} 轨道跃迁, 因而 MnO_4^- 在可见区有很强的吸收。另外, 在 pH<0 时, $[Fe(H_2O)_6]^{3+}$ 的颜色是淡紫色的, 但大多数 Fe^{3+} 化合物如 $FeCl_3$、$FeBr_3$、$Fe(OH)_3$、Fe_2O_3 等却显示出棕色或黄褐色, 这是由于 Cl^-、Br^-、OH^-、O^{2-} 等阴离子上的负电荷有一部分

离域到 Fe^{3+} 上，即发生了由阴离子到 Fe^{3+} 的部分电荷转移，产生电荷迁移吸收造成的。

金属离子越容易被还原或金属的氧化性越强，而配体越容易被氧化或配体的还原性越强，则跃迁所需能量越低，产生跃迁的波长越长，颜色越深。例如，在 O^{2-}、SCN^-、Cl^-、Br^-、I^- 所形成的配合物中，碘化物颜色最深；在 VO_4^{3-}、CrO_4^{2-}、MnO_4^- 中，中心金属离子氧化性逐渐增强，电荷迁移所需能量逐渐降低，颜色逐渐加深。

金属向配体的电荷迁移 M→L 相当于金属离子的氧化和配体的还原，因而金属离子越易被氧化，配体越易被还原，跃迁越容易发生。通常发生在金属离子具有充满的或接近充满的 t_{2g} 轨道，而配体具有空的低能量 π^* 轨道的配合物中。例如，由于发生了 M→L 的电荷迁移跃迁，Fe^{2+} 与邻二氮菲形成的配合物 $[Fe(phen)_3]^{2+}$ 显深红色，Fe^{2+} 的 d 电子部分地转移到邻二氮菲的共轭 π^* 轨道中。

除此以外，金属向金属的电荷迁移发生在具有不同价态的金属离子之间，常呈强吸收的光谱。这是由于发生了不同价态之间的电荷迁移，故其光谱也常称为混合价光谱。

例如，在深蓝色的普鲁士蓝 $KFe^{III}[Fe^{II}(CN)_6]$ 中就发生了 $Fe^{2+}→Fe^{3+}$ 的电荷迁移过程。在钼蓝中，存在 $Mo^{IV}→Mo^V$ 的电荷迁移。又如，在一种被称为 "黑金" 的化合物 $[Cs_2Au^IAu^{III}Cl_6]$ 中也存在 $[Au^ICl_2]^-→[Au^{III}Cl_4]^-$ 的电荷迁移过程。

例题 3-9

如何判断图 3-35 中 $[Cr(NH_3)_6]^{3+}$ 紫外-可见吸收光谱中的能级跃迁？如何通过 T-S 图获得分裂能及电子排斥能 B？

解 首先，配合物 $[Cr(NH_3)_6]^{3+}$ 为八面体 O_h 配位构型，查看图 3-35 中 d^3 电子组态的 T-S 图得知配合物基态谱项为 $^4A_{2g}$，其自旋多重度为 4，更高谱项 ^2E_g、$^2T_{1g}$、$^2T_{2g}$ 为自旋禁阻的，摩尔吸收系数小于 $1L \cdot mol^{-1} \cdot cm^{-1}$，因此在图中最低能量的弱吸收可能为 $^2E_g←^4A_{2g}$ 跃迁。而更高能量的光谱项为 $^4T_{2g}$ 和 $^4T_{1g}$，这些项是自旋允许的但是对称性禁阻的，摩尔吸收系数接近 $100L \cdot mol^{-1} \cdot cm^{-1}$，因此图中中间能量区间的两个吸收峰相关于 $^4T_{2g}←^4A_{2g}$ 和 $^4T_{1g}←^4A_{2g}$ 跃迁，吸收峰位置分别在 $21550cm^{-1}$ 和 $28500cm^{-1}$ 处，两个能量的比例为 1.32。这能够对应到 T-S 图中横坐标 $\Delta_o/B = 33.0$。而 $^4T_{2g}$ 组态纵坐标 $E/B = 32.8$，推出 $E = 32.8B = 21550cm^{-1}$，因此 $B = 657cm^{-1}$，$\Delta_o = 21700cm^{-1}$。而对于更高能量近紫外区间的吸收则为电荷迁移吸收。

研究无机化学的物理方法介绍

1　配位化学研究的基本方法简介

任何一门学科的发展与其研究手段的进步都是密不可分的，两者互为依托，彼此促进，相辅相成。配位化学在某种意义上更突出体现了这种相互关系。现代配位化学的研究已远超出纯无机化学领域范围，它涉及有机合成、结构和化学成键理论、分析化学、生命科学、材料科学等一系列与金属离子有关的重要问题，而它的发展正是建立在现代物理和化学研究方法的不断进步和完善的基础上[17]。

相比通常的有机分子化合物，配合物分子不仅具有更为复杂的分子结构(中心金属离子不同的配位构型及配体多变的配位模式)，同时其电子结构伴随分子结构及外部环境(电场、磁场)千变万化。这为金属配位化学的研究发展带来了巨大困难。20 世纪以前，由于研究手段的匮乏，化学家只能通过观察实验现象(颜色、溶解性等)对所得配合物的组分进行猜测，不能建立有效的理论来促进其发展。进入 20 世纪以来，得益于晶体学、光谱学及电磁学等物理研究手段的快速发展，配位化学从分子及电子结构探究到光、电、磁等功能性开发逐渐发展为一个多学科交叉的研究领域。其研究手段涵盖了分子结构表征(X 射线衍射、中子散射、红外及拉曼光谱、圆二色谱)、电子结构表征(紫外-可见吸收、荧光光谱)、磁学表征(MPMS、EPR、NMR)、电化学表征等。接下来对这些方法进行简要介绍。

一、分子结构研究方法

现代配位化学中一个新化合物的发现首要任务是化合物分子结构的确定，X 射线晶体学方法的建立为配位化学的发展提供了坚实的基础。特别是近二十余年，随着单晶衍射仪价格的降低和功能的增强以及晶体结构分析技术手段的提高，单晶衍射仪越来越普及，X 射线单晶结构分析已经成为配位化学必不可少的研究手段。另外，在 20 世纪随着量子力学的发展，科学家逐渐认识到微观粒子的波动性，进而电子衍射、中子散射技术也开始应用于探究化合物分子的微观结构。同时结合传统的红外(IR)、拉曼(Raman)、圆二色谱等光谱学表征技术，配位化合物分子结构的研究方法日益成熟。

1. X 射线衍射

1895 年，伦琴(W. C. Röntgen，1845—1923)在从事阴极射线的研究时发现了一种未知射线，由于对其性质并不了解，将其命名为 X 射线。直到 1912 年劳厄(M. von Laue，1879—1960)报道了 X 射线对于晶体的衍射现象，证明了 X 射线的波动性和晶体内部结构的周期性，这主要是由于 X 射线的波长类似于晶体中原子的尺寸及原子之间的距离(约 0.1nm)。布拉格父子[W. H. Bragg(1862—1942)和 W. L. Bragg(1890—1971)]在 1913 年建造了第一台单晶 X 射线衍射仪，发现了特征 X 射线并提出了著名的布拉格方程(图 3-45，$2d\sin\theta = n\lambda$，n 为整数)。很快他们利用晶体衍射数据解析出一系列简单无机化合物的晶体结构，包括 NaCl、KCl 及金刚石等，为 X 射线单晶衍射技术的发展奠定了重要基础。第一个通过 X 射线单晶衍射仪测定的配合物结构是$[NH_4]_2[PtCl_6]$，很好地证明了维尔纳提出的关于金属配合物的理论。现代的单晶 X 射线衍射仪仍然是基于相同原理，而结合计算机系统已经能够实现自动化，快速准确地测量衍射强度。它主要包括光源系统、测角器系统、探测系统、计算机和低温系统等。图 3-45 呈现了一台单晶 X 射线衍射仪的内部结构。目前，商业化 X 射线光源主要采用封闭式的 X 射线管，X 射线是在高真空度的 X 射线管内由高压加速的电子冲击阳极金属靶产生。X 射线的波长是由不同金属靶的特征 X 射线波长决定。另外，更高强度的由同步辐射产生的单色 X 射线也可以作为晶体衍射的光源，这能够有效缩短测试时间[18]。

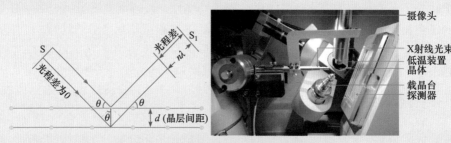

图 3-45 布拉格公式及单晶衍射仪组成图

2. 中子散射

不同于 X 射线衍射是由原子中的电子引起的，中子属于微观粒子，其衍射是由原子核引起的。这导致了中子的衍射因子并不像 X 射线衍射一样与原子序数 Z 成比例，也不随衍射角度的增大而明显减弱，因此中子散射在测定氢原子及原子序数相近的原子方面具有巨大优势。例如，氢对 X 射线的散射因子很小，很难通过 X 射线衍射区分化合物分子中氢原子的位置，而中子散射能够精确测定化合物中氢原子的位置。另一重要应用是原子序数相近的原子之间的辨别，如 Co 和 Ni 或 Mn 和 Fe 之间的区分。此外，中子不带电荷，但有磁矩，衍射结果不仅与原子在空间的有序排列有关，而且与空间磁矩排列有关，从而可以用于晶体材料中磁结构的研究[7]。

3. 红外及拉曼光谱

红外光是一种电磁波，波长为 0.78～500μm，可分为三个区段，分别是近红外区(0.78～2.5μm)、中红外区(2.5～25μm，400～4000cm^{-1})和远红外区(25～500μm)。一般来讲，红外光谱主要是指中红外光谱，这是由于分子振动及转动能级能量通常落在此区域内。研究发现不同化合物中同一化学键或官能团的振动及转动能级频率受邻近原子的影响很小，它们近似地有一共同频率，称为该化学键或基团的特征振动频率。分析各个谱带所在频率范围，即可用以鉴定化合物分子中的基团和化学键等结构信息。例如，有机化合物中羰基(C=O)的伸缩振动大致出现在 1700cm^{-1}，受相连原子的影响，其振动吸收位置仅发生微小变化(±150cm^{-1})。分子的振动分为伸缩振动和弯曲振动两大类。以二氧化碳分子为例(图 3-46)，其中伸缩振动是键长改变的振动，分为对称伸缩振动和不对称伸缩振动；弯曲振动是键角改变的振动，也称为变形振动，分为面内和面外变形振动两种。但是，并不是所有分子振动都能产生红外吸收(红外活性)，这主要看相关分子振动是否有电诱导偶极矩产生。例如，二氧化碳分子的对称伸缩振动是中心对称的，在振动过程中不能产生电诱导偶极矩，因而不能在红外光谱中观察到此类吸收。

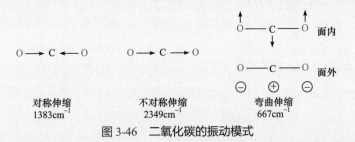

图 3-46　二氧化碳的振动模式

拉曼光谱与红外吸收光谱不同，主要是研究被样品散射光的能量变化。光子与样品中分子发生碰撞时，大部分光子只是改变传播方向，频率不发生变化，称为弹性散射或瑞利散射(Rayleigh scattering)。另外，有少部分散射光子在碰撞过程中与分子交换能量，造成散射光子频率的改变，即为非弹性散射，能量降低的为斯托克斯线(Stokes line)，能量升高的为反斯托克斯线(anti-Stokes line)。拉曼光谱则是记录在垂直于入射光的方向散射光强度随波长的变化关系，在峰位置处分子的振动及转动能量即为斯托克斯线与瑞利散射线能量(等于入射光频率)差。因此，拉曼散射不受光源波长的限制，一般通过可见光或紫外光作为光源，特别是激光的使用有效促进了拉曼光谱仪的发展。与红外光谱的旋律不同，拉曼吸收产生的必要条件是振动分子的极化度不为零，即在电磁场下存在振动着的分子极化度。例如，二氧化碳的对称伸缩振动中，尽管净偶极矩为零，但电子云形状呈周期性变化表明存在振动的极化度，因此它具有拉曼活性；而其他三种振动都不具有拉曼活性。因此，拉曼光谱与红外光谱可以相互补充，对确定分子的官能团结构具有重要意义。

4. 圆二色谱

具有旋光性的物质通称为光学活性或手性物质。平面偏振光是由左、右圆偏振光组合而成(图 3-47)。当一定频率的单色平面偏振光穿过一定厚度的含光学活性物质的样品时，左、右圆偏振光分别具有不同的折射率(n)及吸光度(A)。折射率的不同(Δn)导致了线偏振的偏转，其偏转角为旋光角 ϕ；吸光度的不同(ΔA)产生了圆二色性，表现为椭圆率 $\tan\Psi = (E_+ - E_-)/(E_+ + E_-)$(图 3-47)。旋光度和圆偏振光二色性都是随着光的波长而变化。通过测试旋光度随波长或频率的变化所得曲线是旋光色散(optical rotatory dispersion，ORD)曲线，而测试椭圆率或 ΔA 随波长或频率所得曲线为圆二色谱(circular dichroism spectrum，CD spectrum)。目前对于光学活性物质的表征主要通过圆二色谱测试进行手性结构的区分，仪器包括光源、单色器、起偏器、圆偏振发生器和检测器。图 3-47 呈

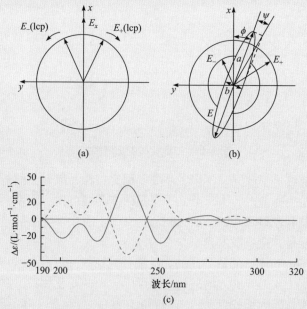

图 3-47　(a) 线偏振光电场组分可分解为等振幅的左、右偏振光；(b) 经旋光物质后发生偏转并为椭圆偏振光；(c) 旋光对映体的 CD 信号

现了一对典型的旋光异构体的 CD 信号，它们具有上下对称的光谱信号。在配位化学中，引起旋光异构的因素较为复杂，包括配体手性、金属离子配位构型、配位诱导的不同构象等，相应的分子结构也较为复杂，通过圆二色谱测试是区分手性的最佳手段。

二、电子结构研究方法

电磁辐射与物质相互作用时，一般会产生吸收、透过和散射作用。当物质吸收可见光(380～780nm)范围内的电磁波时，物体便呈现了其他进入人眼的透射光或散射光的颜色。过渡金属配合物通常呈现出各种鲜艳的颜色，主要是由于配位场导致的 d 轨道能级分裂所产生的 d-d 跃迁能量正好处于可见光范围内。因此，物质颜色的变化或光谱吸收很好地反映了其电子能级结构。化学上最初的比色法则是基于颜色的变化判定物质的浓度，可以看作是一种初级的光谱分析方法。现代化学分析方法主要是通过光谱仪对物质的吸收或发射光谱进行测定，从而对物质进行定量分析或研究其内部电子结构。伴随物理科学技术的发展，光谱仪可利用的电磁波已远超出可见光范围。图 3-48 呈现了不同电磁波的波长范围，主要包括 γ 射线、X 射线、紫外线、可见光、红外、微波和无线电波等，其相应能量可对应于不同能级的探测。这些探测对于了解物质的物理化学性质至关重要，包括由电子结构及核自旋等引起的光、电、磁学性质。图 3-49 中的 Jablonski 图解释了分子中主要的光物理过程，包括电子能级、分子振动能级及荧光发射等。

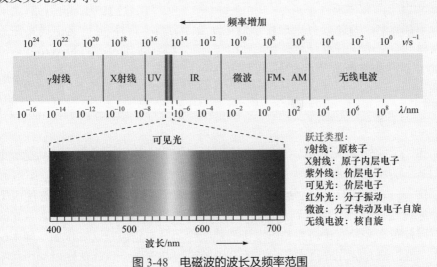

图 3-48　电磁波的波长及频率范围

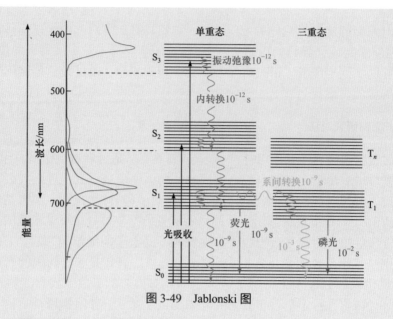

图 3-49　Jablonski 图

1. 紫外-可见(UV-vis)光谱

紫外-可见光谱的光谱范围通常为 200～800nm,此能量范围主要对应于分子轨道的能级吸收。如图 3-49 所示,基态 S_0 到 S_1～S_3 的能级吸收,但由于每个分子轨道能级通常伴有分子振动及转动能级,因此紫外-可见吸收光谱通常具有较宽的谱线吸收。有机分子通常具有 σ、π、n、σ^*、π^* 等分子轨道,其紫外-可见光谱主要包含 σ-σ^*、π-π^*、n-σ^*、n-π^* 等。配位化合物由于同时具有金属离子及有机配体,因此具有更加复杂的电子能级结构,紫外-可见光谱通常还呈现了配体到金属电子迁移、金属到配体电子迁移及金属内部的电子跃迁(d-d 或 f-f)。因此,通过研究配合物的紫外-可见光谱可以深入了解分子激发态的电子能级结构。

2. 荧光光谱

相比于紫外-可见光谱,荧光光谱主要是研究配合物中电子激发到高能级上返回到基态的发射光谱。如图 3-49 所示,根据电子自旋多重度(自旋单重态 S 或自旋三重态 T)的不同,主要分为荧光及磷光两种发射类型。通常激发态的电子首先会通过热振动释放能量到达激发态最低能级,然后跃迁回基态发射荧光或磷光,因此荧光光谱对于研究基态电子的能级性质具有重要意义。例如,稀土配合物中,通过研究荧光光谱中发射峰的分裂就可以获得配合物晶体场对稀土离子基态的影响。

三、磁学性能研究方法

磁性是普遍存在的一种物质属性，物质的磁学性质主要与其内部电子及原子核的自旋有关，相关研究需要在磁场中进行。由于自旋所涉及的能量较低，通常在远红外波段以下，其检测相对复杂，并且测试通常涉及磁场及变温条件，因此磁学性能测试更为复杂，而且测试仪器相对昂贵。但是，现代配位化学研究主要涉及过渡金属配合物，由于 d 轨道未填满，过渡金属化合物通常具有磁性，因此磁性研究是配位化学的重要内容。这些研究主要涉及化合物磁矩的测量及相关电子能级结构的研究，主要介绍磁学测量系统(magnetic property measurement system，MPMS)及电子顺磁共振(electron paramagnetic resonance，EPR)，而核自旋的研究主要是介绍核磁共振(nuclear magnetic resonance，NMR)。

1. 磁学测量系统

配合物磁矩测量较为简单的方法是通过古埃磁天平进行测量，其原理如图 3-50 所示。磁性样品悬挂于磁场中，上端连接天平或其他力学测试器件，通过测量磁场开启前后所受到的力计算样品的平均磁化率，进而求得配合物的磁矩。此方法操作简单，但准确度较低。更加精确的方法是通过超导量子干涉器件(superconducting quantum interference device，SQUID)测量磁通量变化引起的超导电流获得配合物分子的磁矩。目前广泛应用的仪器是 SQUID 技术开发的磁学测量系统，其测试灵敏度高达 10^{-8}emu。

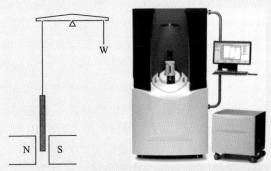

图 3-50　古埃天平原理及 MPMS 磁学测量系统

2. 电子顺磁共振

电子顺磁共振是研究具有未成对电子的物质，如配合物、自由基和含奇数电子的分子等顺磁性质结构的一种重要方法，又称为电子自旋共振(electron spin resonance，ESR)。当物质处于外磁场时，电子自旋磁矩与外磁场作用，不同方向磁矩具有不同的能量，产生能级分裂(图 3-51)。磁场强度不同，能级分裂大小不同，能级差与频率的关系为 $\Delta E = h\nu = gB\mu_{\mathrm{B}}$。若 $B = 0.34\mathrm{T}$，对于自由基 $g = 2$，则频率 $\nu = 9.527\mathrm{GHz}$，波长在厘米级微波区。由于技术原因，EPR 通常采用固定频率扫场测试，按照频率可以分为 X 带(9.8GHz)、K 带(24GHz)、Q 带(34GHz)、W 带(95GHz)及高频 EPR 等，其装置如图 3-51 所示。由于灵敏度高，且不受周围抗磁性物质的影响，它对过渡金属化合物、稀土化合物、有机自由基的结构和反应等的研究是一种很有用的方法。例如，它可以测定自由基浓度、通过测定 g 因子了解配合物的电子组态、了解顺磁金属离子所处的晶体场环境等。

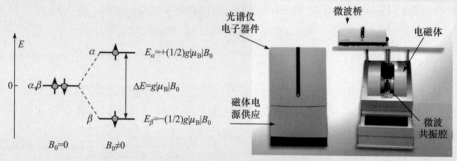

图 3-51　单电子在磁场中的能级分裂和 EPR 装置图

3. 核磁共振

类似于电子自旋，核自旋在磁场中同样产生能级分裂，核磁共振主要是通过研究核自旋在磁场中的行为了解周围化学环境。理论上，元素周期表中凡是具有核自旋的同位素原子($^1\mathrm{H}$、$^2\mathrm{H}$、$^{13}\mathrm{C}$、$^{31}\mathrm{P}$、$^{19}\mathrm{F}$ 等)都可以核磁共振测试。由于 $^1\mathrm{H}$ 具有自旋量子数 $I = 1/2$，并且在物质中广泛分布，因此 $^1\mathrm{H}$ NMR 是应用最广泛的核磁共振波谱。由于原子核质量远大于电子，其自旋产生的能量远低于电子自旋，$\Delta E = h\nu = g_{\mathrm{N}}B\mu_{\mathrm{N}}$。在外磁场为 1T 时，通过计算 $^1\mathrm{H}$ 的吸收频率 $\nu = 42.5\mathrm{MHz}$，这属于电磁波中的射频部分。图 3-52 呈现了最常用的 $^1\mathrm{H}$ NMR 频率对应的磁场强度及装置图。在一化合物中，由于原子核所处的化学环境不同，它感受的有效磁场与外加磁场略有差异，这是因为不同的化学环境电子的分布不同，电子的磁场对抗外磁场的程度略有不同，从而导致了样品与标准物质(如四甲基硅烷 $\delta = 0\mathrm{ppm}$)的化学位移 δ。通过分析 $^1\mathrm{H}$ 化学位移可以对化合物中的氢原子进行很好的区分，如甲基 $\delta = 0.8 \sim 1.9\mathrm{ppm}$，苯 $\delta = 7.27\mathrm{ppm}$。在配位化学中，当配体配位到金属离子上时，电子结构的变化会导致化学位移进一步改变，从而可以分析金属离子的配位环境。

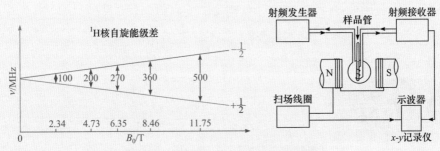

图 3-52　常用的 ^1H NMR 频率及装置图

参 考 文 献

[1] Pauling L. Journal of the American Chemical Society, 1931, 53: 1367-1400.

[2] 唐宗薫. 中级无机化学. 2 版. 北京: 高等教育出版社, 2011.

[3] Bunting P C, Atanasov M, Damgaard-Møller E, et al. Science, 2018, 362: 7319.

[4] Eichhöfer A, Lan Y, Mereacre V, et al. Inorganic Chemistry, 2014, 53: 1962-1974.

[5] 项斯芬, 姚广庆. 中级无机化学. 北京: 北京大学出版社, 2003.

[6] 朱文祥, 刘鲁美. 中级无机化学. 北京: 北京师范大学出版社, 2007.

[7] 周公度, 段连运. 结构化学基础. 5 版. 北京: 北京大学出版社, 2018.

[8] Bethe H. Annalen der Physica, 1929, 395 (2): 133-208.

[9] 宋天佑, 徐家宁, 程功臻, 等. 无机化学. 5 版. 北京: 高等教育出版社, 2019.

[10] Rechkemmer Y, Breitgoff F D, van der Meer M, et al. Nature Communications, 2016, 7: 10467.

[11] Jahn H A, Teller E, Donnan F G. Proceedings of the Royal Society of London A, 1937, 161: 220-235.

[12] Halcrow M A. Chemical Society Review, 2013, 42 (4): 1784-1795.

[13] Liedy F, Eng J, McNab R, et al. Nature Chemistry, 2020, 12 (5): 452-458.

[14] 章慧. 配位化学原理与应用. 北京: 化学工业出版社, 2008.

[15] Tanabe Y, Sugano S. Journal of the Physical Society of Japan, 1954, 9: 766-779.

[16] Shriver D, Weller M, Overton T, et al. Inorganic Chemistry. 6th ed. Oxford: Oxford University Press, 2016.

[17] 金斗满, 朱文祥. 配位化学研究方法. 北京: 科学出版社, 1996.

[18] 陈小明, 蔡继文. 单晶结构分析的原理与实践. 北京: 科学出版社, 2011.

第4章

配位化合物的稳定性

如果配合物没有一定的稳定性，就无法进行其结构和性质的研究。定义配位化合物的稳定性，必须同时明确给出该化合物所处的具体环境和具体用途。例如，药物在不同温度下的热稳定性，对其储存、运输和药效使用都有严格的规定[1]。配位化合物的稳定性泛指在水溶液、空气中，或者对热和光的稳定性等，通常包括它们在溶液中的热力学配位稳定性、氧化还原稳定性和热稳定性等。

配位化合物的动力学稳定性是研究配合物反应动力学的重点内容，涉及配体的反应和金属离子或原子的结构与性质。配位化学的反应动力学主要研究的是实体反应速率。其中，浓度、温度、催化剂、外场等因素会直接影响反应速率。研究反应机理，了解配位化合物的电子结构在反应中的相互作用情况，从而控制反应，指导反应进行，用反应机理来描述反应速率。

本章将讨论配位化合物的热力学稳定性、影响因素、稳定性大小的定量尺度、稳定常数/不稳定常数的描述等；介绍配位化合物的动力学稳定性、反应类型、反应速率、影响速率的因素、反应机理等。关于固态配位化合物的热稳定性及其影响因素，一般都是当组成和结构确定后，使用热分析技术(如 TG-DTG、DTA、DSC)进行测量，将获得的热分析曲线进行解析获得其热稳定信息，包括热稳定温度区间和条件、热分解过程和机理，以及热分解动力学信息。读者可以参考本丛书第 21 分册《ds 区元素》第 2 章中"研究无机化学的物理方法介绍 热分析技术简介"，这里不再赘述。

4.1 配位化合物的热力学稳定性

热力学稳定性主要是指在溶液中，当解离达到平衡时，易电离组分的解离程度大小；配合物在溶液中是否容易进行氧化还原反应等问题。热力学稳定性大小的定量尺度是以稳定常数或不稳定常数描述的。与前面讲的水溶液中的酸碱平衡常数、沉淀和氧化还原平衡常数有所不同：配位反应可能是一个多级平衡，会存在多级平衡常数，这些平衡常数称为稳定常数(stability constant)。为了应用方便，还会出现不稳定常数、逐级稳定常数和累积稳定常数等。理解它们的概念并理顺它们之间的关系，讨论影响稳定性的因素是本章的重点内容。同样，酸碱平衡或沉淀平衡或氧化还原平衡存在时对配位平衡的影响也是本章的重点之一，这里涉及溶液中的多重平衡计算。

4.1.1　稳定常数和不稳定常数

1. 形成常数

先观察和分析一个实验：在两只烧杯中分别加入$[Cu(NH_3)_4]SO_4$溶液。在第一个烧杯中加入少量的氢氧化钠溶液，无$Cu(OH)_2$生成。当加入少量Na_2S溶液，会生成黑色CuS沉淀。这说明$[Cu(NH_3)_4]^{2+}$可以微弱地解离出极少量的Cu^{2+}和NH_3：

$$[Cu(NH_3)_4]^{2+} \rightleftharpoons Cu^{2+} + 4NH_3 \tag{4-1}$$

配离子在溶液中的解离平衡与弱电解质的电离平衡相似，因此也可以写出配离子的解离平衡常数：

$$K^\ominus = \frac{[Cu^{2+}][NH_3]^4}{[Cu(NH_3)_4^{2+}]} \tag{4-2}$$

显然，这个常数越大，表示$[Cu(NH_3)_4]^{2+}$配离子越易解离，即配离子越不稳定。所以这个常数$K^\ominus$也被称为$[Cu(NH_3)_4]^{2+}$的不稳定常数(instability constant)或解离常数(dissociation constant)，可分别用$K_{不稳}^\ominus$和$K_d^\ominus$表示，不同配离子具有不同的不稳定常数。因此，配合物的不稳定常数是每个配离子的特征常数。

上述$[Cu(NH_3)_4]^{2+}$的$K_{不稳}^\ominus = 2.09 \times 10^{-13}$，而$[Cd(NH_3)_4]^{2+}$的$K_{不稳}^\ominus = 2.75 \times 10^{-7}$，$[Zn(NH_3)_4]^{2+}$的$K_{不稳}^\ominus = 2.00 \times 10^{-9}$。根据$K_{不稳}^\ominus$越大，配离子越不稳定，越易解离的原则，上面的三种配离子其稳定性大小为：$[Cd(NH_3)_4]^{2+} < [Zn(NH_3)_4]^{2+} < [Cu(NH_3)_4]^{2+}$。

除了可以用不稳定常数表示配离子的稳定性外，教科书或资料中更多常用稳定常数或形成常数(formation constant)，分别用$K_{稳}^\ominus$和$K_f^\ominus$表示。例如，$[Cu(NH_3)_4]^{2+}$配离子的形成反应为

$$Cu^{2+} + 4NH_3 \rightleftharpoons [Cu(NH_3)_4]^{2+} \tag{4-3}$$

其平衡常数为

$$K_{稳}^\ominus K_f^\ominus = \frac{[Cu(NH_3)_4^{2+}]}{[Cu^{2+}][NH_3]^4} \tag{4-4}$$

式(4-4)中，这个配合反应的平衡常数是$[Cu(NH_3)_4]^{2+}$的稳定常数。该常数越大，说

明生成配离子的倾向越大，而解离的倾向越小，即配离子越稳定，是配合物稳定性的量度。稳定常数的大小直接反映了配离子稳定性的大小。

很显然，稳定常数和不稳定常数之间在数值上是互为倒数关系：

$$K_{稳}^{\ominus}=\frac{1}{K_{不稳}^{\ominus}} \tag{4-5}$$

稳定常数或不稳定常数在应用上十分重要，使用时应十分注意，不可混淆。本章所用数据除注明外，其余均为稳定常数。

思考题

4-1 用 $K_{\mathrm{f}}^{\ominus}$ 值的大小比较配位实体的稳定性时，应注意什么？

2. 逐级形成常数

配离子的生成一般是分步进行的，因此溶液中存在一系列配位平衡，对应于这些平衡也有一系列稳定常数。例如，

$Cu^{2+}+NH_3 \rightleftharpoons [Cu(NH_3)]^{2+}$，第一级形成常数：

$$K_1^{\ominus}=\frac{[Cu(NH_3)^{2+}]}{[Cu^{2+}][NH_3]}=1.41\times10^4 \tag{4-6}$$

$[Cu(NH_3)]^{2+}+NH_3 \rightleftharpoons [Cu(NH_3)_2]^{2+}$，第二级形成常数：

$$K_2^{\ominus}=\frac{[Cu(NH_3)_2^{2+}]}{[Cu(NH_3)^{2+}][NH_3]}=3.17\times10^3 \tag{4-7}$$

$[Cu(NH_3)_2]^{2+}+NH_3 \rightleftharpoons [Cu(NH_3)_3]^{2+}$，第三级形成常数：

$$K_3^{\ominus}=\frac{[Cu(NH_3)_3^{2+}]}{[Cu(NH_3)_2^{2+}][NH_3]}=7.76\times10^2 \tag{4-8}$$

$[Cu(NH_3)_3]^{2+}+NH_3 \rightleftharpoons [Cu(NH_3)_4]^{2+}$，第四级形成常数：

$$K_4^{\ominus}=\frac{[Cu(NH_3)_4^{2+}]}{[Cu(NH_3)_3^{2+}][NH_3]}=1.39\times10^2 \tag{4-9}$$

$K_1^{\ominus}$、$K_2^{\ominus}$、$K_3^{\ominus}$、$K_4^{\ominus}$ 是配离子的逐级稳定常数(stepwise stability constant)，

很容易证明：

$$K_{稳}^{\ominus} = K_1^{\ominus} \times K_2^{\ominus} \times K_3^{\ominus} \times K_4^{\ominus} \tag{4-10}$$

如果从配位化合物的解离来考虑，其平衡常数称为逐级解离常数(stepwise dissociation constant)。

第一级解离常数：

$$K_1^{\ominus\prime} = \frac{1}{K_4^{\ominus}} = 7.4 \times 10^{-3} \tag{4-11}$$

第二级解离常数：

$$K_2^{\ominus\prime} = \frac{1}{K_3^{\ominus}} = 1.3 \times 10^{-3} \tag{4-12}$$

第三级解离常数：

$$K_3^{\ominus\prime} = \frac{1}{K_2^{\ominus}} = 3.2 \times 10^{-4} \tag{4-13}$$

第四级解离常数：

$$K_4^{\ominus\prime} = \frac{1}{K_1^{\ominus}} = 7.1 \times 10^{-5} \tag{4-14}$$

配合物的形成常数(对 ML_4 型来讲)，其一般规律是 $K_1^{\ominus} > K_2^{\ominus} > K_3^{\ominus} > K_4^{\ominus}$。究其原因：可归结于与中心体配位的配体浓度大小。当配体之间的斥力越大，配体与中心体之间的结合力越弱。

当配体个数相同时，标准稳定常数越大，形成配位个体的倾向越大，配位个体越稳定。

例题 4-1

Fe^{3+} 与 Cl^- 生成配合物的逐级稳定常数如下：$K_1^{\ominus} = 30$，$K_2^{\ominus} = 4.5$，$K_3^{\ominus} = 0.1$。试通过计算说明在 $0.0100\text{mol} \cdot \text{L}^{-1}$ 的 $FeCl_3$ 溶液中主要含 Fe 的哪些物种？假设溶液为微酸性以防止 Fe^{3+} 发生水解。

解　由于体系中不存在过量的配体，因此可以先假定 $FeCl_3$ 完全解离，以第一级配合为主进行配合反应。设 $[FeCl^{2+}]$ 的浓度为 $x\text{mol} \cdot \text{L}^{-1}$，则

$$Fe^{3+} \quad + \quad Cl^- \Longrightarrow FeCl^{2+}$$

平衡浓度/(mol·L^{-1})　$0.0100 - x$　$0.0300 - x$　x

$$\frac{x}{(0.0100 - x)(0.0300 - x)} = K_1^{\ominus} = 30$$

解得

$$x = [FeCl^{2+}] = 0.0043 mol \cdot L^{-1}$$

$$[Cl^-] = 0.0300 - x = 0.0257 mol \cdot L^{-1}$$

$$[Fe^{3+}] = 0.0100 - x = 0.0057 mol \cdot L^{-1}$$

将上述数值代入第二级平衡中：

$$FeCl^{2+} + Cl^- \Longrightarrow FeCl_2^+$$

平衡浓度/($mol \cdot L^{-1}$)　　0.0043 - y　　0.0257 - y　　y

$$\frac{y}{(0.0043 - y)(0.0257 - y)} = K_2^\ominus = 4.5$$

解得

$$y = [FeCl_2^+] = 0.00044 mol \cdot L^{-1}$$

计算表明 $[FeCl_2^+]$ 为 $[FeCl^{2+}]$ 的 10% 左右，计算误差在允许范围内，因此不再做逼近计算。由第一级和第二级配合，得

$$[Fe^{3+}] \approx 0.0100 - 0.0043 - 0.00044 = 0.0053 (mol \cdot L^{-1})$$

所以，计算结果表明溶液中含 Fe 物种主要是 Fe^{3+} 和 $FeCl^{2+}$。

除了上述形成常数和逐级形成常数表征配位实体的平衡状态外，通常还可用累积形成常数(accumulative formation constant，β)表示。对于上述 Cu^{2+} 与 NH_3 之间的多重平衡而言：

$$\beta_1 = \frac{[Cu(NH_3)^{2+}]}{[Cu^{2+}][NH_3]} = K_1^\ominus \tag{4-15}$$

$$\beta_2 = \frac{[Cu(NH_3)_2^{2+}]}{[Cu^{2+}][NH_3]^2} = K_1^\ominus \times K_2^\ominus \tag{4-16}$$

$$\beta_3 = \frac{[Cu(NH_3)_3^{2+}]}{[Cu^{2+}][NH_3]^3} = K_1^\ominus \times K_2^\ominus \times K_3^\ominus \tag{4-17}$$

$$\beta_4 = \frac{[Cu(NH_3)_4^{2+}]}{[Cu^{2+}][NH_3]^4} = K_1^\ominus \times K_2^\ominus \times K_3^\ominus \times K_4^\ominus \tag{4-18}$$

思考题

4-2　对于配位平衡，稳定常数、形成常数、逐级形成常数和累积形成常数均可以表示平衡状态，请查阅资料，说明选择使用不同方式表达配位平衡状态的原因。

例题 4-2

室温下，0.010mol 的 $AgNO_3(s)$ 溶于 1.0L 0.030mol·L^{-1} 的 $NH_3·H_2O$ 中(假设体积不变)，计算该溶液中游离的 Ag^+、NH_3 和 $[Ag(NH_3)_2]^+$ 的浓度。

解　$K_f^{\ominus}[Ag(NH_3)_2^+]=1.67×10^7$，很大，可假设溶于 $NH_3·H_2O$ 后全部生成 $[Ag(NH_3)]^+$，则有平衡

	Ag^+	+	$2NH_3$	$\rightleftharpoons$	$[Ag(NH_3)_2]^+$
反应前浓度/(mol·L^{-1})	0.010		0.030		0
反应后浓度/(mol·L^{-1})	0		0.030 − 0.020		0.010
平衡浓度/(mol·L^{-1})	x		0.010+2x		0.010 − x

$$\frac{0.010-x}{x(0.010+2x)^2}=K_f^{\ominus}=1.67×10^7$$

$$0.010-x≈0.010 \quad 0.010+2x≈0.010$$

$$\frac{0.010}{0.010^2x}=1.67×10^7 \quad x=6.0×10^{-6}$$

$$[Ag^+]=6.0×10^{-6}mol·L^{-1}$$

$$[NH_3]=[Ag(NH_3)_2^+]=0.010mol·L^{-1}$$

4.1.2　影响配位化合物溶液中稳定性的因素

配位化合物在溶液中稳定性的影响因素主要包含内因和外因两大主要因素。内因：配离子中心体的结构和性质、配体性质以及中心体与配体之间的相互作用。外因：湿度、压力、溶液的酸度、溶液浓度以及溶液中离子强度等。

1. 中心体结构和性质的影响

中心体与配体之间结合力的强弱，与中心体的电荷、半径、电子组态等有关。总体来说，稀有气体原子型的金属离子，即其电子分布方式与相应的稀有气体原子相同的金属离子(2 或 8 电子组态、18 或 18+2 电子组态)，形成配离子的能力比非稀有气体原子型(9~17 电子组态)的金属离子弱。这是因为后一类配离子中心离子与配体间的离子极化作用一般较前一类强。

通常，稀有气体原子型金属离子主要通过静电作用与配体形成配离子。因此，配体一定时，稳定性一般取决于中心离子的电荷和半径。配体一定时，中心离子的电荷越高，半径越小，形成的配离子在溶液中的稳定性就越高。比较

半径相近的中心离子与配体形成配离子的稳定性，可对比中心离子的电荷对配离子的稳定性，如 $Na^+<Ca^{2+}<Y^{3+}$、$K^+<Sr^{2+}<La^{3+}$，其中心离子电荷的影响大于中心离子半径的影响。这是因为离子的电荷总是成倍地改变，而离子半径只在小的范围内变动。当配体一定时，这些中心离子的电荷和半径对所形成配离子的稳定常数的影响可用 Z/r 来衡量。一般来说，中心体的离子势越大，所形成的配位个体越稳定。ⅠA族、ⅡA族阳离子很难形成配位实体，因为它们的离子势太小。

2. 配体性质的影响

1) 配体性质对配位化合物稳定性的影响

配体与金属离子结合而形成配离子时，在形式上与该配体与氢离子结合而形成该配体的共轭酸类似。因此，与 H^+ 结合的倾向大(质子常数大)的配体，与金属离子结合的倾向有可能也大。配体的加质子常数越大，相应配离子稳定性越高。由于各配体配位原子不同，形成的螯环大小、数目不同，或者有空间位阻效应等一些原因，都会影响配合物的稳定性。例如，HF 的酸性较 HCl 的弱，而 Cd(Ⅱ) 或 Hg(Ⅱ)与 F^- 形成配离子的稳定性却比与 Cl^- 形成配离子的稳定性低，这反映了配位原子不同的影响。

另外，同一种金属离子的螯合配位稳定性一般比组成和结构相近的非螯合物配位稳定性高。这种表现称为螯合效应。螯合反应中混乱度增加得更大，因而熵效应更有利。

思考题

4-3　下面两个类似的配位反应形成常数差别很大，为什么？

$$[Ni(H_2O)_6]^{2+} + 6NH_3 \longrightarrow [Ni(NH_3)_6]^{2+} + 6H_2O \qquad K_f^{\ominus}=1.0\times10^9$$

$$[Ni(H_2O)_6]^{2+} + 3en \longrightarrow [Ni(en)_3]^{2+} + 6H_2O \qquad K_f^{\ominus}=1.0\times10^{17}$$

实验证明，若多齿配体的配位原子全部被利用，二齿配体与金属离子形成的螯合配合物有一个螯环，三齿配体有两个螯环。对组成和结构类似的多齿配体来说，它们分别与同一种金属离子形成的螯环越多，螯合体越稳定，如叶绿素(chlorophyll)、镁的大环配合物。作为配体的卟啉环与 Mg^{2+} 通过 4 个环氮原子配位形成叶绿素分子，包括 Mg 原子在内的 4 个六元螯环[图 4-1(a)]。再如，血红素为铁卟啉化合物，是血红蛋白的组成部分。Fe 原子从血红素分子的下方键合蛋白质链上的 1 个氮原子，圆盘上方键合的 O_2 分子则来自空气[图 4-1(b)]。

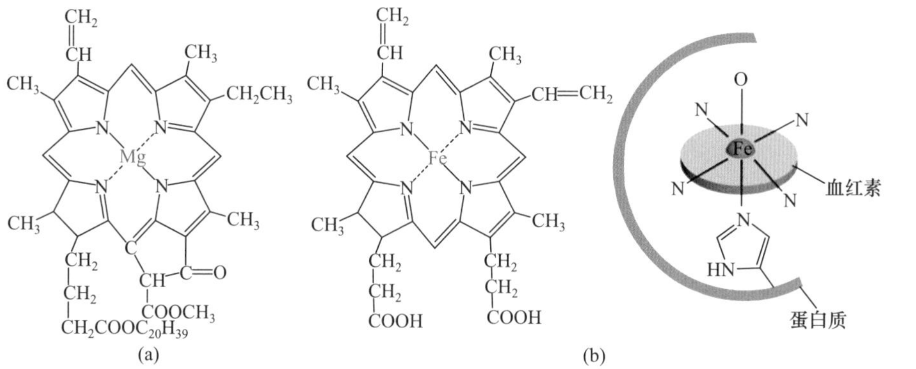

图 4-1　叶绿素中镁的大环配合物(a)和血红蛋白中的铁卟啉大环化合物(b)

思考题

4-4　螯合效应的表现是一种普遍现象,有没有对此反常的现象?请查阅资料。

2) 软硬酸碱规则判断配合物的稳定性

根据软硬酸碱理论(HSAB),硬酸倾向于与硬碱结合,软酸倾向于与软碱结合,这样生成的物质比较稳定。酸、碱的"硬度"相差越大,则结合而成的物质越不稳定,甚至不能结合。将 HSAB 应用于配位化学,得出下列规律:对于在水溶液体系中最常遇到的配位原子 N、O、S 来说,硬酸的中心体与它们配位一般是按"硬度"递减而递减:O>N>S。因此,在水溶液中,作为硬酸的中心体大多以水合配离子形式存在,倾向大于与氨分子形成氨合配离子的倾向,大多也难与 S²⁻或另一软碱 CN⁻形成相应的可溶性配合物或沉淀。由于 S²⁻或 CN⁻主要存在于碱性溶液中,在这样的情况下,溶液中的硬碱 OH⁻可优先地与某些作为硬酸的中心体形成羟合配离子或氢氧化物沉淀。作为软酸的中心体并非在水溶液中不能形成羟合配离子或氢氧化物沉淀。但是它们亲硫、氮(尤其是硫)更甚于亲氧,一般倾向是 S>N>O,因此在 NH₃、S²⁻或 CN⁻的水溶液中,作为软酸的中心体大多倾向于与这些配体形成相应的配离子或沉淀。

一般来说,硬酸更喜欢与同一族中较轻的碱原子相结合,与硬酸结合时 K_f 具有如下顺序:

$$F^- \gg Cl^- > Br^- \quad R_2O \gg R_2S \quad R_3N \gg R_3P$$

软酸表现出相反的结合趋势,与硬酸结合时 K_f 的顺序为

$$F^- \ll Cl^- < Br^- < I^- \quad R_2O \ll R_2S \quad R_3N \ll R_3P$$

图 4-2 标示出 K_f 随不同卤素离子碱的变化趋势。当酸为 Hg^{2+} 时,自 F⁻至 I⁻,K_f 增大,表明 Hg^{2+} 属于软酸;当酸为 Pb^{2+} 时,K_f 增加稍缓,仍具有相同的

趋势，则 Pb^{2+} 为边界软酸。酸为 Zn^{2+} 时，变化趋势与 Hg^{2+} 和 Pb^{2+} 相反，属于边界硬酸；酸为 Al^{3+} 时，变化趋势与 Zn^{2+} 相同，但曲线陡峭度较大因而被归入硬酸。

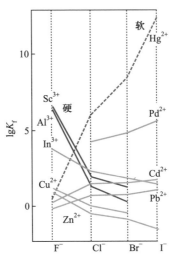

图 4-2　lgK_f 随不同卤素离子碱的变化

在配合物化学中应用软硬酸碱规则的明显缺点是例外较多，因为酸碱电子理论的硬度和柔软度是定性性质，与其极化率、电负性和相对易氧化还原性有关[2-4]。

例题 4-3

用软硬酸碱理论解释配离子的稳定性次序：

(1) $HgI_4^{2-} > HgBr_4^{2-} > HgCl_4^{2-} > HgF_4^{2-}$

(2) $AlF_6^{3-} > AlCl_6^{3-} > AlBr_6^{3-} > AlI_6^{3-}$

【提示】依据软硬酸碱结合原则：软亲软，硬亲硬；软和硬，不稳定。可得如下结论：

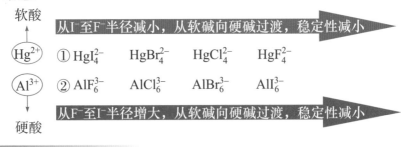

4.1.3　配位平衡的移动

配离子在溶液中存在配位和解离平衡，与其他化学平衡一样，条件的改变可使配位平衡发生移动。配离子在溶液中的稳定性受到诸多因素影响。配位平衡与酸碱平衡、沉淀-溶解平衡、氧化还原平衡等各类平衡之间及不同稳定性的配离子之间可互相转化。利用配合物的稳定常数，可判断不同化学平衡之间转化的可能性。其实质是，溶液中的化学平衡本来就是个复杂体系。本章要求会处理体系中至少存在两个平衡的计算，即引进"竞争常数"(competitive constant)的概念。

1. 配离子之间的转化

由于组成或结构不同，配离子的稳定常数会不同，或者由于需要，只想某种配离子在溶液中存在，就会发生配离子之间的转化。

例题 4-4

判断下列反应进行的方向。

$$[Ag(NH_3)_2]^+ + 2CN^- \rightleftharpoons [Ag(CN)_2]^- + 2NH_3$$

解　上述反应可以看作是下列两个反应的总和：

$$[Ag(NH_3)_2]^+ \rightleftharpoons Ag^+ + 2NH_3 \qquad K_1 = \dfrac{1}{K_{\text{稳}[Ag(NH_3)_2]^+}}$$

$$Ag^+ + 2CN^- \rightleftharpoons [Ag(CN)_2]^- \qquad K_2 = K_{\text{稳}[Ag(CN)_2]^-}$$

显然，这是一个"竞争反应"，即溶液中两种配体 NH_3 和 CN^- "都想与 Ag^+ 配位"，就看谁的"能力大"。设总反应的平衡常数为 K，则

$$K = K_1 \times K_2 = \frac{[Ag(CN)_2^-][NH_3]^2}{[Ag(NH_3)_2^+][CN^-]^2} = \frac{K_{\text{稳}[Ag(CN)_2]^-}}{K_{\text{稳}[Ag(NH_3)_2]^+}}$$

查表得

$$K_{\text{稳}[Ag(NH_3)_2]^+} = 1.7 \times 10^7$$

$$K_{\text{稳}[Ag(CN)_2]^-} = 1.0 \times 10^{21}$$

解得

$$K = 5.8 \times 10^{13}$$

说明 $[Ag(CN)_2]^-$ 在水溶液中比 $[Ag(NH_3)_2]^+$ 更稳定，所以该反应向右进行。

经计算，发现平衡常数很大，说明上述反应很完全。可见，配离子之间的转化总是向生成更稳定的配离子的方向进行，且转化反应的程度可用配离子稳定常数的大小来衡量，稳定常数相差越大，转化反应进行得越完全。

例题 4-5

25℃时，$[Ag(NH_3)_2]^+$ 溶液中加入 $Na_2S_2O_3$ 使 $[Ag(NH_3)_2^+]$=0.10mol·L^{-1}，$[S_2O_3^{2-}]$=1.0mol·L^{-1}，$[NH_3]$=1.0mol·L^{-1}，计算平衡时溶液中 NH_3、$[Ag(NH_3)_2]^+$ 的浓度。

解 已知： $K_{f[Ag(NH_3)_2]^+}^{\ominus}=10^{7.05}$ $\qquad K_{f[Ag(S_2O_3)_2]^{3-}}^{\ominus}=10^{13.46}$

$$[Ag(NH_3)_2]^+ + 2S_2O_3^{2-} \rightleftharpoons [Ag(S_2O_3)_2]^{3-} + 2NH_3$$

反应前浓度	0.10	1.0	0	1.0
反应后浓度	0	$1.0-2\times0.10$	0.10	$1.0+2\times0.10$
平衡浓度	x	$0.8+2x$	$0.10-x$	$1.2-2x$

$$K=\frac{K_{f[Ag(S_2O_3)_2]^{3-}}^{\ominus}}{K_{f[Ag(NH_3)_2]^+}^{\ominus}}=\frac{10^{13.46}}{10^{7.05}}=2.6\times10^6$$

$$\frac{(0.10-x)(1.2-2x)^2}{(0.80+2x)^2x}=2.6\times10^6$$

x 很小，

$$\frac{0.10\times1.2^2}{0.80^2x}=2.6\times10^6 \qquad x=8.7\times10^{-8}$$

$$[Ag(NH_3)_2^+]=8.7\times10^{-8}mol·L^{-1} \qquad [NH_3]=1.2mol·L^{-1}$$

2. 酸碱电离平衡对配位平衡的影响

先看下面的实验现象：向 $FeCl_3$ 溶液中加入 $K_2C_2O_4$ 溶液，溶液变成黄绿色；再加入盐酸，溶液变黄：

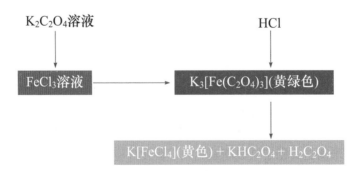

这是因为发生了下面两个反应：

$$FeCl_3 + 3K_2C_2O_4 \longrightarrow K_3[Fe(C_2O_4)_3](黄绿色) + 3KCl \qquad (4\text{-}19)$$

$$K_3[Fe(C_2O_4)_3](黄绿色) + 4KCl \longrightarrow K[FeCl_4](黄色) + KHC_2O_4 + H_2C_2O_4$$

$$(4\text{-}20)$$

其原因在于 $H_2C_2O_4$ 不是强酸，$C_2O_4^{2-}$ 遇强酸则与 H^+ 结合从而降低了配位能力。

可以这样分析溶液酸度对配位平衡的影响。当配位实体中的配体的碱性较强 (如 OH^-、NH_3、en、F^-、CN^-等)时，它们均与 H^+ 结合生成难解离的物质，因此当溶液中 H^+ 浓度发生变化时，就会影响配位实体的配位平衡。例如，HF 与 BF_3 作用生成配合酸 $H[BF_4]$，而四氟配硼酸的碱金属盐溶在水中呈中性，这就说明 $H[BF_4]$应为强酸。又如，弱酸 HCN 与 AgCN 形成的配合酸 $H[Ag(CN)_2]$也是强酸。这种现象是由于中心离子与弱酸的酸根离子形成较强的配键，从而迫使 H^+ 移到配合物的外层，因而变得容易电离，所以酸性增强。

例题 4-6

写出向 $CuSO_4$ 溶液中加入适量氨水生成淡蓝色的物质，继续加入氨水至过量生成深蓝色物质，再逐滴加入稀硫酸有淡蓝色沉淀生成，稀硫酸过量后沉淀溶解得到蓝色溶液这一系列过程的化学方程式，并解释原因。

【提示】溶液中发生的一系列过程的化学方程式如下：

$$2CuSO_4 + 2NH_3 + 2H_2O \longrightarrow Cu(OH)_2 \cdot CuSO_4\downarrow(淡蓝色) + (NH_4)_2SO_4$$

$$Cu(OH)_2 \cdot CuSO_4 + (NH_4)_2SO_4 + 6NH_3 \longrightarrow 2Cu(NH_3)_4SO_4(深蓝色) + 2H_2O$$

$$2Cu(NH_3)_4SO_4 + 3H_2SO_4 + 2H_2O \longrightarrow Cu(OH)_2 \cdot CuSO_4\downarrow(淡蓝色) + 4(NH_4)_2SO_4$$

$$Cu(OH)_2 \cdot CuSO_4 + H_2SO_4 \longrightarrow 2CuSO_4(深蓝色) + 2H_2O$$

由于配体都是路易斯碱，因此溶液的酸度与其稳定性关系很大。但酸度对配位平衡的影响是多方面的，通常以酸效应为主，还有其他方面的因素。

3. 沉淀平衡对配位平衡的影响

在配位实体溶液中加入一种沉淀剂，与配位实体解离出的中心体生成难溶强电解质，将使配位平衡向配位实体解离方向移动；相反，如果在含有难溶强电解质沉淀的溶液中加入一种配位剂，与难溶强电解质中的某种离子形成配位实体，可使沉淀溶解。配位实体的标准稳定常数越大或难溶强电解质的标准溶度积常数越大，沉淀越易转化为配位实体。两种平衡的关系实质是配位剂与沉淀剂争夺 M^{n+} 的问题，与 $K_{sp}^{\ominus}$、$K_f^{\ominus}$ 有关：

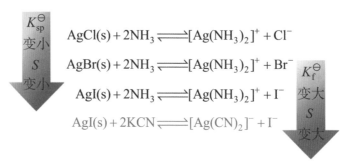

例如，一些难溶于水的金属氯化物、溴化物、碘化物、氰化物可以依次溶解于过量的 Cl^-、Br^-、I^-、CN^- 和氨中，形成可溶性的配合物。再如，难溶的 AgCl 可溶于过量的浓盐酸及氨水中。金和铂之所以能溶于王水中，也是与生成配离子的反应有关，如

$$Au + HNO_3 + 4HCl === H[AuCl_4] + NO + 2H_2O \tag{4-21}$$

$$3Pt + 4HNO_3 + 18HCl === 3H_2[PtCl_6] + 4NO + 8H_2O \tag{4-22}$$

例题 4-7

100mL 1mol·L^{-1} 的 NH_3 中能溶解固体 AgBr 多少克？

解 这里仍然涉及"竞争反应"：

$$AgBr === Ag^+ + Br^- \qquad K_{sp}^{\ominus}=5.0\times10^{-13} \qquad ①$$

$$Ag^+ + 2NH_3 === [Ag(NH_3)_2]^+ \qquad K_f^{\ominus}=1.7\times10^7 \qquad ②$$

① + ②得

$$AgBr + 2NH_3 === [Ag(NH_3)_2]^+ + Br^- \qquad K=K_{sp}\times K_f^{\ominus}=8.5\times10^{-6}$$

设平衡时溶解的 AgBr 浓度为 $x$mol·L^{-1}，则

$$[Br^-]=[Ag(NH_3)_2^+]=x\text{mol·}L^{-1} \qquad [NH_3]=1-2x\approx1\text{mol·}L^{-1}$$

$$K=\frac{x^2}{1^2}=8.5\times10^{-6}$$

$$x=2.92\times10^{-3}\text{mol·}L^{-1}$$

已知 AgBr 的相对分子质量为 188，所以 100mL 1mol·L^{-1} NH_3 中溶解的 AgBr 的质量为

$$2.92\times10^{-3}\times188\times0.1=0.548(g)$$

4. 氧化还原平衡对配位平衡的影响

如果配位实体解离出的中心体具有氧化性或还原性，向配位实体溶液中加入还原剂或氧化剂，能发生氧化还原反应，使配位实体的配位平衡发生移动：

根据能斯特方程

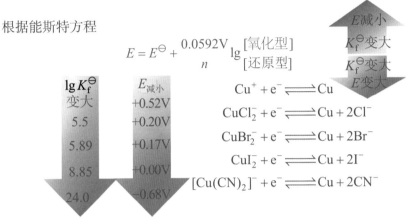

$$E = E^{\ominus} + \frac{0.0592\text{V}}{n} \lg \frac{[\text{氧化型}]}{[\text{还原型}]}$$

例如，可以通过实验的测定或查表，知道 Hg^{2+} 和 Hg 之间的标准电极电势 +0.85V，加入 CN^- 使 Hg^{2+} 形成 $[Hg(CN)_4]^{2-}$，Hg^{2+} 的浓度不断减小，直到 Hg^{2+} 全部形成配离子。$[Hg(CN)_4]^{2-}$ 和 Hg 之间的电极电势为 –0.37V。通过实验事实可以充分说明当金属离子形成配离子后，它的标准电极电势值一般是要降低的。对于稳定性不同的配离子，它们的标准电极电势值降低的大小也不同，它们之间又有什么关系呢？

一般，配离子越稳定(稳定常数越大)，它的标准电极电势越负(越小)。从而金属离子越难得到电子，越难被还原。事实上 $HgCl_4^{2-}$ 溶液中投入铜片，立即镀上一层汞，而在 $[Hg(CN)_4]^{2-}$ 溶液中就不会发生这种现象。

例题 4-8

计算 $[Ag(NH_3)_2]^+ + e^- \Longrightarrow Ag + 2NH_3$ 体系的标准电极电势。

已知：$[Ag(NH_3)_2]^+$ 的 $K_{稳} = 1.7 \times 10^7$，$E^{\ominus}(Ag^+/Ag) = 0.8\text{V}$。

解　$[NH_3] = [Ag(NH_3)_2^+] = 1\text{mol} \cdot \text{L}^{-1}$，

$$Ag^+ + 2NH_3 \Longrightarrow [Ag(NH_3)_2]^+$$

$$K_{稳} = \frac{[Ag(NH_3)_2^+]}{[Ag^+][NH_3]^2} = \frac{1}{[Ag^+]} = 1.7 \times 10^7$$

$$[Ag^+] = 5.9 \times 10^{-8}\text{mol} \cdot \text{L}^{-1}$$

所以
$$[Ag(NH_3)_2]^+ + e^- \rightleftharpoons Ag + 2NH_3$$

$$E^\ominus([Ag(NH_3)_2^+]/Ag) = E(Ag^+/Ag)$$

$$= E^\ominus(Ag^+/Ag) + 0.0592\lg[Ag^+]$$

$$= 0.81 + 0.592\lg(5.9 \times 10^{-8}) = 0.38 \text{ (V)}$$

通过以上几个实例的计算结果表明，配位平衡只是一种相对平衡状态，同样存在平衡移动问题。它与溶液中的 pH、沉淀反应、氧化还原反应等有密切关系。利用这些关系，实现配离子的生成与破坏，以达到某种科学实验或生产实践的目的。例如，废定影液中含有大量的$[Ag(S_2O_3)_2]^{3-}$。由于$[Ag(S_2O_3)_2]^{3-}$非常稳定，希望破坏配离子将银提取出来，必须用很强的沉淀剂，如 Na_2S，在废定影液中，加入 Na_2S 则发生下列反应：

$$2[Ag(S_2O_3)_2]^{3-} + S^{2-} \rightleftharpoons Ag_2S + 4S_2O_3^{2-} \tag{4-23}$$

所得 Ag_2S 用硝酸氧化制成 Ag_2SO_4 或在过量的盐酸中用铁粉还原得到单质银。

$$Ag_2S + 2HCl + Fe \rightleftharpoons 2Ag + FeCl_2 + H_2S \tag{4-24}$$

又如，氰化物极毒，为消除含氰废液的公害，往往用 $FeSO_4$ 进行消毒，使之转化为毒性很小且更稳定的配合物，反应为

$$6NaCN + 3FeSO_4 \rightleftharpoons Fe_2[Fe(CN)_6] + 3Na_2SO_4 \tag{4-25}$$

思考题

4-5　如果一个溶液体系中同时存在 3 个或 4 个平衡反应，将如何处理?

4.2　配位化合物的动力学稳定性

从动力学角度介绍配位化合物的反应特征，是为了解其反应历程，自然是考察反应过程所涉及的速率和机理。研究的目的：一是了解从反应物到生成物过程中所发生的各步反应过程，概括反应过程中所服从的客观规律；二是研究这一反应所遵循的动力学方程和反应机理，以利于设计工艺和生产流程，将具有实用意义的化学反应最大效率地投入生产。

本节主要从常见的五大类反应出发(图 4-3)，介绍反应历程的完整组成和每一反应步骤的细节、可能的过渡态或中间体，反应过程所产生的新物种或转移方式等。配位实体的动力学活泼性则着眼于反应速率。因此，又有活泼配合物(labile complex)和不活泼配合物(inert complex)之分，前者指配体可被外来配体快速取代的配合物，后者指取代速率缓慢的配合物。

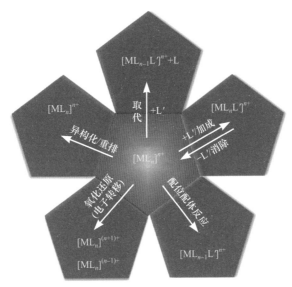

图 4-3　配合物的主要反应类型

4.2.1　基本原理和概念

　　五大类型反应中，取代反应是迄今反应机理研究最广泛的一类反应，主要是指配位化合物中原有的金属-配体键断裂并代之以新的金属-配体键生成的反应。它又可分为两类：一类是配位化合物内层的配体被另一种配体取代，称为亲核取代反应(nucleophilic substitution reaction)；另一类是配位化合物内层的中心体被另一中心体所取代，称为亲电取代反应(electrophilic substitution reaction)。氧化还原反应也称电子转移反应，在反应过程中，由于金属中心和配体的不同，有不同的反应机理。此外，配位化合物的异构反应和外消旋反应是配位化学动力学研究的内容，也是配位化合物的主要特征之一，它对配位化合物的物理性质、谱学特性、热力学稳定性、化学反应性等都会产生重要影响。配合物的氧化加成和还原消除反应是一类重要的化学过程，一般伴随着配位数的增减或氧化态的变化。配位配体的反应一般会保持完整的金属-配体键，即反应过程中，金属-配体键不会断裂。

4.2.2　取代反应

　　1. 取代反应的机理

　　在配位化合物中，六配位的八面体构型的配位化合物是一种最为普遍的配位形式，如[Mg(H_2O)_6]^{2+}、SF_6、[SiF_6]^{2+}等。而在八面体配位化合物的化学反应中，又以配体的取代反应最为普遍。我们知道，任何反应都涉及旧键断裂和新键生成。以八面体配合物 ML_6 与另一个配体 Y 的取代反应为例：

$$ML_6 + Y \rightleftharpoons ML_5Y + L \tag{4-26}$$

这一取代反应存在以下四种可能的机理。

1) 解离机理(dissociative mechanism，D 机理)

该反应过程可分为两步：

$$[ML_n] \longrightarrow [ML_{n-1}] + L \tag{4-27}$$

$$[ML_{n-1}] + Y \longrightarrow [ML_{n-1}Y] \tag{4-28}$$

第一步，ML_6 中 M—L 键断裂，为吸热过程，活化能大，反应慢，是反应的决速步骤。

第二步，中间体 ML_5 上空出的一个位置，重新结合新的配体 Y，生成 M—Y 键，新的配合物 ML_5Y 生成，这步为放热反应，反应快，因此速率方程可表示为

$$\frac{d[ML_{n-1}Y]}{dt} = k[ML_n] \tag{4-29}$$

从速率方程式看出，ML_n 的浓度决定了总反应速率，与配体 Y 的浓度无关，这是 D 机理的极端情况。此类反应为一级反应，也称为单分子亲核取代反应，简称 S_N1 反应。水溶液中，水合金属离子的配位水被 SO_4^{2-}、$S_2O_3^{2-}$、$EDTA^{4-}$ 等配体取代，均属于这一类反应。

2) 缔合机理(associative mechanism，A 机理)

缔合反应机理也可按两步进行。

第一步，八面体配合物 ML_6 和亲核配体 Y 发生碰撞并扩散进入溶剂分子构成的"笼"内。由于相互间作用力较弱，形成相互间作用力较弱的外层配合物 $ML_6\cdots Y$。若这一步是整个反应中最慢的，则为受扩散控制的反应。另一种情况，形成外层配合物的速率很快，Y 进入内配位层比原配位化合物(ML_6)配位数多，中间体 ML_6Y 反应很慢，则这一步是决速步。而中间体 ML_6Y 不稳定，很快会解离出配体 L，完成取代反应，如

$$ML_6+Y \xrightarrow{快} ML_6\cdots Y \xrightarrow{慢} ML_6Y \xrightarrow{快} ML_5Y\cdots L \xrightarrow{快} ML_5Y + L \tag{4-30}$$
$$\text{(外层配合物)} \qquad \text{(中间体)} \qquad \text{(外层配合物)}$$

这种反应的机理称为缔合机理或 A 机理，其总速率方程可表示为

$$v = k[ML_6][Y] \tag{4-31}$$

从 A 机理的速率方程中可以看出，反应速率取决于 $[ML_6]$ 和 $[Y]$ 的浓度，也被

称为双分子缔合机理，在动力学上属于二级反应。这类反应是双分子亲核取代，简称 S_N2 反应，其速率常数 k 主要取决于 M—Y 键形成的难易程度，与亲核配体 Y 的性质有很大的关系。某些二价铂配合物在有机溶剂中的取代反应可作为缔合机理的例子。

3）互换机理(interchange mechanism，I 机理)

D 机理和 A 机理都是极限情况。事实上，大多数取代反应，进入配体的结合与离去配体的解离几乎是同步进行的，且相互影响，这种处于两种极限之间的机理被称为互换机理或 I 机理。即在 M—L 旧键断裂之前，M—Y 间的新键已经在某种程度上形成，如

$$ML_6 + Y \xrightleftharpoons[]{K_{扩散}} ML_6, Y \xrightarrow{决速步} [L_5M\cdots L, Y] \longrightarrow ML_5Y + L \tag{4-32}$$

I 机理中，反应速率与进入配体 Y 和离去配体 L 的性质都有关系，因此 I 机理又可以进一步分为两种情况：一种是进入配体的键合稍优先于离去配体的键的减弱，即新键 M$\cdots$Y 的形成比旧键 M$\cdots$L 的打断更优先，反应机理倾向于缔合，这种反应机理称为交换缔合机理，用 I_a 表示；另一种是离去配体的键的减弱稍优先于进入配体的键合，反应机理倾向于解离，这种机理称为交换解离机理，用 I_d 表示。

思考题

4-6　实验表明，$Ni(CO)_4$ 在甲苯溶液中与 ^{14}CO 交换配体的反应速率与 ^{14}CO 无关，试推测此反应的反应机理。

2. 八面体配合物的取代反应

过渡金属八面体配合物的配体取代反应主要受解离机理(I_d 和 D)控制，因此反应速率主要取决于离去基团而非进入基团。仅从简单的动力学数据不能准确判断 A、I_a、I_d 和 D 机理。本节主要讨论一些已经取得一定成果的反应类型。

1）水交换反应

一种较简单的情况是水合金属离子的配位水分子和溶剂水分子之间的相互交换，称为水交换反应(water-exchange reaction)。金属水合离子的水交换反应可用下式表示，式中 $H_2O^{\neq}$ 表示溶剂水分子：

$$[M(H_2O)_m]^{n+} + H_2O^{\neq} \rightleftharpoons [M(H_2O)_{m-1}(H_2O^{\neq})]^{n+} + H_2O \tag{4-33}$$

图 4-4 给出了若干水合金属离子水交换反应的特征速率常数。除了少数金属离子，如 Cr^{3+}、Co^{3+}、Rh^{3+} 和 Ir^{3+} 等的水交换反应进行得很慢，其余大多数金属离

子的水交换反应速率都很快。

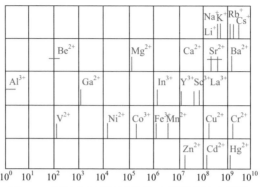

图 4-4 各种水合离子内配位水的取代速率常数

从图 4-4 可以看出，水合金属离子内配位水的取代速率大致可分为以下四大类：

(1) 水交换反应速率非常快，其反应速率常数 $k > 10^8 s^{-1}$，包括 ⅠA、ⅡA 族(Be^{2+}、Mg^{2+} 除外)、ⅡB 族(Zn^{2+} 除外)元素，Cr^{2+} 和 Cu^{2+}；

(2) 速率常数为 $10^4 \sim 10^8 s^{-1}$ 的金属离子，包括大多数第一过渡系 M^{2+} 金属离子(V^{2+}、Cr^{2+} 除外)、Mg^{2+}、Zn^{2+} 及三价的镧系金属离子；

(3) 速率常数为 $1 \sim 10^4 s^{-1}$ 的金属离子，包括 Al^{3+}、Be^{2+}、V^{2+}、Ga^{3+} 以及过渡系列的三价金属离子(Ti^{3+}、Fe^{3+})；

(4) 水交换速率非常慢，速率常数为 $10^{-1} \sim 10^{-9} s^{-1}$ 的金属离子，如 Cr^{3+}、Co^{3+}、Pt^{2+}、Ir^{3+} 和 Rh^{3+}。

2) 水解反应

八面体配合物中，研究比较多的另一类配体取代反应是水解反应，包括酸式和碱式水解反应：

酸式水解　　　　　$[ML_5X]^{n+} + H_2O \longrightarrow [ML_5(H_2O)]^{(n+1)+} + X^-$ 　　　　　(4-34)

碱式水解　　　　　$[ML_5X]^{n+} + OH^- \longrightarrow [ML_5(OH)]^{n+} + X^-$ 　　　　　(4-35)

按照上述两种方法进行水解反应，将得到水合和羟基配合物的混合物，水解反应究竟以哪种形式进行，取决于水溶液的 pH。通常，在 pH<5 的酸性溶液中以酸式水解为主，在碱性溶液中，以碱式水解为主。水解反应可以用以下速率方程表示：

$$v = k_A[ML_5X^{n+}] + k_B[ML_5X^{n+}][OH^-]$$ 　　　　　(4-36)

式中，k_A 为酸式水解速率常数；k_B 为碱式水解速率常数。

(1) 酸式水解。酸式水解代表性的例子是五氨合钴(Ⅲ)的水解，当 pH<3 时，$[Co(NH_3)_5X]^{2+}$ 的酸水解反应可表示为

$$[Co(NH_3)_5X]^{2+} + H_2O \rightleftharpoons [Co(NH_3)_5(H_2O)]^{3+} + X^- \qquad (4\text{-}37)$$

$$v = k[Co(NH_3)_5X^{2+}] \qquad (4\text{-}38)$$

不同的酸根离子，水解速率不同，假设水解反应平衡常数为 K，则

$$K = \frac{k_{水解}}{k_{取代}} \qquad (4\text{-}39)$$

关于此反应的机理是解离还是缔合，单从速率方程并不能确定，因为溶液中水是大量的(约为 55.5mol·L^{-1})。两者的反应速率都只与配离子的浓度有关，速率方程有相同的形式，因此对反应机理的确定，必须借助其他证明。实验测定表明，当酸根为 F$^-$、H$_2$PO$_4^-$、Cl$^-$、Br$^-$、I$^-$、NO$_3^-$ 时，lg$k_{水解}$ 与 lg$K$ 呈直线关系，说明酸式水解速率与酸根的性质有关，即反应速率与离去基团的亲和性有依赖关系，水解反应机理属于解离机理。

(2) 碱式水解。在碱性溶液中，取代反应的速率稍微快一些，反应速率与 OH$^-$ 的浓度有关。碱液中的 OH$^-$ 先从配体上夺取一个质子形成共轭碱，如[Co(NH$_3$)$_5$X]$^{2+}$ 的碱式水解反应可表示如下。

[Co(NH$_3$)$_5$X]$^{2+}$ 的碱式水解按下列步骤进行：

$$[Co(NH_3)_5X]^{2+} + OH^- \underset{k_{-1}}{\overset{k_1}{\rightleftharpoons}} [(NH_3)_4Co(NH_2)X]^+ + H_2O \qquad (4\text{-}40)$$

$$[(NH_3)_4Co(NH_2)X]^+ \overset{k_2}{\underset{慢}{\longrightarrow}} [(NH_3)_4Co(NH_2)]^{2+} + X^- \qquad (4\text{-}41)$$

$$[(NH_3)_4Co(NH_2)]^{2+} + H_2O \overset{快}{\longrightarrow} [(NH_3)_5Co(OH)]^{2+} \qquad (4\text{-}42)$$

因为 [(NH$_3$)$_4$Co(NH$_2$)]$^{2+}$ 形成的瞬间就发生了水解，其反应速率主要由第二步反应决定：

$$v = k_2[(NH_3)_4Co(NH_2)X^+] \qquad (4\text{-}43)$$

这种机理称为共轭碱解离机理(conjugate base dissociation mechanism)或 D$_{cb}$ 机理(以往常用 S$_N$1-CB 机理表示)。

在 D$_{cb}$ 机理中，为什么共轭碱易解离出 X$^-$ 形成五配位的中间体，目前认为是共轭碱电荷较低、比原配合物少一个正电荷，从而有利于 X$^-$ 的离去；更重要的是，由于 NH$_2$ 配体可将它的 π 孤对电子给予缺电子的中心金属离子 Co^{3+} 形成 π 键，从而使得五配位中间体趋于稳定，结果是削弱了 Co—X 键，增加了离去配体 X$^-$ 的活性：

$$(4\text{-}44)$$

虽然大多数 Co^{3+} 配合物是按 D$_{cb}$ 机理水解,但也有少数例外。例如,[Co(edta)]$^-$ 的碱水解,反应中形成一个七配位的中间体 [Co(edta)(OH)]$^{2-}$,一般认为是缔合机理,目前已经成功地分离出若干第一系列过渡金属离子的这种七配位配合物。

在较广的 pH 范围内,八面体配合物水解反应的速率方程可表示为

$$v = k_a[Co(NH_3)_5X^{2+}] + k_b[Co(NH_3)_5X^{2+}][OH^-] \tag{4-45}$$

第一项对应于酸式水解,第二项对应于碱式水解。如果 $k_a > k_b[OH^-]$,主要是酸式水解;反之则为碱式水解。通常 $k_b = 10^6 k_a$。因此,当 pH<8(即 $[OH^-]<10^{-6}$ mol·L^{-1})时,酸式水解是主要的;当 pH>8 时,碱式水解占主导地位。

3. 平面正方形配合物的取代反应

形成平面正方形配合物的过渡金属大多具有 d^8 组态,如 Rh(Ⅰ)、Ir(Ⅰ)、Ni(Ⅱ)、Pd(Ⅱ)、Pt(Ⅱ)和 Au(Ⅲ)等。其中,平面正方形配合物的配体取代反应的动力学研究大多是围绕 Pt(Ⅱ)展开的。这主要是因为 Pt(Ⅱ)配合物一般具有氧化还原稳定性;它的四配位化合物总是采取平面正方形构型;Pt(Ⅱ)配合物的取代反应速率比较适合早期实验室的研究。

1) A 机理

平面正方形配合物的配位数比八面体配合物少,配体间的排斥作用和空间位阻效应都较小,取代基由配合物分子平面的上方或下方进攻将无障碍,这些因素都有利于加合配体,使得平面正方形配合物的取代反应一般都按缔合 A 机理进行。平面正方形配合物的典型的取代反应可用下式表示:

$$ML_3X + Y \longrightarrow ML_3Y + X \tag{4-46}$$

相应的速率方程为 $\quad v = k_S[ML_3X] + k_Y[ML_3X][Y] \tag{4-47}$

上式表明,取代反应包括两种平行的途径,k_S 和 k_Y 遵循的机理极其相似。

一种是由速率方程中的第一项所描述的溶剂化过程:首先是溶剂分子 S(如 H$_2$O)进攻金属配合物,形成五配位的三角双锥或四方锥过渡态,这是决定反应速率的步骤。值得注意的是,在三角双锥过渡态中,离去配体 X、反应配体与进入配体 Y 都处于三角平面的位置上。而溶剂分子又是大量的,故 k_S 为一级反应速率常数,其后失去 X,进入配体 Y 再取代溶剂分子(图 4-5)。

图 4-5 平面正方形配合物取代反应机理 k_S

另一种是由速率方程中第二项所表示的直接的双分子取代过程:进入配体 Y

先与配合物 ML_3X 形成五配位的三角双锥过渡态中间体 ML_3XY，再失去 X 生成产物，反应按缔合机理进行(图 4-6)。

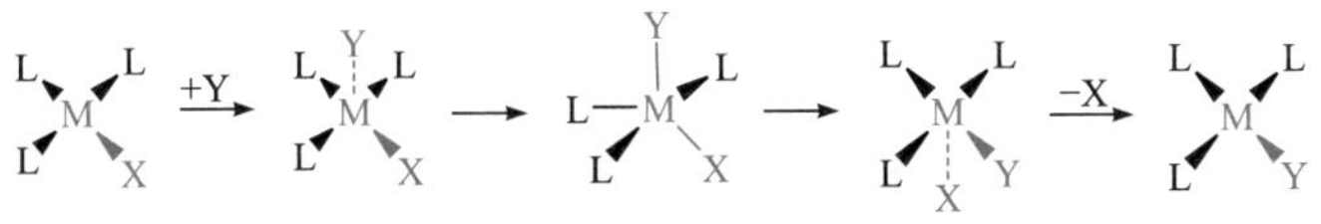

图 4-6　平面正方形配合物取代反应机理 k_Y

一般来说，平面正方形配合物的取代反应同时包含上述两种过程，只是两种过程中以某一种为主。

2) D 机理

尽管大多数平面正方形配合物的取代反应是按照 A 机理进行的，但仍有少数按照 D 机理进行。例如，*cis*-[PtR$_2$(OSMe$_2$)$_2$](R=Me 或 Ph)和 *cis*-[PtMe$_2$(SMe$_2$)$_2$]与双齿配体 L—L 可能按照 D 机理发生取代反应。

如图 4-7 所示，平面正方形 Pt(Ⅱ)配合物取代反应 D 机理中，可形成三配位，14 电子的 T 中间体，*cis* 构型的 T 中间体可能重排为 *trans* 构型的 T 中间体，后者随即被亲核试剂捕获，导致该取代反应失去顺反异构体的立体选择性。

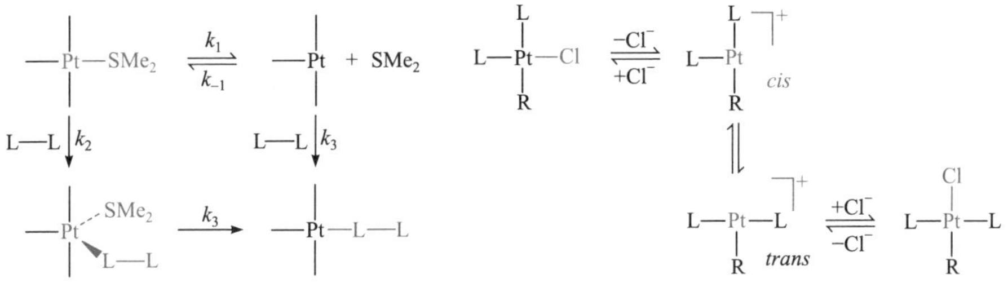

图 4-7　*cis*-[PtR$_2$(OSMe$_2$)$_2$]与双齿配体 L—L 按 D 机理进行取代反应；平面正方形配合物取代反应 D 机理的中间体重排历程

3) 影响因素

影响平面正方形配合物取代反应速率的因素是多种多样的，如进入配体的性质、离去配体的性质及配合物中其他配体的影响等。

(1) 进入配体的影响。对于中性的 Pt(Ⅱ)配合物，由于 Pt(Ⅱ)为软酸，进入配体 Y 的亲核性与 Y 作为路易斯软碱的程度基本一致，如与 *trans*-[Pt(L)$_2$Cl$_2$]在甲醇中反应：

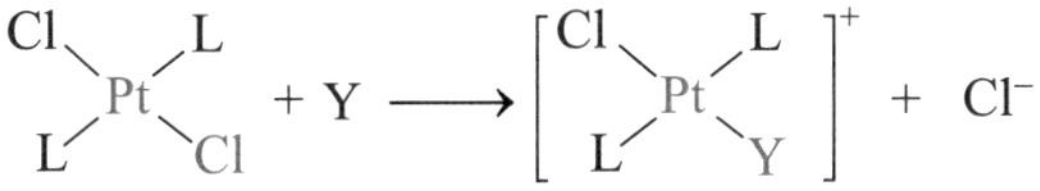

$$\tag{4-48}$$

当 L=py 时，得到卤素和拟卤素离子取代活性的顺序为

$$F^-<Cl^-<N_3^-<Br^-<I^-<SO_3^{2-}<SCN^-<CN^- \tag{4-49}$$

其他碱的亲核性顺序为

$$胺 \ll 脒<肼<膦，氧<硫 \tag{4-50}$$

表 4-1 列出了若干亲核试剂对 $trans$-[Pt(py)$_2$Cl$_2$]的亲核反应活性常数 $\eta^0_{Pt(II)}$。

表 4-1 亲核基团对 $trans$-[Pt(py)$_2$Cl$_2$]的亲核常数

亲核基团	$\eta^0_{Pt(II)}$	pK_a	亲核基团	$\eta^0_{Pt(II)}$	pK_a
CH$_3$O$^-$	0.0	−1.7	Br$^-$	4.18	−7.7
F$^-$	<2.2	3.45	(CH$_2$)$_4$S	5.14	−4.8
Cl$^-$	3.04	−5.7	I$^-$	5.46	−10.7
NH$_3$	3.07	9.25	SCN$^-$	5.75	—
C$_5$H$_{11}$N	3.13	11.21	SbPh$_3$	6.79	—
C$_5$H$_5$N	3.19	5.23	AsPh$_3$	6.89	—
NO$_2^-$	3.22	3.37	CN$^-$	7.14	9.3
N$_3^-$	3.58	4.74	PPh$_3$	8.93	2.73

上述亲核反应活性常数仅适用于 $trans$-[Pt(py)$_2$Cl$_2$]的取代反应，对于其他中性 Pt(II)配合物，Belluco 曾证明 Pt(II)配合物的 k_Y 和进入基团的 k_S 之间存在下列关系：

$$s \cdot \eta_{Pt(II)} = \lg \frac{k_Y}{k_S} \tag{4-51}$$

式中，s 为配合物亲核区别因子，对不同的 Pt(II)配合物的 s 值差别并不大；$\eta_{Pt(II)}$ 为进入配体 Y 的亲核常数；k_Y 为与进入配体 Y 有关的速率常数；k_S 为与溶剂有关的速率常数。该式被称为 LFER 方程，$\eta_{Pt(II)}$ 和 s 被称为 LFER 参数，不同 Pt(II)配合物的 s 值为 0.3～1.4，所以都对 Y 的亲核性相当敏感。

(2) 离去配体的影响。如前所述，由于过渡态的三角平面上配体 Y、T 和 X 具有同等的位置，因此离去配体的性质对取代反应速率也有影响。298K 时，取代反应的速率变化顺序为 NO$_3^-$>Cl$^-$>Br$^-$>I$^-$>N$_3^-$>SCN$^-$>NO$_2^-$>CN$^-$，类似的实验结果也证明了这一点。不过，同进入配体相比，离去配体对取代反应速率的影响一般都比较小。

(3) 反位效应。A 机理的中间产物五配位，有四角锥和三角双锥两种几何构型。通常，五配位体系中两个构型之间能量差小，构型之间可以相互转换，因此构型难以维持。反位配体对取代反应速率的影响大于配体本身，即反位效应。反位效应是动力学效应，表示一个配体对其反位上基团的取代(或交换)速率的影响。一个典型实例是：

$$\left[\begin{array}{c} H_3N \diagdown \diagup NH_3 \\ Pt \\ H_3N \diagup \diagdown NH_3 \end{array}\right]^{2+} \xrightarrow[-NH_3]{+Cl^-} \left[\begin{array}{c} H_3N \diagdown \diagup NH_3 \\ Pt \\ H_3N \diagup \diagdown Cl \end{array}\right]^{+} \xrightarrow[-NH_3]{+Cl^-} \begin{array}{c} Cl \diagdown \diagup NH_3 \\ Pt \\ H_3N \diagup \diagdown Cl \end{array} \tag{4-52}$$

反应第一步，Cl⁻取代任何 NH₃ 都生成同样的产物。在第二步中，由于已配位的 Cl⁻ 的反位效应，使得与它成对位的 NH₃ 容易被取代，生成反式产物。不同的配体，反位效应不相同。一些常见配体的反位效应顺序是：$CN^- \sim CO \sim C_2H_4 > PR_3 \sim H^- \sim NO > CH_3^- \sim SC(NH_2)_2 > C_6H_5^- \sim NO_2^- \sim I^- \sim SCN^- > Br^- > Cl^- > py > NH_3 \sim RNH_2 \sim F^- > OH^- > H_2O$。

从以上顺序可见，π 配体或 π 酸配体具有较大的反位效应，如 CN^-、CO、C_2H_4 等。而在非 π 配体或 π 酸配体中容易形成 σ 键，或者容易被极化的分子或离子具有较显著的反位效应，故在卤素离子 X^- 中 I⁻ 的反位效应最大。

应当指出的是，反位效应的顺序也不是绝对的，例外的情况也会发生，如下列反应：

$$\left[\begin{array}{c} Cl \diagdown \diagup Cl \\ Pt \\ Cl \diagup \diagdown Cl \end{array}\right]^{2-} \xrightarrow{+2NH_3} \begin{array}{c} H_3N \diagdown \diagup Cl \\ Pt \\ H_3N \diagup \diagdown Cl \end{array} \xrightarrow{+2py} \begin{array}{c} H_3N \diagdown \diagup py \\ Pt \\ H_3N \diagup \diagdown py \end{array} \tag{4-53}$$

其中的第二步就不符合 Cl⁻ 反位效应大于 NH₃ 的规律，py 取代了 Cl⁻ 而不是 NH₃。这是因为对 Pt(Ⅱ)配合物而言，Pt—X 键比 Pt—N 键更活泼，因而卤离子更易被取代。

因此，即使对于 Pt²⁺，也不是所有配合物的取代反应都严格遵守反位效应，在大约 120 个被详细研究过的 Pt²⁺ 的配合物中，大约只有 80 个反应严格遵守反位效应规则。因此，配位化合物配体间的相互影响并不只限于反位效应，也存在顺位效应；即相邻(顺位)配体的性质也会影响取代反应的速率。它的作用一般比反位效应弱得多，但在有些情况下顺位效应是不可忽视的。

4. 四面体配合物的取代反应

对于四面体配合物的取代反应研究得比较少，这是因为四面体配合物进行取代反应的过渡态结构一般较少会涉及配位场效应，故反应很快而不易进行动力学和立体化学的研究。目前对四面体配合物发生亲核取代反应有两种假设的途径(图 4-8)。

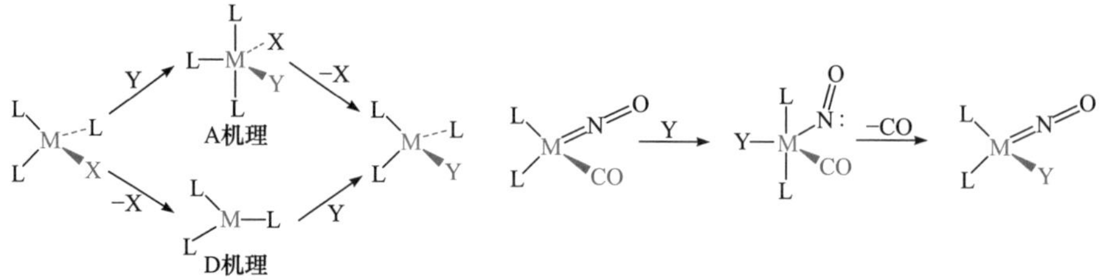

图 4-8　四面体配合物[ML$_2$(CO)(NO)]按 A 机理亲核取代的假想途径

含亚硝酰配体的 NO 的 18 电子金属有机化合物 [Co(CO$_3$)(NO)] 和 [Fe(CO)$_2$(NO)$_2$]主要按照 A 机理进行取代反应。此外，NO 既可以作为三电子给体(M—NO 为线形)，也可以作为单电子给体(M—NO 为折线形)与金属配位，因此亚硝酰配合物容易通过分子内的金属-亚硝酰作用方式的改变称为配位不饱和的过渡态物种(16 电子)，进而发生按照 A 机理进行的取代反应。

4.2.3　氧化还原反应

配合物的氧化还原反应就是电子转移反应，这是一类相当复杂的反应，该反应可发生在众多的体系中，如溶液或胶体中的有机化合物分子、不同界面的电子转移过程以及生命体系的氧化还原反应过程等。电子转移反应的动力学与机理研究多年来一直受到化学家的极大重视，并已取得很大的成就[5-7]。下面仅就人们普遍接受的两种机理，即外层机理(outer sphere mechanism)和内层机理(inner sphere mechanism)，作简单介绍。

1. 外层机理

配合物氧化还原反应的外层机理是在发生电子转移时，每个配合物都维持自己原来的配位内层不变。外层机理的反应机理包括以下基本步骤。

1) 反应物形成前驱配合物

若以 Ox 代表氧化剂，以 Red 代表还原剂，前驱配合物的形成可以表示为

$$Ox + Red \rightleftharpoons [Ox, Red] \qquad (4\text{-}54)$$

这一阶段，只是两种反应物互相接近，彼此之间达到一定的平衡距离，形成前驱配合物。由于反应物的内部结构和取向还不适应电子的转移，因此电子转移过程并没有发生。

2) 前驱配合物的化学活化

$$Ox + Red \rightleftharpoons [Ox, Red]^* \qquad (4\text{-}55)$$

发生电子转移，电子转移生成后继配合物：

$$[\text{Ox, Red}]^* \rightleftharpoons [\text{Ox}^-, \text{Red}^+] \tag{4-56}$$

在这一阶段，前驱配合物中的两种反应物都要调整方向，其内部结构也要变得基本相同，这样才有利于电子的转移。这一步骤比较缓慢，是反应速率的决速步骤。

3) 后续配合物解离成产物

$$[\text{Ox}^-, \text{Red}^+] \rightleftharpoons \text{Ox}^- + \text{Red}^+ \tag{4-57}$$

在以上三步中，第二步最慢，是决定速率的主要步骤。

在外层机理中，反应物的配位层维持不变，因而电子转移必须穿透溶剂和配体所产生的能垒。为了降低能垒，可以调整反应配合物中金属离子的自旋状态及轨道的空间取向。

例如，Fe^{2+} 和 Fe^{3+} 的电子构型分别为 t_{2g}^6 和 t_{2g}^5，电子转移为 $t_{2g}^6 \rightarrow t_{2g}^5$。但是，对于 $[Co(NH_3)_6]^{3+}$-$[Co(NH_3)_6]^{2+}$ 体系来说，情况就很不相同，它们的 Co—N 键键长差别比较大，而且它们的 d 电子构型也很不一样，后者为高自旋 $t_{2g}^5e_g^2$，前者为低自旋的 t_{2g}^6。电子从 Co^{2+} 转移到 Co^{3+} 时，除了需要进行 Co—N 键键长的调整外，还存在一个电子构型的转变问题，这就需要较高的活化能，所以其电子转移速率很小(25℃时，反应速率常数约为 10^{-4}L·mol^{-1}·s^{-1})。表 4-2 列出若干属于外层机理的反应速率常数。

表 4-2　若干属于外层机理的反应速率常数(298K)

反应	k/(L·mol^{-1}·s^{-1})
$[Cr(H_2O)_6]^{2+} \longrightarrow [Cr(H_2O)_6]^{3+}$	5.1×10^{-10}
$[Co(NH_3)_6]^{2+} \longrightarrow [Co(NH_3)_6]^{3+}$	$<10^{-9}$
$[Co(en)_3]^{2+} \longrightarrow [Co(en)_3]^{3+}$	5.1×10^{-10}
$[Fe(H_2O)_6]^{2+} \longrightarrow [Fe(H_2O)_6]^{3+}$	4
$[Co(H_2O)_6]^{2+} \longrightarrow [Co(H_2O)_6]^{3+}$	约 5
$[Fe(CN)_6]^{4-} \longrightarrow [Fe(CN)_6]^{3-}$	7.4×10^2
$[Ru(NH_3)_6]^{2+} \longrightarrow [Ru(NH_3)_6]^{3+}$	8×10^2
$[Os(bipy)_3]^{2+} \longrightarrow [Os(bipy)_3]^{3+}$	5×10^4
$[IrCl_6]^{3-} \longrightarrow [IrCl_6]^{2-}$	2.3×10^5
$[Fe(phen)_3]^{2+} \longrightarrow [Fe(phen)_3]^{3+}$	$>10^8$

2. 内层机理

上述讨论的电子转移反应基本都是金属离子的表观价态发生变化，另一类电子转移反应中反应物分子通过桥联基团连接，电子转移机理为内层反应机理。内层机理的基本特征是在氧化剂和还原剂之间首先发生取代，通过桥联两个金属离子间的配体，形成一个双核的过渡态，电子则通过桥联配体进行转移，反应过程中伴随键的断裂和形成，金属离子的配位层发生了变化。在水溶液中，内层机理的基本步骤如下。

(1) 形成前驱配合物：

$$\text{Red-H}_2\text{O} + \text{L-Ox} \rightleftharpoons \text{Red}\cdots\text{L-Ox} + \text{H}_2\text{O} \qquad (4\text{-}58)$$

(2) 前驱配合物的生成(非氧化还原反应)：

$$\text{Red}\cdots\text{L-Ox} \rightleftharpoons \text{Red-L-Ox} \qquad (4\text{-}59)$$

(3) 前驱配合物的活化、电子转移形成后继配合物：

$$\text{Red-L-Ox} \rightleftharpoons \text{Red}^+\text{-L}\cdots\text{Ox}^- \qquad (4\text{-}60)$$

(4) 后继配合物解离为产物：

$$\text{Red}^+\text{-L}\cdots\text{Ox}^- + \text{H}_2\text{O} \rightleftharpoons [\text{Red-L}]^+ + [\text{Ox-H}_2\text{O}]^- \qquad (4\text{-}61)$$

理论上讲，上述任何一步基元反应都可能是速率的决速步骤，其净反应过程可表示为

$$\text{Red} + \text{L-Ox} \underset{k_2}{\overset{k_1}{\rightleftharpoons}} [\text{Red-L-Ox} + \text{H}_2\text{O}] \underset{k_4}{\overset{k_3}{\rightleftharpoons}} \text{Red}^+\text{-L} + \text{Ox}^- \qquad (4\text{-}62)$$

其速率方程为

$$v = \frac{k_1 k_3}{k_2 + k_3} [\text{L-Ox}][\text{Red}] \qquad (4\text{-}63)$$

在某些情况下，$k_3 \gg k_2$，速率决定步骤是前驱体配合物的形成，即还原剂上的配位水被桥联配体 X 取代，故速率方程为

$$v = k_1[\text{L-Ox}][\text{Red}] \qquad (4\text{-}64)$$

但是，在其他情况下，速率决定步骤是中间体的变形或重排和电子转移或后继配合物的解离，即 $k_2 > k_3$，则速率方程为

$$v = K k_3[\text{L-Ox}][\text{Red}] \qquad (4\text{-}65)$$

式中，K 为第一步的平衡常数。

如果生成桥式配合物(前驱配合物)是决定反应速率的步骤，那么氧化还原反应速率与反应物的取代活性相关。如果电子转移速率是反应速率的决定步骤，那么氧化还原反应速率与还原剂的最高占有轨道和氧化剂的最低空轨道之间的匹配相关。

但是，前已述及，电子转移反应是一类很复杂的反应，在有些情况下，反

应可以同时以多种历程进行。例如，在 273K 时，$[Cr(H_2O)_6]^{2+}$ 和 $[IrCl_6]^{2-}$ 反应，如图 4-9 所示。

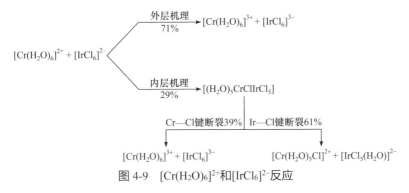

图 4-9　$[Cr(H_2O)_6]^{2+}$ 和 $[IrCl_6]^{2-}$ 反应

实验表明，此反应是平行地通过外层机理和内层机理发生电子转移，其中 71% 为外层机理，29% 为内层机理。而且有意思的是，在内层机理中，电子转移后的双核过渡态，39% 是 Cr—Cl 键断裂，61% 是 Ir—Cl 键断裂[8]。由此可见，内层机理并不一定伴随桥联配体的转移，变化是多种多样的，许多问题尚待进一步研究[9-11]。外层机理和内层机理可用图 4-10 示意。

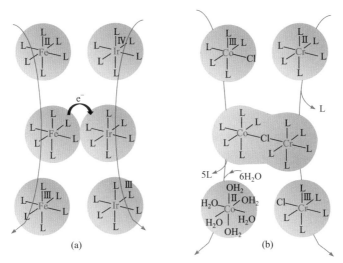

图 4-10　外层电子转移机理(a)和内层电子转移机理(b)示意图

3. 双电子转移反应

前面讨论的都是单电子转移反应，因为过渡元素有五重简并的 d 轨道，氧化态的变化往往是 ±1，但也有过渡元素氧化态改变是 ±2 的。例如，Pt(Ⅱ)⇌Pt(Ⅳ)，主族元素氧化态改变大多为 ±2，如 Tl(Ⅰ) $\rightleftharpoons$ Tl(Ⅲ)、Sn(Ⅱ) $\rightleftharpoons$ Sn(Ⅳ)等。

[Pt(en)$_2$]$^{2+}$首先和*Cl$^-$迅速反应生成一个五配位化合物[Pt(en)$_2^*$Cl]$^+$，之后，五配位的化合物通过 Pt(Ⅳ)-Cl 配合物的氯桥与它形成桥式配合物，桥式配合物中的两个 Pt 原子具有相同的配位环境，因此伴随着氯原子转移同时有两个电子从 Pt(Ⅱ)转移到 Pt(Ⅳ)的反应就很容易发生，如图 4-11 所示。

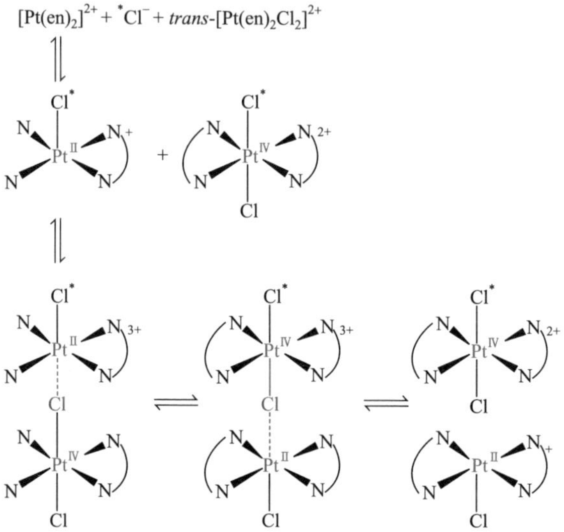

图 4-11   [Pt(en)$_2$]$^{2+}$ + *Cl$^-$ + *trans*-[Pt(en)$_2$Cl$_2$]$^{2+}$的反应机理

4.2.4 异构化反应和外消旋反应

就配合物的配体所处的位置来说，配合物的异构化反应和外消旋反应也涉及配体的取代或交换过程，尽管它们的反应机理与上述取代反应明显不同，但也可归入取代反应这一类来进行讨论。

1. 异构化反应

异构化反应与取代反应类似。经历 D 机理或 I$_d$ 机理的平面正方形配合物都涉及五配位态，所以异构化是可能的，如 *cis*-[Co(en)$_2$Cl$_2$]$^+$的异构化反应为

$$cis\text{-}[Co(en)_2Cl_2]^+ \text{(紫色)} \rightleftharpoons trans\text{-}[Co(en)_2Cl_2]^+ \text{(绿色)} \tag{4-66}$$

同位素示踪研究指出，在异构化过程中已配位的 Cl$^-$和同位素*Cl$^-$有交换作用，但没有发生螯合环的断裂，因此认为该过程是

$$\left[\begin{array}{c}Cl\\Cl\end{array}Co\right]^{+} \underset{-Cl^-}{\rightleftharpoons} \left[Cl-Co\right]^{2+} \underset{+Cl^-}{\rightleftharpoons} \left[\begin{array}{c}Cl\\\\Co-Cl\end{array}\right]^{+} \tag{4-67}$$

其间生成了一个五配位的三角双锥中间体[Co(en)₂Cl]²⁺。

同一种单齿配体与不同原子配位时，产生键合异构。形成键合异构体是两可配体。例如，SCN—以 S 原子为配位原子时，称为硫氰酸根配体，以 N 原子为配位原子时，称为异硫氰酸根配体。前一种方式(M-SCN)形成的配合物称为硫氰酸根配合物，后一种方式(M-NCS)形成的配合物称为异硫氰酸根配合物。此外，亚硝酸根离子(NO_2^-)也是两可配体。N 原子配位时为硝基配合物，O 原子配位时则形成亚硝基配合物。

这类反应的典型实例是$[(NH_3)_5Co(ONO)]^{2+}$的异构化：

$$[(NH_3)_5Co(ONO)]^{2+} \rightleftharpoons [(NH_3)_5Co(NO_2)]^{2+} \tag{4-68}$$

同位素实验表明，在异构化过程中，已配位的 ONO⁻并没有与水溶液中含有^{18}O 的NO_2^-发生交换。因此认为是配合物内的取代：

$$[(NH_3)_5Co(ONO)]^{2+} \longrightarrow \left[(NH_3)_5Co \begin{array}{c}O\\|\\N-O\end{array}\right]^{2+} \longrightarrow [(NH_3)_5Co(NO_2)]^{2+} \tag{4-69}$$

2. 外消旋反应

研究结果表明，旋光性配合物的外消旋反应速率很快，外消旋通常经过先解离后缔合的分子间过程，或者通过配体交换位置的分子内机理进行。

分子间过程以配体解离作为速率控制步骤，要求配体的交换速率不低于外消旋速率。例如，在甲醇中，已配位的 Cl⁻与游离同位素*Cl⁻的交换速率和其外消旋速率相等，外消旋首先是解离一个 Cl⁻形成五配位的中间体，其后再加上一个 Cl⁻，得到大约 70%的反式异构体和 30%的外消旋顺式异构体(即两种顺式的旋光异构体各占 15%)。

分子内机理有两种情况：一种是螯合配体一端断开形成单齿配体，然后再配位形成旋光异构体，如$[Cr(C_2O_4)_3]^{3-}$，此时外消旋速率大于$C_2O_4^{2-}$ 的交换速率。第二种是扭变机理或键弯曲机理，配合物可以经过三角形扭变或斜方形扭变，得到它们的旋光异构体。

4.2.5 氧化加成和消除反应

1. 氧化加成反应

氧化加成反应(oxidation addition)中，参与反应的配合物中心金属有空轨道且氧化态较低，氧化的方式是 X—Y 断裂，并形成 1～2 个新键。反应后，金属氧化态、配位数(外层配位时为 1)、总电子个数都加 2(外层配位时，内层电子数不变)，如

$$L_nM + X—Y \longrightarrow L_nM \begin{matrix} \diagup X \\ \diagdown Y \end{matrix} \tag{4-70}$$

加入各种不同的共价键都会产生氧化加成反应，最常见的是加入碳氢键(C—H)、氢卤键(H—X)及碳(sp^3)卤键。sp^2 共混的碳(如乙烯基)也可以发生氧化加成反应。

对 d^8 平面正方形配合物，XY 对 IrCl(CO)(PPh$_3$)$_2$ 的氧化加成[瓦斯卡(Vaska's)配合物]，其速率为

$$v = k_2[\text{Ir}(\text{I})][\text{XY}] \tag{4-71}$$

氧化加成反应的机理可以分为：协同机理、S$_N$2 机理、离子机理和自由基反应机理。

1) 协同机理

协同机理有三个特征：

(1) 有一个三中心过渡态，L$_n$M 从 X—Y 的侧面进攻；

(2) 分子 X—Y 进攻反应中心的同时或随后电子发生从 X—Y 键到 M—X 键和 M—Y 键的重排，如

$$L_nM + X—Y \longrightarrow \left[L_nM \begin{matrix} \diagdown Y \\ \diagup X \end{matrix} \right]^* \longrightarrow L_nM \begin{matrix} \diagup Y \\ \diagdown X \end{matrix} \tag{4-72}$$

(3) 在过渡态中有协同的电子流动 X—Y(σ)——→M(σ)，M(π)——→X—Y(σ*)。

协同机理的特征：①分子配位不饱和；②通常 X—Y 键的极性较低，如 H$_2$、R$_3$Si—H；③立体专一性和顺式加成反应。

2) S$_N$2 机理

金属中心作为电子对的供体(亲核)，对包含 R—X 键的反应，碳上的立体化学就会发生翻转，类似 S$_N$2 机理，如

$$L_3Pd: \begin{matrix} Ph \\ \diagup \\ H \end{matrix} X \longrightarrow L_3Pd \begin{matrix} Ph \\ \diagup \\ H \end{matrix} + X^- \tag{4-73}$$

对于 S$_N$2 机理，它有四个特征：①反式加成；②在极性溶剂中速率加快；③更负的活化熵，因为溶剂围绕在偶极的过渡态周围；④反应速率受其他配体 L 的影响，如

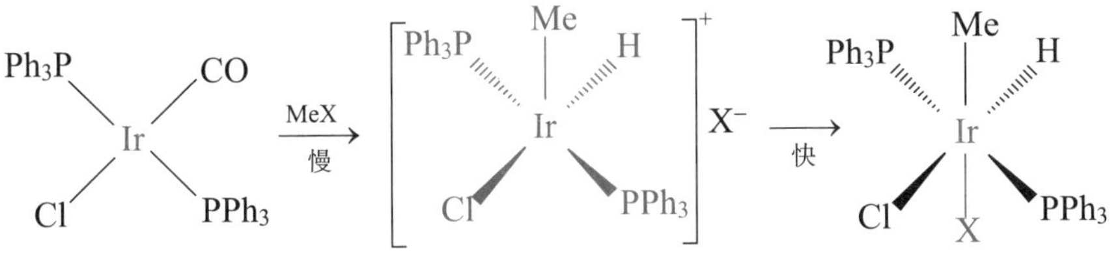

$$(4\text{-}74)$$

在该反应过程中，提供给磷化氢的电子越多，加成速率越快；增加配体的碱性，会增加 Ir 中心的进攻性；立体影响，配体的尺寸增加，氧化加成的速率降低，这是由于过渡态更加拥挤了。

3) 离子机理

在极性溶剂中，有时加成反应式没有立体专一性。对亲核机理，带正电荷的五配位中间体的寿命增加，所以在极性溶剂(DMF、MeOH、H_2O、MeCN)中，为顺式+反式；在非极性溶剂(C_6H_6、$CHCl_3$)中，只有顺式；在气相中，只有顺式。例如，

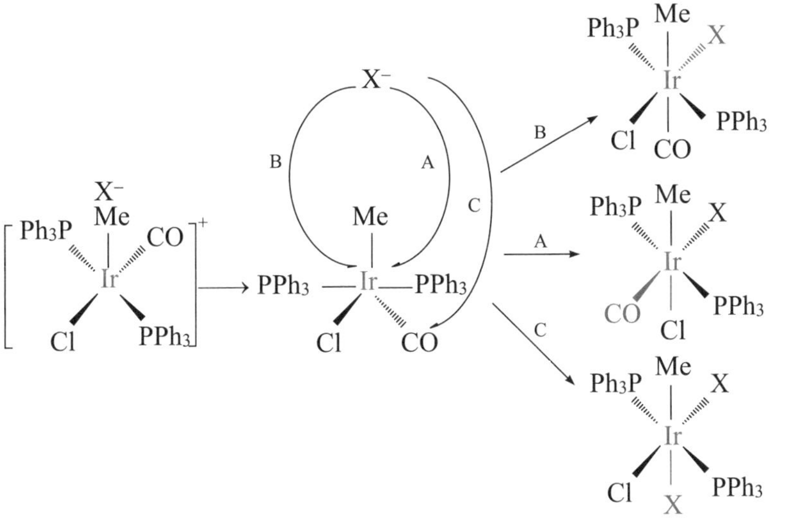

$$(4\text{-}75)$$

4) 自由基反应机理

烷基、乙烯基、卤化芳基可与瓦斯卡配合物发生自由基链反应。速率主要由以下几点决定：引发剂、抑制剂、自由基的自旋捕获，典型的引发剂包括 O_2 和 Ir。由 O_2 和 Ir(Ⅱ)引发的典型自由基反应，如

引发步骤：

$$[Ir^{Ⅱ}] + O \cdot (痕量自由基) \longrightarrow [Ir^{Ⅱ}]—O \cdot$$

$$[Ir^{Ⅱ}] + O \cdot + R—X \longrightarrow X—[Ir^{Ⅱ}]—O + R \cdot$$

增长步骤：

$$[Ir^{II}] + R \cdot \longrightarrow R—[Ir^{II}] \cdot \longrightarrow R—[Ir^{III}]—X + R \cdot$$

净反应:

$$[Ir^{II}] + R—X \longrightarrow R—[Ir^{III}]—X$$

2. 消除反应

消除反应(elimination reaction)指从一个分子中除去两个原子或基团生成不饱和化合物或环状化合物的反应,包括氢的消除反应和还原脱氢反应等。

1) 氢的消除反应

(1) α-氢消除反应。

$$L_nM \overset{CH_2}{\underset{R}{\diagup}} \rightleftharpoons L_nM{=}CH—R \quad (4\text{-}76)$$

α-氢消除反应如上所示,由于金属氢化物有较强的反应活性,α-氢消除反应不如 β-氢消除反应具有普遍性。

(2) β-氢消除反应。β-氢消除发生在相邻的两个 C 原子上,指原子或基团被消除,形成双键或三键。通常认为,β-氢的存在是决定与过渡金属中心配位的烷基配体稳定性的一个最重要的因素,反应过程如下:

$$L_nM \overset{CH_2}{\underset{CH_2}{\diagup}}{\diagdown} R \rightleftharpoons L_nM \overset{H\ \ R}{{-}{||}CH} \quad (4\text{-}77)$$

其典型的反应有

$$(4\text{-}78)$$

(3) γ-氢消除反应。γ-氢消除反应是两个原子或基团从 1,3 位上除去,形成环状配合物,反应如下:

$$(4\text{-}79)$$

与 α-氢消除反应相比,铂的新戊基的烷基配合物倾向通过 γ-氢消除反应而分

解，如

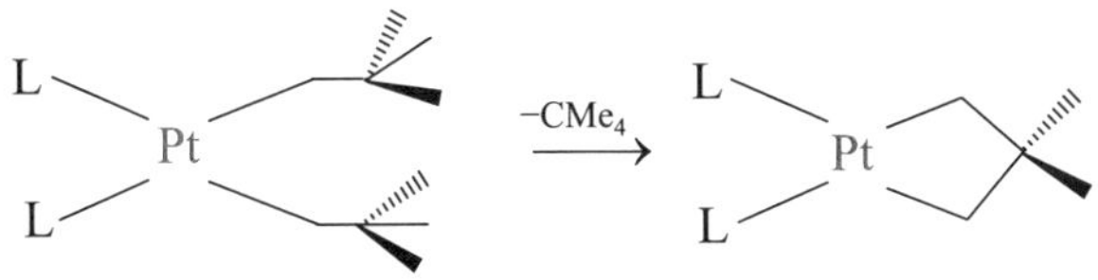

（4-80）

2) 还原脱氢反应

与氧化加成反应相反，还原脱氢反应过程中，在 X 和 Y 基团间会形成新键，如

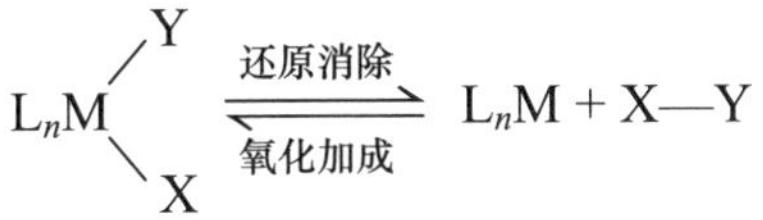

（4-81）

$$d' \longrightarrow d^{n+2} \qquad M^{m+} \longrightarrow M^{(m-2)+}$$

4.2.6　配体的反应

大量实验研究结果表明，配体与中心体配位结合，不仅能够影响配体的空间排布，还能改变配体的反应性，从而促使或抑制某些反应的进行。本小节主要介绍配体的亲核加成反应、酸式解离反应和中心离子活化配体反应。

1. 配体的亲核加成反应

在混合配体羰基配合物中，NH_3 或胺分子进攻羰基配合物阳离子的过程也是一类常见的亲核加成反应，如

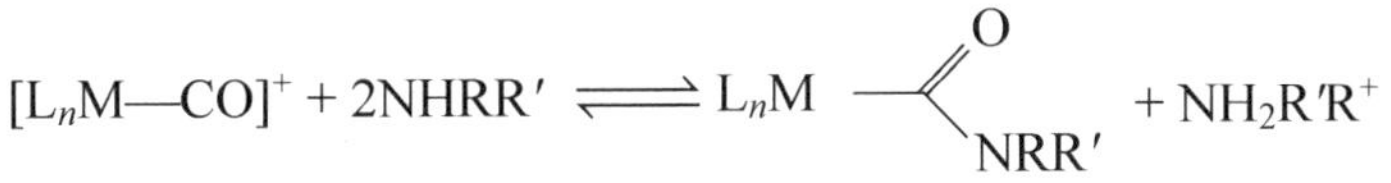

（4-82）

式中，M 为中心离子；L 为配体；n 为配体数目，一般为 3～5。

2. 配体的酸式解离反应

金属水合物中，配位水分子的解离度比游离水分子大。其原因是配位水氧原子的电子云受到中心离子正电场的强烈吸引，降低了氧与氢原子间的电子云密度，更有利于氧氢键的断裂。例如，水合铁离子的水解反应：

$$[Fe(H_2O)_6]^{3+} \longrightarrow [Fe(OH)(H_2O)_5]^{2+} + H^+ \qquad (4-83)$$

同样，醇、羧酸或其他质子型分子与金属离子配位时，金属离子也能使这类配体的解离度增加。将中心离子的这种作用概括地总结为中心离子的"吸氧斥氢"作用。质子型配体解离度增大，正是中心离子"吸氧斥氢"作用的结果。显然，非氧原子的质子型配体与中心离子配位时，配位原子同样要受到中心体正电场的

强烈影响，配体质子的解离度也必然增大。

3. 中心离子活化配体反应

配体与中心体配位时，中心体必然对配体的反应性产生重要影响。金属离子活化氨基酸酯次甲基的过程就是典型的反应。

具有氨基、肼基或胍基的有机化合物可以与醛、酮发生亲核加成反应，并形成具有 $R—CH=N—CN=R'$ 的席夫碱、酰肼、酰腙、酰胍、缩氨脲等配合物。它们都是很好的螯合配体，可与很多金属之间形成稳定的配合物，从而活化与氨基相连的次甲基，使其具有很好的亲核性。其中一个典型的例子就是苏氨酸的合成反应，如

$$(4\text{-}84)$$

该反应中，在 Cu^{2+} 与甘氨酸的碱溶液中加入乙醛，待反应完成后，再用 H_2S 去除 Cu^{2+}，大大提高了苏氨酸的产率。其中，甘氨酸的氨基氮原子与 Cu^{2+} 的配位才促进了烯醇基的形成，从而加速了醛基的缩合反应。

研究无机化学的物理方法介绍

2 配合物稳定常数的测定

测定配合物稳定常数的常用方法有十几种，其中最普遍的是 pH 电位法、电动势法、分光光度法、溶剂萃取法、溶解度法、离子交换法、极谱法等[12-16]。这些方法既可以测定稳定常数，又是研究配合物结构的重要手段。若只就稳定常数来说，在大多数情况下，用普通的方法如 pH 电位法或分光光度法就可以测得可靠的数据。在此，简要介绍测定单核配合物稳定常数的 pH 电位法、电动势法、分光光度法三种方法。

一、pH 电位法

pH 电位法是迄今测定配合物的稳定常数应用最广的方法，结果也比较准确。该方法一般适用于弱酸根离子或弱碱分子作为配体的场合。pH 电位法的主要操作一般是先进行 pH 电位滴定(用玻璃电极或其他适当电极测 pH)，再用实验数据计算二元及多元配合物稳定常数，这种方法常称为 pH 电位滴定法[17-18]。

现以水杨醛-5-磺酸根离子(hssald⁻)与 Cu^{2+} 的配位反应为例，来说明 pH 电位滴定法测定配合物逐级稳定常数的过程。该配位反应可表示为如图 4-12 所示：

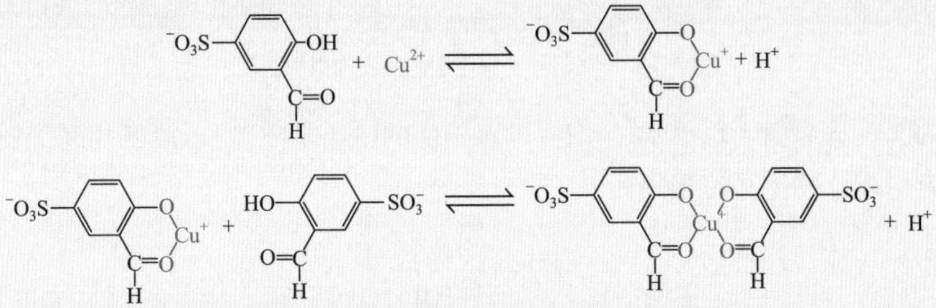

图 4-12　水杨醛-5-磺酸根离子与 Cu^{2+} 的配位反应

因为在配合反应中有 H^+ 生成，所以可以用标准碱溶液滴定的方法来研究这个体系。如图 4-13 所示，曲线 A 表示用 $0.1 mol \cdot L^{-1}$ 标准 NaOH 溶液滴定水杨醛-5-磺酸钠的酸性溶液(加有硝酸)的结果；曲线 B 表示在上溶液中加有 Ca^{2+} 时的滴定结果。曲线 B 在曲线 A 的下面，表明 Cu^{2+} 与 $hssald^{2-}$ 的配合反应是进行的(因为配合反应中生成 H^+，使溶液的 pH 降低，所以要达到相同 pH，耗去的 NaOH 必然较多)。滴定和配合的联合反应式为

$$Cu^{2+} + HL^- + OH^- \rightleftharpoons CuL + H_2O, \quad CuL + HL^- + OH^- \rightleftharpoons CuL_2^{2-} + H_2O \quad (4-85)$$

因为实验时所用配合物的浓度超过 Cu^{2+} 的浓度很大，由于配合而消耗 HL^- 时对于下一平衡不致发生显著的影响：

$$HL^- \rightleftharpoons L^{2-} + H^+ \quad (4-86)$$

因此，从图 4-13 曲线 A 和曲线 B 在任何 pH 下的横距(图中的 ab)可以得出该 pH 下已与 Cu^{2+} 配合的 L^{2-} 的浓度。

已知与 Cu^{2+} 配合的 L^{2-} 的浓度后，可求得生成函数 $\bar{n}$：

$$\bar{n} = \frac{已配合的L^{2-}的浓度}{T_{Cu}} \quad (4-87)$$

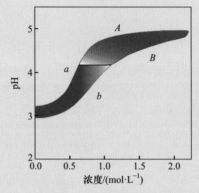

图 4-13　水杨醛-5-磺酸钠的滴定曲线(25℃)

同时，从对应于每一 $\bar{n}$ 的 pH，以及 HL^- 的电离常数 K_{HL^-} (温度和离子强度与所研究的配合物体系的相同)：

$$K_{HL^-} = \frac{[H^+][L^{2-}]}{[HL^-]} \tag{4-88}$$

可求出对应于每一 $\bar{n}$ 的游离的 $[L^{2-}]$。由于 $T_L \gg T_{Cu}$，已将 Cu^{2+} 配合的 L^{2-} 的浓度与 T_L 相比，前者可忽略不计，因此用上式计算 $[L^{2-}]$ 时，可认为 $[L^{2-}]+[HL^-] \approx T_L$。

这样，在不同的 pH 下求得一系列的 $\bar{n}$ 和相应的 $[L^{2-}]$ 后，将 $\bar{n}$ 与 pL(即 $-\lg[L^{2-}]$)作图。从图 4-14 的生成曲线(在这个例子中几乎是一条直线)上，可以直接读出 $\lg K_1$ 和 $\lg K_2$ 的近似值，即

$$\bar{n} = 1/2 \text{ 时}，\ pL_{1/2} \approx \lg K_1；\quad \bar{n} = 3/2 \text{ 时}，\ pL_{3/2} \approx \lg K_2 \tag{4-89}$$

实际数据为 $\lg K_1 \approx 5.35$，$\lg K_2 \approx 3.92$ (25℃时)。

可再用连续近似法处理如下：

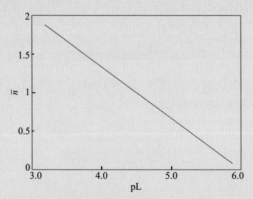

图 4-14　水杨醛-5-磺酸根离子与 Cu^{2+} 配合的生成曲线

$$K_1 = \frac{1}{[L]_{1/2}} \times \frac{1}{1 + 3K_2[L]_{1/2}} \quad ; \quad K_2 = \frac{1}{[L]_{3/2}} \times \left(1 + \frac{3}{K_1[L]_{3/2}}\right) \qquad (4\text{-}90)$$

将 $[L]_{1/2}(10^{-5.35})$ 及 K_2 的近似值 $(10^{3.92})$，$[L]_{3/2}(10^{-3.92})$ 及 K_1 的近似值 $(10^{5.35})$ 代入式 (4-90)，得出 $\lg K_1 = 5.31$，$\lg K_2 = 3.97$。可求得各级配合物的累积稳定常数。

二、电动势法

电动势法测定配合物稳定常数[19]的优点是数据准确，实验过程简便。通常利用浓差电池来进行电动势法测定稳定常数的实验。组成一个金属电极的金属 M 与溶液中相应的金属离子 M^{a+} 处于平衡时，这个电极有一定的电极电势，其大小取决于溶液中 M^{a+} 的浓度 (更正确地说，应该是活度)。当向溶液中加入一种配体 L^{b-} 或 L 而与 M^{a+} 配合后，M^{a+} 的浓度减小，这个电极的还原电位的代数值也减小。根据上述原理，测定配合物的稳定常数时所用浓差电池可表示如下：

$$(-)\ M\ \left|\begin{array}{c} M^{a+} \\ R^+X^- \\ R^{b+}L^{b-} \end{array}\right|\ R^+X^-\ \left|\begin{array}{c} M^{a+} \\ R^+X^- \end{array}\right|\ M\ (+) \qquad (4\text{-}91)$$

这个浓差电池的右边一个半电池由金属 M 和游离金属离子 M^{a+} (事实上一般可用它的高氯酸盐) 组成，左边一个半电池中加入了一定量的配体 L^{b-} (以 $R^{b+}L^{b-}$ 的形式加入，R^{b+} 可与惰性电解质 R^+X^- 中的正离子相同，如 Na^+) 或 L (在上例中用的是 L^{b-} 而不是 L)，成为由金属离子 M^{a+} 和各级配合物 ML_j (略去配合物的电荷不写，$j = 1, 2, \cdots, J$) 处于平衡的体系。在两个半电池中各加入一定量较大量的惰性电解质 R^+X^-，如 $NaClO_4$、KNO_3，使溶液的离子强度维持恒定。若选择正、负离子的迁移率相差不远的惰性电解质维持恒定的离子强度，则同时还有一个优点，即同时可用这种电解质作盐桥，这样可几乎消除液接电位。

在配制这样的浓差电池时，使两个半电池中的金属离子 M^{a+} 的总浓度 (包括游离 M^{a+} 和已与配体配合的 M^{a+} 的浓度) T_M 相同。显然，在右边那个半电池中，T_M 就是游离配体的浓度。左边那个半电池中生成各级配合物的反应可表示如下 (略去电荷不写)：

$$M + jL \Longleftrightarrow ML_j \quad (j = 1, 2, \cdots, J) \qquad (4\text{-}92)$$

对应上式，可写出各级配合物的积累稳定常数式：

$$\beta_j = \frac{[ML_j]}{[M][L]^j} \tag{4-93}$$

上述浓差电池的电动势 E 可用下式表示:

$$E = \frac{RT}{nF} \times 2.303 \lg \frac{T_M}{[M]} \tag{4-94}$$

式中, T_M 为右边半电池中金属离子(全部未配合)的浓度; $[M]$ 为左边半电池中游离金属离子的浓度; E 的单位是伏特, 所以 R 用 $8.314\text{J} \cdot \text{mol}^{-1} \cdot \text{K}^{-1}$, $F = 96500\text{C}$, T 为热力学温度; n 为正整数, 它等于电极反应中转移的电子数, 因此在这个例子中 $n = a$, 根据阿伦尼乌斯方程:

$$Y_0 = \frac{T_M}{[M]} \tag{4-95}$$

所以, 可改写为

$$\lg Y_0 = \frac{nF}{2.303RT} E \tag{4-96}$$

固定 T_M 而改变 T_L 做一系列测定, 得出一系列 E 的数据, 从而可计算出一系列 Y_0 的数值。然后假定 $[L] \approx T_L$, 得出

$$Y_1 = \frac{Y_0 - 1}{[L]} \tag{4-97}$$

算出来函数 Y_1 的一系列数值, 按照第二节所述处理数据的办法可求得各级配合物的积累稳定常数。

三、分光光度法

在可见及紫外区中, 光的吸收是由于有关物质中价电子的跃迁。配合物的形成往往导致原物种(中央离子或/和配位体)对光的吸收性能改变。在形成配合物时, 往往可使有关物种发生颜色的改变。在实用中, 这个事实可用于比色分析以及在配位滴定中选择指示剂等方面; 在理论研究上可通过研究配合物的吸收光谱解决配合物中的化学键问题, 还可用来证明有关配合物的形成, 确定其组成以及测定其稳定常数。

用分光光度法也可测定某些配合物的逐级稳定常数。比较常用的具体处理方法是对应溶液法[20-22]。

对于单核配合物, 生成函数 $\bar{n}$ 与 $[L]$ 及稳定常数的关系为

$$\bar{n} = \frac{T_L - [L]}{T_M} = \frac{\beta_1[L] + 2\beta_2[L]^2 + \cdots + J\beta_J[L]^J}{1 + \beta_1[L] + \beta_2[L]^2 + \cdots + \beta_J[L]^J} \tag{4-98}$$

由式(4-98)可见，对于单核配合物，$\bar{n}$ 只是游离配体浓度[L]的函数。当两溶液中[L]相同时，$\bar{n}$ 也相同。

设体系的一系列溶液，每种溶液内含各级单核配合物；各溶液的 T_M 不同，为 T_{M1}、T_{M2}、T_{M3}、…；T_L 也不同，为 T_{L1}、T_{L2}、T_{L3}、…；但 $\bar{n}$ 和 L 都相同。这样的一组溶液，称为对应溶液。

设溶液中存在各级配合物 ML、ML_2、ML_3、…，其摩尔吸收系数分别为 ε_1、ε_2、ε_3、…，而游离金属离子 M 的摩尔吸收系数为 ε_0，若配体 L 在实验所选用的波长下摩尔吸收系数为零，则根据朗伯-比尔定律可知，这个溶液的光密度为

$$D = \varepsilon_0[M]l + \varepsilon_1[ML]l + \varepsilon_2[ML_2]l + \varepsilon_3[ML_3]l + \cdots \tag{4-99}$$

$$\frac{D}{l} = \sum_{j=0}^{J} \varepsilon_j[ML_j] \tag{4-100}$$

另一方面，如以 ε_M 表示配合物溶液中各物种 ML_j ($j = 0$、1、2、…、J)的平均摩尔吸收系数，则

$$D = \varepsilon_M T_M l \tag{4-101}$$

合并上式，得

$$\varepsilon_M = \frac{\sum_{j=0}^{J} \varepsilon_j[ML_j]}{T_M} = \frac{\sum_{j=0}^{J} \varepsilon_j[ML_j]}{\sum_{j=0}^{J} [ML_j]} = \frac{\sum_{j=0}^{J} \varepsilon_j \beta_j[L]^j}{\sum_{j=0}^{J} \beta_j[L]^j} (\beta_0 = 1) \tag{4-102}$$

由式(4-102)可见，ε_M 也只是[L]的函数，所以对应溶液的 ε_M 也应该相同。

$$\lg \varepsilon_M = -\lg T_M + \lg \frac{D}{l} \tag{4-103}$$

当 D/l 恒定时，$\lg \varepsilon_M$ 和 $\lg T_M$ 呈直线关系，所以如果固定 l，即吸收层的厚度保持不变，而改变 T_M，同时相应地改变 T_L，使每次测得的 D 相同，就可得出 $\lg \varepsilon_M$ 和 $\lg T_M$ 之间的直线关系。但变更 T_M 及 T_L 使每次恰好产生同样的 D，实验起来很困难，需经多次尝试。

固定 T_M 不变，只改变 T_L，同时改变 l 以得所需的光密度，然后再换算到假如 l 不变时 T_M 应有的数值。这样可求得一系列 D 和 l 相同的溶液的 T_M(以及 T_L)，再按式(4-103)可算出对应于每个 T_M 的 $\lg \varepsilon_M$。然后以 $\lg \varepsilon_M$ 对 $\lg T_M$ 作图，可得一直线。选取另一个固定的 T_M(随后换算到固定的 l)，用同样的方法又可得到另一条 $\lg \varepsilon_M$ 与 $\lg T_M$ 的直线。

这样，在不同 l 时得出的 $\lg \varepsilon_M$-$\lg T_M$ 各直线应该是相互平行的(图 4-15)。在这样的几条平行线上，$\lg \varepsilon_M$ 相同的各点相应于对应溶液。A、B、C、D 各点的 T_M 各

为 a、b、c、d；这四个溶液的 ε_M 是相同的。

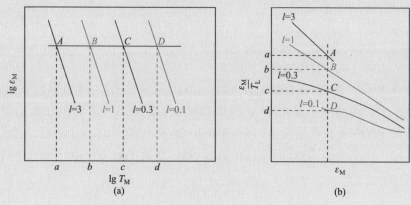

图 4-15　(a) $\lg\varepsilon_M$-$\lg T_M$ 图；(b) $\dfrac{\varepsilon_M}{T_L}$ 与 ε_M 的关系

对应溶液的 [L] 可用下法求得：对各固定的 l，用 ε_M/T_L 对 ε_M 作图可得一系列曲线，如图 4-15(b) 所示。

对于 ε_M 相同(与图 4-15 所取 ε_M 相同)的各点 A、B、C、D，从这几点可在纵坐标上读得相应的 ε_M/T_L，从而可求得相应的 T_L。这样，从图 4-15(a) 和 (b) 可求得一组对应溶液(同一 ε_M 的溶液)的各个对应的 T_M 和 T_L，通过式(4-104)：

$$T_L = \bar{n}T_M + [L] \tag{4-104}$$

可知以 T_L 对 T_M 作图可得直线，其斜率为 $\bar{n}$，在纵轴上的截距为[L]。另取一 ε_M，又可得出 $\bar{n}$ 和[L]的一组数值。根据一系列 $\bar{n}$ 和相应的[L]结果，可求算各级稳定常数。

参 考 文 献

[1] 夏天瑶，白春杰，杨琳，等. 微生物学免疫学进展，2007, (2): 30-32.

[2] Pearson R G. Journal of the American Chemical Society, 1963, 85 (22): 3533-3539.

[3] 郝芬珊. 上饶师专学报，1996, (3): 84-87.

[4] Pearson Ralph G. Science, 1966, 151 (3707): 172-177.

[5] 张红霞，任建国. 化学研究与应用，2001, 13 (2): 133-136.

[6] Zhang J, Cui J, Yang X. Scientia Sinica Chimica, 2020, 50 (9): 1045-1063.

[7] 王成云. 曲阜师范大学学报(自然科学版)，2006, 32 (4): 87-90.

[8] 郝芬珊，米爱林. 张家口师专学报(自然科学版)，1996, 5 (1): 42-44.

[9] 王则民. 自然杂志，1993, (6): 37-39.

[10] 王成云，顾慰中. 曲阜师范大学学报(自然科学版)，2001, 27 (1): 59-61.

[11] 王成云. 曲阜师范大学学报(自然科学版)，2008, 34 (2): 80-84.

[12] 罗米娜，朱鹏飞，陈馥，等. University Chemistry, 2020, 35 (4): 152-160.

[13] 刘惠茹, 黄宁兴. 暨南大学学报(自然科学与医学版), 1997, 1 (18): 72-77.

[14] 舒玉波, 卢红娟. 广东化工, 2017, 44 (345): 252.

[15] 李北罡. 内蒙古大学学报(自然科学版), 2000, 31: 501-503.

[16] 王学智. 安徽机电学院学报(自然科学版), 1997, 12 (1): 63-67.

[17] 吴益和, 蔡惠芝, 徐鸿祥. 计算机与应用化学, 1989, (2): 138-143.

[18] 吴益和, 朱振华. 计算机与应用化学, 1991, (2): 120-124.

[19] 樊悦朋, 沈蕴石, 张静智. 山东大学学报(自然科学版), 1982, (3): 123-131.

[20] 李镇, 黄华. 福建分析测试, 1995, (2): 253-257.

[21] 梁维安, 秦美芹, 张震宇, 等. 分析化学, 2002, (5): 590-593.

[22] 黄婷婷, 翁建新. 福建分析测试, 2005, (3): 2237-2239.

第5章

配位聚合物概述

5.1 配位聚合物的发展历程

5.1.1 配位聚合物相关的术语

配位聚合物是由桥联配体和金属中心通过配位键形成的具有高度规整的无限网格结构的配合物。最早的人造配位聚合物可以追溯到 18 世纪初德国人迪斯巴赫发现的普鲁士蓝六氰合铁酸铁 $Fe_4[Fe(CN)_6]_3$。1977 年，Ludi 等采用 X 射线单晶衍射技术首次确定了普鲁士蓝为含有混合价态 Fe(II)/Fe(III)的三维网状结构。

"配位聚合物"一词最早出现于 20 世纪 60 年代初。该领域的第一篇文章发表于 1963 年。但此类化合物长时期并没有引起广泛的研究兴趣。1990 年前后，澳大利亚化学家罗布森报道了一系列多孔配位聚合物的晶体结构和阴离子交换性能等性质[1]。1995 年，美国化学家奥马尔亚吉等提出"金属有机骨架"这一概念并系统开展其作为多孔材料的研究工作。自此，人们开始关注其作为功能微孔材料的性质，相关研究逐渐增多，配位聚合物也迎来了发展的黄金时期。

因为组成、结构的多样化及历史等原因，除了配位聚合物这一术语及其直接延伸的术语多孔配位聚合物(porous coordination polymer，PCP)外，还有多种术语曾经被用于描述相关化合物，包括无机-有机杂化材料(inorganic-organic hybrid material)、金属-有机杂化材料(metal-organic hybrid material)、金属-有机材料(metal-organic material)、配位网格(coordination network)和金属有机骨架(MOF)等。

2013 年，国际纯粹与应用化学联合会正式发表了关于配位聚合物相关术语的建议[2]。根据这一建议，经配位实体延伸成为一维、二维、三维结构的配位化合物称为配位聚合物。经配位实体在一维延伸、同时具有两条/个或以上相互交联的链、环、螺旋，或者经配位实体在二维、三维延伸的配位化合物，称为配位网格。含有机配体并具有潜在孔洞的配位网格则被称为金属有机骨架。因此，配位聚合物的范围最广，配位网格是配位聚合物的子集，金属有机骨架则是配位网格的子集。

5.1.2　配位聚合物的结构特点

与纯无机的多孔材料如沸石分子筛、多孔碳材料相比，多孔配位聚合物(MOF材料)具有独特优势。

(1) 配位聚合物为具有高度结晶态的固体化合物，这非常有利于采用 X 射线单晶及多晶衍射测定其精准的三维空间结构。

(2) 配位聚合物可以具有超高的孔隙率和比表面积，部分化合物的孔隙率超过 90%，比表面积超过 $5000m^2 \cdot g^{-1}$ [3]，这是其他多孔材料所无法达到的。

(3) 配位聚合物的结构基元可以为不同的金属离子/簇，因而具有不同的配位结构，而有机桥联配体也具有不同的大小、形状以及不同的配位结构。从金属离子/簇和有机桥联配体配位几何可以预知，采用合理的分子设计及合成组装方法，可以组装出特定框架结构的化合物。也就是说，配位聚合物具有结构多样性和可设计性。

(4) 配位聚合物得益于有机配体的柔性和配位键的可逆性，其结构框架大多具有一定柔性，有些柔性程度甚至非常巨大，这是传统纯无机多孔材料所不具备的特点。框架的柔性会导致某些奇特的功能，如多步的吸/脱附过程和特定的物理化学性质变化等。

(5) 与纯无机多孔材料不同，配位聚合物材料可以具有纯有机或有机-无机杂化的孔表面，因此可以体现出更丰富多彩的表面物理化学性质。同时，由于有机分子的结构多样性，可以按需设计独特的孔道和表面结构，从而具备特别的性质性能[4]。

5.1.3　配位聚合物的发展趋势

得益于上述独特优势，近二十年来配位聚合物的研究发展迅速，与晶体工程、超分子化学、材料科学及固态化学等诸多领域交叉渗透，成为当前无机化学研究中最为活跃的领域之一，呈现出方兴未艾的发展趋势。

由于配位聚合物的性质不仅受桥联配体和金属离子的影响，而且受化合物中配体和金属离子的空间排列的影响，因此构筑具有预期结构和性能的配位聚合物的关键是在选择特定的有机配体和金属离子的同时，还要使其按某种方式进行空间排列。

当下配位聚合物的研究已从最初的合成、结构表征发展到性质研究与功能研发，并努力向应用方面拓展。其研究的发展趋势将是：①在结构预测与调控方面由自组装发展到结构精确预测和定向组装；②在功能改善和调控方面由不可控或难控的功能性向可控的功能性发展；③在性能探索上从单一性能向复合性能、高复合性能逐步过渡；④对其合成过程的认识由"黑箱式"反应发展为对反应机理的深刻剖析；⑤在研究范围上也由"单打独斗"逐步发展到与其他领域的紧密结合。

5.2 配位聚合物的分类

5.2.1 从空间维度分类

从空间维度来看，配位聚合物可以分为经配位实体延伸成为的具有一维(1D)、二维(2D)和三维(3D)扩展重复结构单元的聚合物，在此分别举例说明。

典型的 1D 配位聚合物如图 5-1 所示，该链状配位聚合物是由 4,4-联吡啶配体连接金属中心 Co(Ⅱ)而形成[5]。

图 5-1　典型 1D 配位聚合物[5]

图 5-2 为 4,4-联吡啶配体与 Cd^{2+} 组装形成的典型 2D 方格状配位聚合物，其结构并未发生相互贯穿的现象，该材料可用于异构体分离和加速醛的氰硅基化反应[6]。

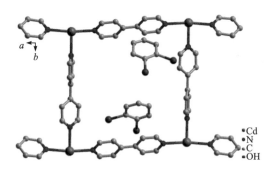

图 5-2　典型 2D 配位聚合物[6]

最为典型的 3D 配位聚合物如图 5-3 所示，该化合物为以氧心六羧基桥联的[Zn$_4$O(COO)$_6$]金属簇为节点，以 1,4-对苯二甲酸为连接器，相互连接而形成 3D 多孔配位聚合物[Zn$_4$O(1,4-bdc)$_3$](MOF-5)。

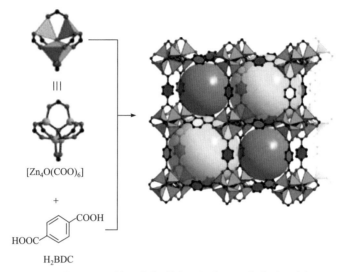

[Zn$_4$O(COO)$_6$]

H$_2$BDC

图 5-3　典型 3D 配位聚合物(黄色和橙色圆球代表孔洞空间)[7]

5.2.2　从配位原子分类

在配位聚合物的构筑合成过程中，有机桥联配体起着关键作用，配体种类的不同，直接影响了配位聚合物的合成和空间结构。因此，将含有不同有机配体的配位聚合物加以分类，对配合物的研究将有重要的指导意义。

(1) 含氧(O)配位原子的配位聚合物。含有氧配位原子的有机桥联配体主要为羧酸类、磺酸类或磷酸类有机分子，尤其是芳香羧酸类配体种类繁多，具有灵活多样的配位模式，而且可以通过配体设计，控制配位聚合物孔洞的大小和形状，从而合成性能优良的类分子筛型微孔材料，被广泛用于配位聚合物的设计合成。

常见的芳香羧酸类有机配体按照羧基个数不同列举如图 5-4 所示。

得益于羧酸基团配位取向的灵活性，芳香羧酸类配体可与特定形状的金属中心或金属簇形成种类丰富的多孔配位聚合物。氧心三核簇[M$_3$(μ$_3$-O/OH)(COO)$_6$](M 为金属中心)为由羧基形成的经典无机单元，其具有 D_{3h} 对称性的三棱柱形状，常与芳香羧酸配体相互连接成多种类型的三维多孔配位聚合物材料。例如，基于含 3p 金属中心的氧心三核簇，翟全国等设计合成了具备超高稳定性的 SNNU-5-Al/Ga/In 配位聚合物材料，且表现出优异的二氧化碳和碳氢化合物吸附和分离性能[8] (图 5-5)。

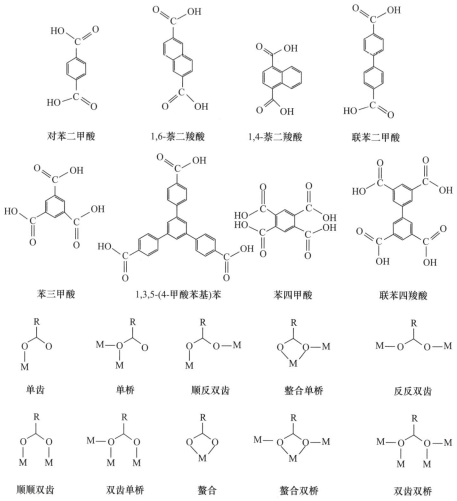

对苯二甲酸　　　1,6-萘二羧酸　　　1,4-萘二羧酸　　　联苯二甲酸

苯三甲酸　　　1,3,5-(4-甲酸苯基)苯　　　苯四甲酸　　　联苯四羧酸

单齿　　　单桥　　　顺反双齿　　　螯合单桥　　　反反双齿

顺顺双齿　　　双齿单桥　　　螯合　　　螯合双桥　　　双齿双桥

图 5-4　常见芳香羧酸类配体及羧酸根的典型配位方式

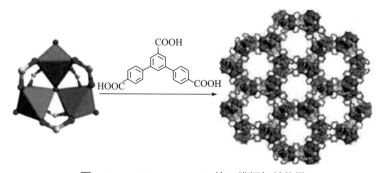

图 5-5　SNNU-5-Al/Ga/Zn 的三维框架结构[8]

(2) 含氮(N)配位原子的配位聚合物。配位原子为氮(N)的桥联配体中，多氮唑和多吡啶类含氮杂环配体最为重要，这些配体具有灵活多样的配位模式，已被广泛应用于构筑结构新颖的配位聚合物(图 5-6)。

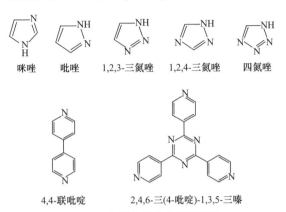

咪唑　　吡唑　　1,2,3-三氮唑　　1,2,4-三氮唑　　四氮唑

4,4-联吡啶　　　　2,4,6-三(4-吡啶)-1,3,5-三嗪

图 5-6　典型含氮有机桥联配体

多氮唑类配体为五元含氮杂环，环上有 5 个原子和 6 个电子，为富电子的芳香环系。此类配体可以与亲电试剂和亲核试剂反应，五元环上的氮原子可与过渡金属通过配位键连接形成配位聚合物。常见的多氮唑类配体主要包括咪唑、吡唑、1,2,3-三氮唑、1,2,4-三氮唑和四氮唑及其含有不同取代基的衍生物。基于多氮唑类配体的配位聚合物种类繁多，结构多样，尤其是在构筑微孔配位聚合物方面展现出独特的优势。例如，1,2,4-三氮唑(trz)与铜离子配位可形成典型的平面三角形三核铜簇[Cu$_3$(μ$_3$-O)(μ$_3$-trz)$_3$]，该平面三核簇之间相互连接，无限延展，形成如图 5-7 所示的多孔配位聚合物[9]。

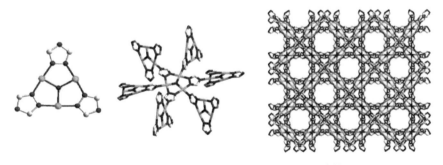

图 5-7　1,2,4-三氮唑配体形成的三维配位聚合物[9]

4,4-联吡啶和 2,4,6-三(4-吡啶)-1,3,5-三嗪是非常具有代表性的桥联型多吡啶类配体，受到广泛关注，可以与金属离子发生配位形成从一维、二维到三维的配位聚合物。由于多联吡啶类分子多为中性配体，所以构筑的配位聚合物往往需要

额外的阴离子作为抗衡离子。一方面可以通过抗衡离子的选择调控配位聚合物的结构，获得阴离子交换材料；另一方面阴离子又占据孔洞，降低多孔材料的孔洞率和客体吸附能力。由于吡啶类配体配位方式简单，非常有利于配位聚合物结构的精准控制合成。一个非常有意思的例子，MIL-88 框架配位聚合物在不同吸附状态下具有非常显著的框架变形能力，导致孔道被堵塞，在气体吸附分离方面几乎没有得到应用。立足于六边形孔道内处于呈现三角形共平面的三个未配位金属位点，采用 2,4,6-三(4-吡啶)-1,3,5-三嗪配体精准插入孔道，从而有效克服了 MIL-88 母体框架的柔性，同时将一维通道分区成为尺寸合适的分子笼(图 5-8)，实现了超高小分子气体吸附能力[10-11]。

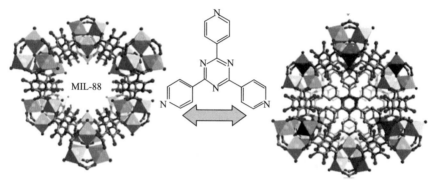

图 5-8　2,4,6-三(4-吡啶)-1,3,5-三嗪配体精准配位插入 MIL-88 框架结构[10-11]

(3) 同时含氧(O)和氮(N)配位原子的配位聚合物。氧(O)和氮(N)是配位聚合物中最为常见的配位原子，而含 O 和含 N 有机桥联通常可以在配位聚合物构筑过程中相互补充，尤其是酸性羧酸配体和碱性氮杂环配体的结合可以补偿电荷平衡、配位优缺点和弱相互作用等，从而设计合成出结构新颖且具有特定性质的配位聚合物。

含 N 和含 O 有机桥联配体的结合方式主要分为两种，一是类似吡啶-4-甲酸和 3,5-二甲酸吡啶等(图 5-9)，将含氮杂环和羧酸基团结合在一个配体分子中。

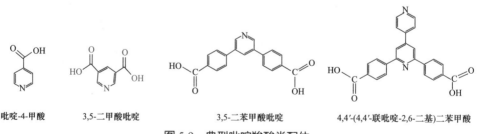

吡啶-4-甲酸　　　3,5-二甲酸吡啶　　　　　3,5-二苯甲酸吡啶　　　4,4′-(4,4′-联吡啶-2,6-二基)二苯甲酸

图 5-9　典型吡啶羧酸类配体

例如，采用三角形吡啶羧酸 4,4′-(4,4′-联吡啶-2,6-二基)二苯甲酸为配体，翟全

国等报道了一例在溶剂热条件下与镁离子自组装形成的微孔配位聚合物(CPF-13)[12]，该化合物是由镁金属中心和配体中的羧基形成氧心三核簇[Mg₃(μ₃-OH)(COO)₆]，配体中的吡啶基团配位在氧心三核簇中三个金属中心的末端位置，从而形成了第一例含有氧心三核镁簇的配位聚合物(图 5-10)。

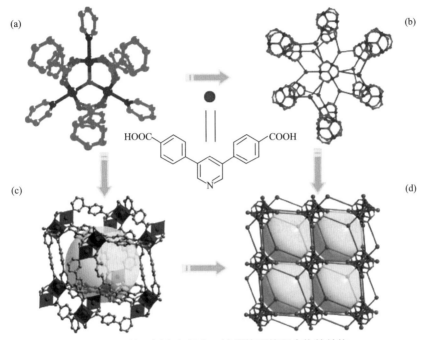

图 5-10　第一例含有氧心三核镁簇配位聚合物的结构

同时含 N 和含 O 配位原子的配位聚合物形成另一种构筑方式则是由含氮杂环配体和羧酸类配体组成混合配体体系。基于 N/O 混合配体系所构筑的配位聚合物中，羧酸作为接受电子能力较强的配体用作构筑母体框架，而自由的吡啶配体可作为辅助配体充当孔隙分区剂来增加配位聚合物的稳定性；再者，基于混合配体策略可自由选择柔性、刚性配体构筑刚柔兼备的配位聚合物材料，实现功能多样性，弥补由单一刚性或柔性配体所构筑材料的不足。图 5-8 中所给出的配位聚合物就是一个典型例子。

(4) 含硫(S)或磷(P)配位原子的配位聚合物。配位原子为 S 原子或 P 原子的桥联配体种类相对较少，因此所形成的配位聚合物相对于含 N/O 配位原子的配位聚合物要少很多。较为经典的含硫配原子的配体为苯硫酚类化合物，如陈小明院士等采用 8-巯基喹啉和乙酸钴盐在乙醇中合成了一种稀有的有机硫一维配位磁性聚合物[13](图 5-11)。

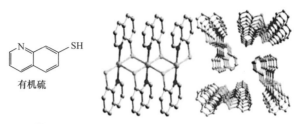

图 5-11　有机硫配位的一维经典配位聚合物[13]

5.2.3　从结构类型分类

(1) 四代配位聚合。Kitagawa 和苏成勇等按照配位聚合物的发展历程和性质特点将其划分为四代[14]：第一代具有非永久性孔隙，微孔框架只能在客体分子存在时保持晶态，一旦移除客体分子，框架会发生不可逆的坍塌；第二代具有稳定和坚固的多孔框架，在移除孔道中的客体分子后仍能保持永久的孔隙；第三代是指具有柔性和动态框架的多孔配位聚合物，如在客体分子、光、热、电场等外界刺激下，框架发生可逆的动态变化；第四代是指在经过合成后修饰(post synthetic modifications，PSM)后，仍能保持原本的拓扑和结构的配位聚合物(图 5-12)。随着功能导向构筑目标的提出，目前人们主要关注第二代到第四代材料，这是因为第一代材料在脱离客体分子之后的结构坍塌限制了其功能的探索。

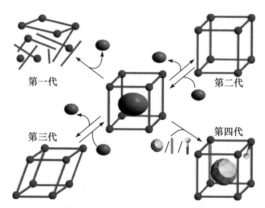

图 5-12　四代配位聚合物[14]

(2) 柔性配位聚合物。2005 年，Férey 研究小组报道了系列柔性金属有机骨架材料——MIL-53(X)在气体分离方面的优越性能(图 5-13)，使得具有动态框架结构的金属有机骨架材料开始受到人们的特别关注。MIL-53(X)材料的结构有别于以往刚性金属有机骨架材料的框架结构，随着结构中客体分子的改变、迁移或者环境温度、压力的不同，整体框架会发生变形，从而产生类似呼吸的效应，孔体积变化幅度可高达 40%[15]。

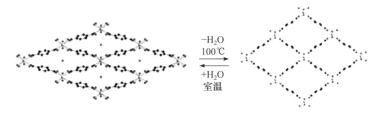

图 5-13 具有呼吸效应的金属有机骨架化合物[15]

(3) 类分子筛配位聚合物。2006 年，Yaghi 研究小组把目光转向具有优越稳定性能的传统分子筛材料，利用咪唑类(Im)配体 M—Im—M 角度与分子筛材料中 Si—O—Si 键键角相似(145°)，并以过渡金属 Zn 或 Co 取代硅铝分子筛中四面体的 Si 或 Al，合成出 12 种具有 7 种典型的硅铝分子筛拓扑结构的类分子筛咪唑骨架材料(zeolitic imidazolate framework，ZIF，图 5-14)，这些金属有机骨架材料表现出优越的热稳定性和化学稳定性，其中 ZIF-8 和 ZIF-11 不仅能稳定到 550℃，在沸腾的碱性水溶液和有机溶剂中都能保持稳定。随后，Yaghi 研究小组通过对咪唑配体的拓展和修饰，合成了大批具有高热稳定性和化学稳定性的类分子筛配位聚合物[16]。

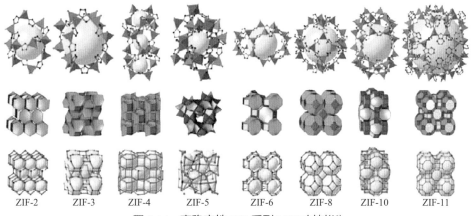

ZIF-2　ZIF-3　ZIF-4　ZIF-5　ZIF-6　ZIF-8　ZIF-10　ZIF-11

图 5-14 高稳定性 ZIF-系列 MOF 材料[16]

(4) 多变配位聚合物。2010 年，Yaghi 在 Science 上提出了多变配位聚合物的概念(MTV-MOF)，即在同一个晶体结构的孔道表面同时修饰上不同种类官能团的金属有机骨架材料，并报道了 18 种 MTV-MOF-5 材料(图 5-15)。这一系列 MTV-MOF-5 材料分别是在 MOF-5 结构中同时引入两种或多种不同的有机官能团，利用不同官能团的优势互补，从而改进了原始材料的性能，如对能源气体的吸附和分离性能[17]。

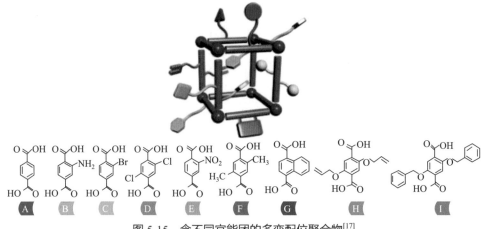

图 5-15　含不同官能团的多变配位聚合物[17]

5.3　配位聚合物的拓扑网格

　　配位聚合物通常由配位方式多样的金属离子或金属簇与有机配体通过可逆的配位键(甚至超分子作用)连接而成，具有高度有序的结构，可以抽象为网格结构。换句话说，可以用数学方法将一个配位聚合物晶体结构的特点简化成网格拓扑学。早期 Wells 曾经从数学理论出发，系统分析过大量可能存在的无机物的拓扑结构[18]，他将晶体结构按照它们的拓扑结构简化为一系列具有几何构型(平面三角形、四面体形等)的节点(node)，这些节点相互连接形成具有一定拓扑结构的化合物。

　　拓扑学的应用为人们分析、理解配位聚合物的结构带来了极大的方便。但是，直到 20 世纪 90 年代 Wells 的方法才在实验上取得了丰硕的成果。1989 年，R. Robson 首次将 Wells 在无机网格结构中的工作拓展到有机、金属有机化合物和配位聚合物领域，并提出如下设想：以一些简单矿物的结构为网格原型，用几何上匹配的分子模块代替网格结构中的节点，用分子链代替其原型网格中的单个化学键，以此来构筑具有矿物拓扑的配位聚合物，从而实现该配位聚合物在离子交换、分离和催化方面的潜在应用。他们以 4,4′,4″,4‴ -四氰基苯甲烷(TCPM)为配体成功合成出具有金刚石拓扑的亚铜氰基配位聚合物(图 5-16)，同时预言该类材料可能产生比沸石分子筛更大的孔道[19-20]。Robson 的设想和开创性的工作为配位聚合物的研究指明了发展方向，并为配位聚合物的发展历史翻开了崭新的一页。

　　之后，大量具有新型拓扑学结构的配位聚合物被合成，典型的拓扑结构包括链状、梯形、铁轨形等一维结构；正方形和长方形格子、双层结构、砖墙形和蜂窝形等二维结构；立方体和类立方体结构、金刚石结构以及其他的三维结构。其中部分结构示意于图 5-17。

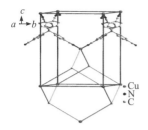

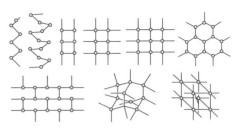

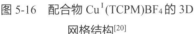

图 5-16　配合物 $Cu^I(TCPM)BF_4$ 的 3D
网格结构[20]

图 5-17　一些典型配位聚合物网格结构示意图

到目前为止，已报道了种类丰富的配位聚合物拓扑类型，由于三维拓扑结构相对比较复杂，在此进一步讨论。拓扑网格通常采用三字母符号进行标记。其中，具有分子筛拓扑的网格采用分子筛类型记号，即三个大写字母，如 SOD 是方钠石网格；其他网格则采用 RCSR 符号，即三个斜体小写字母，如 *dia* 代表金刚石网格。图 5-18 给出了三例具有代表性且比较简单的三维拓扑结构，即简单立方(*pcu*)、金刚石(*dia*)和方钠石(SOD)分子筛拓扑结构。有了拓扑结构的概念，不仅可以比较方便地描述和理解配位聚合物的框架结构，而且可以基于节点的几何结构，选择不同长度的连接子来设计、构筑具有特定网格结构的配位聚合物。采用拓扑指导配位聚合物设计合成的方法被 Robson 和 Yaghi 等分别概括为 "基于网格法" (net-based approach)[21]和 "网格化学" (reticular chemistry)[22]。

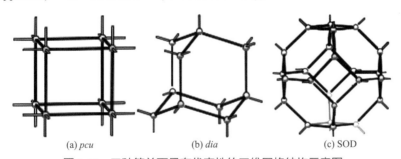

(a) *pcu*　　　　　(b) *dia*　　　　　(c) SOD

图 5-18　三种简单而具有代表性的三维网格结构示意图

最典型的三维配位聚合物拓扑网格是在 5.1 节中介绍的 MOF-5，该化合物中氧心六羧基桥联的$[Zn_4O(COO)_6]$金属簇可以简化为 6-连接拓扑节点，而 1,4-对苯二甲酸可以简化为直线形连接器，从而形成 *pcu* 拓扑网格(图 5-19)。

另外，5.2 节中提到的类分子筛配位聚合物，也是从拓扑的角度给出的分类。采用咪唑衍生物与锌盐通过简单自组装反应，非常容易形成多种具有高对称性的分子筛拓扑结构配位聚合物[24-26]。例如，2-甲基咪唑(Hmim)和锌盐通过扩散法、水热反应等途径，可以得到具有天然 SOD 型分子筛拓扑结构的 $SOD-[Zn(mim)_2]$

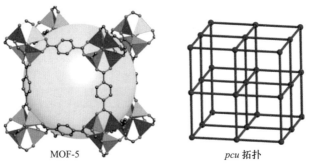

图 5-19　MOF-5 的 *pcu* 拓扑结构[23]

配位聚合物(被称为 MAF-4 或 ZIF-8，图 5-20)，此配位聚合物还可以通过简单、温和的溶液反应进行快速、大量的合成[27]。

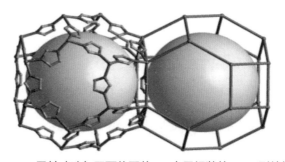

图 5-20　2-甲基咪唑与四面体配位 Zn 离子组装的 SOD 型结构[27]

5.4　配位聚合物形成的影响因素

　　金属离子或金属簇与有机配体之间的配位键是构筑配位聚合物的主要化学作用，这些配位键通常具有比较明确的方向性，因此金属离子或金属簇的配位习性以及有机配体的结构与配位习性，往往对配位聚合物的结构起主导作用。因此，配位聚合物具有相当程度的可设计性。

　　然而，金属离子配位方式丰富多彩甚至可变，有机配体结构与配位性能也可能是多样化的。以金属离子(或金属簇)和有机配体分子作为结构基元，通过配位键连接而成的网格结构，必然丰富多彩。相对于共价键，配位键的键能通常比较低，方向性也不如共价键那么明确。体系中还可能存在各种比配位键稍弱一点的超分子作用，且配位聚合物组装过程中往往含有多种分子与金属离子(或簇)组分。因此，反应和结晶的温度、pH、模板与添加剂、溶剂以及反离子等因素也会影响配位聚合物的结构。

　　在实际工作中，尤其是对于比较复杂的体系，往往不能简单地以分子设计(包括金属离子或簇的选择、配体的结构)来完全准确地预测产物的结构。很多研究结果表明，对于给定的金属离子和有机配体组成的体系，在不同的反应条件、不同的结晶条件下，可以产生不同的配位聚合物。这与传统金属配合物合成中出现的情况是类似的。不过，在配位聚合物组装过程中，反应物通常更加复杂，产生不同产物的概率往往更大。因此，如何通过控制反应与结晶条件，获得特定目标聚合结构，是配位聚合物组装的挑战性科学问题。

　　配位聚合物的组装过程往往是多组分体系中不同组分(可以称为构筑模块)之间在配位键、超分子作用等的导向下自行结合，形成分子聚集体的过程。组装过程中，溶液中会形成多种结构不同、能够可逆转化的初级组装体(中间体)(图 5-21)。这些初级组装体具有进一步组装成一种或多种超分子结构的可能性。最简单的情况是，热力学控制的结晶产物与动力学控制的结晶产物一致；也就是说，结晶最快的产物恰好是热力学最稳定、能量最低的产物，因此产物只有一种。另一种情况是，动力学控制产物与热力学控制产物不一致，因此既可能出现热力学控制产物，也可能出现一种甚至多种动力学控制产物。形成热力学控制的结晶产物所需的活化能比形成动力学控制的结晶产物的活化能高，而热力学控制的结晶产物比动力学控制的结晶产物更稳定。因此，从能量的角度看，由于所需活化能较低，动力学产物是形成沉积速度更快的产物。在可以形成多种产物的情况下，组装、结晶条件的不同，完全可能导致不同产物的形成。一般而言，高的反应物浓度和低的反应温度有利于动力学产物的快速形成。相反，低的反应物浓度和高的反应温度有利于热力学产物的形成。其他条件因素，如 pH、溶剂、反离子等也可以影响反应动力学过程，并导致产物结构的不同[28]。

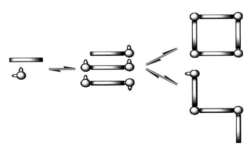

图 5-21　由两种构筑模块组装形成的可能中间体与最终产物的示意图

　　如前所述，在配位聚合物的组装过程所涉及的各种化学作用中，配位键是相对较强的作用，且金属-配体的配位往往具有比较明确的方向性。因此，金属离子或金属簇的配位习性，以及有机配体的结构与配位习性，往往对产物的结构起主导作用。要实现特定结构配位聚合物的组装，首先必须考虑金属离子或金属簇与有机体的配位连接结构这一重要因素。

5.4.1 金属中心作用

如果以单个金属离子为节点，就必须预先知道金属离子的配位习性。常见过渡金属离子中，不同金属离子由于核外电子数目不同、离子半径不同，可以形成不同的配位结构(图 5-22)。例如，Ag^+ 容易形成直线形或稍微弯曲的二配位结构，Zn^{2+} 可以形成比较规则的四配位四面体或六配位八面体结构，Cu^{2+} 容易形成五配位四方锥结构等。不过，因配位环境的变化，金属离子的配位几何能发生一定程度的畸变，偏离理想的几何结构。除了 2~6 配位的金属离子外，还有更高配位数的金属离子。例如，稀土离子的配位数可以达到 9，甚至更高。显然，构筑特定连接方式的网格，必须选择具有合适配位结构的金属离子，才能形成特定类型的网格节点。然后，再选择合适的桥联配体，就可能组装出目标超分子构筑[29]。

线形　　　平面三角形　　　平面四边形

正四面体形　　　三角双锥形　　　八面体形

图 5-22 配位聚合物中金属中心常见的配位几何构型

5.4.2 有机配体作用

在配位聚合物中，有机配体通常可以具有 2-连接及以上连接的功能。构建配位聚合物的常见桥联配体见 5.2.2 小节。配体通过桥联金属离子将整个配位聚合物的框架支撑起来，故在构筑配位聚合物的过程中，有机配体的选择起到至关重要的作用，不同种类的配体不仅会影响到配位聚合物的合成，还会涉及其空间结构及所具有的功能特点[30-32]。

5.4.3 温度和 pH 作用

温度会影响反应体系中底物的溶解度，随温度的升高，一般会提高其对固态物质的溶解能力，较高的温度更有利于对金属中心和配体的活化，温度升高可以使配体的配位能力增强，形成产物的复杂程度也会提高[33-34]。

反应温度和 pH 还可能成为控制变价金属离子价态的因素。例如，在铜/四氮唑反应体系中，高温可以促进 Cu^{2+}-Cu^+ 的还原趋势，该体系中使用高氯酸控制 pH 则抑制了还原趋势，从而生成了四唑酸铜配位聚合物。而且随着体系温度和 pH 的不同，生成含有不同铜-四氮唑配位单元的配位聚合物，且整体三维框架分别呈现

出 *bcu*、*asc* 和 *bct* 拓扑网格(图 5-23)[35]。

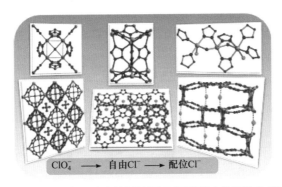

ClO$_4^-$ ⟶ 自由Cl$^-$ ⟶ 配位Cl$^-$

图 5-23　温度和酸度控制的铜/四氮唑反应体系产物[35]

5.4.4　溶剂分子和模板分子作用

在配位聚合物的制备过程中,溶剂直接影响反应物和产物的溶解度,还可能通过超分子作用在组装过程中影响中间产物和最终产物中某些基团的构象。因此,可能对动力学产物的沉积速度、产物的超分子结构产生一定程度的影响。除了起溶解反应物作用外,溶剂分子的可能效应大致可以分成两类:如果溶剂分子存在于产物中,则主要起模板的作用;如果溶剂分子不存在于产物中,则在配位聚合物组装过程中起反应环境的作用。这两种作用均能影响配位聚合物的超分子结构。有机溶剂分子也可作为模板分子,在一定条件下导向晶体朝着预期的结构生长排列[36]。例如,在离子热条件下,当采用非中心对称结构的离子液体 1-乙基-3-甲基咪唑作为溶剂和模板剂时,金属锌盐和中心对称的苯四甲酸配体自组装生成了具有左旋和右旋螺旋链的新颖三维阴离子框架配位聚合物,该化合物具有优异的铁介电性能(图 5-24)[37]。

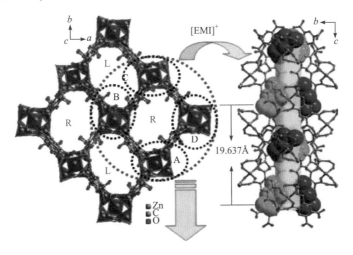

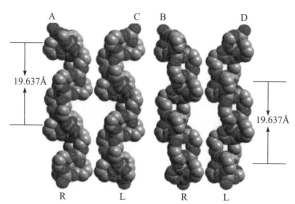

图 5-24　离子液体作为溶剂和模板剂诱导合成的非中心对称配位聚合物[37]

5.5　配位聚合物的合成方法

自配位聚合物的概念提出以来，尤其是近二十年，陆续发展了很多不同的合成方法，不同的制备方法可以得到不同的材料，材料的特征、性能也各不相同。在配位聚合物合成过程中，可调变的参数条件也很多，不同参数的改变，均会影响材料的最终结构和性能。下面简单介绍几种常用的配位聚合物合成方法。

5.5.1　水热/溶剂热合成法

水热/溶剂热合成法是指在一定温度($100 \sim 1000$℃)和压强($1 \sim 100$MPa)下，利用溶液中物质化学反应进行合成的技术。水热和溶剂热条件为各种前驱体的反应和结晶提供了一个在常压条件下无法得到的特殊物理和化学环境，从而使得一些在常温常压下很难进行甚至无法发生的化学反应，在高压釜中得以顺利进行。

水热/溶剂热是配位聚合物制备的最常用方法，通常将金属盐和有机桥联配体混合溶解于溶剂中(如水、有机酰胺、甲醇、乙醇等及其混合溶剂体系等)，然后转移到带聚四氟乙烯内衬的反应釜或耐温耐压玻璃瓶中，在加热的条件下，经过配体与金属中心自组装过程来进行反应制备配位聚合物晶体。在此方法中，可控的参数有温度、时间、溶剂、金属和配体的比例等，选择不同的参数条件制备的配位聚合物晶体结晶性、尺寸、形貌和纯度等均可能有所差异(图 5-25)[38]。

5.5.2　微波合成法

在微波合成法中，将反应混合物密封在反应釜或反应容器中，转移至微波反应装置中进行反应，该方法利用微波提供晶体生长所需要的能量。由于微波加热

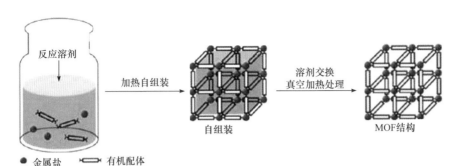

图 5-25　水热/溶剂热合成法制备配位聚合物过程示意图

方式基于电磁相互作用而非热传导，因此反应的周期大大缩短。这种方法可以提高成核速率，但是晶体的生长速率并没有提高[39]。图 5-26 为微波合成法制备配位聚合物过程示意图。

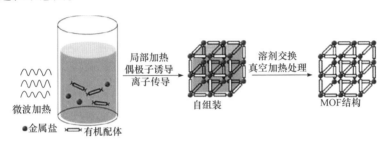

图 5-26　微波合成法制备配位聚合物过程示意图

5.5.3　超声合成法

　　超声合成法是另一种快速合成方法。相比于传统的水热/溶剂热合成，超声合成法通过均匀和加速成核从而减少结晶时间，得到更小的晶粒尺寸[40]。超声合成法加快反应速率是源于声控化的过程。这个过程产生局部高温和压力(<100MPa)，可以实现快速的加热和降温冷却[41]。2012 年 Yang 等以三乙胺为脱质子剂，利用超声方法在 1h 内成功合成了高质量的 Mg-MOF-74 晶体(BET 比表面积 $1640m^2 \cdot g^{-1}$)，粒径约为 0.6μm，见图 5-27[42]。

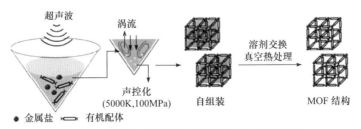

图 5-27　超声合成法制备配位聚合物过程示意图

5.5.4 电化学合成法

配位聚合物的电化学合成法通常是将阳极金属板作为金属源，与电解液中的配体分子发生反应。使用原生的溶剂避免了金属沉积在阴极上，但此合成过程会产生 H_2[43]。该方法的特点有：第一是相比于传统方法，在低温下更快；第二是不需要金属盐，因此在溶剂回收之前不需要从反应溶液中分离阴离子；第三是配体的利用率可以与高法拉第效率相结合。利用该方法已成功制备的 MOF 材料有 HKUST-1、ZIF-8 和 AlMIL-53-NH$_2$ 等，见图 5-28[44]。

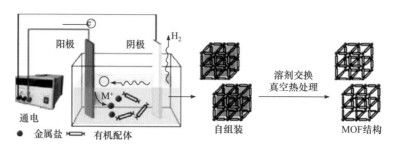

图 5-28　电化学合成法制备配位聚合物过程示意图

5.5.5 机械合成法

机械合成法是将固体反应物在无添加剂的条件下，通过球磨机或研钵手动研磨的方法合成配位聚合物材料。因为没有溶剂的参与，该方法相对比较环保。在机械合成法中会发生分子内键的机械断裂，随后发生新化学键产生的化学转变。Pichon 研究组利用这种方法合成了 40 多种新型配位聚合物材料[45]。

5.5.6 微液滴合成法

微液滴合成法不同于传统的配位聚合物制备方法，该方法将合成反应转移至微米或毫米级的流体反应系统中进行，反应过程中具有质/热传递快、反应物消耗少、反应效率高、反应参数精确控制等优点，在灵活调控配位聚合物晶体的尺寸、形貌和结构方面有巨大的优势[46-47](图 5-29)。

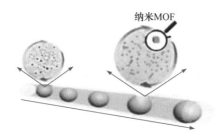

图 5-29　微液滴合成法制备配位聚合物过程示意图

5.6　几类典型的配位聚合物

5.6.1　MOF-5 系列

　　1999 年,Yaghi 研究小组在 *Nature* 上报道了以刚性有机配体对苯二甲酸(BDC)和过渡金属 Zn 构筑的具有简单立方结构的三维金属有机骨架材料——MOF-5,其孔径约为 12.94Å,骨架空旷度为 55%~61%,骨架结构可稳定至 300℃,可以说 MOF-5 材料的出现是金属有机骨架材料发展史上的一个里程碑[48]。由于 MOF-5 具有可以支撑永久孔隙率的坚固开放框架结构,并引发了 MOF 在储气和多相催化方面的应用,它的合成奠定了近二十年来配位聚合物发展的基础。2002 年,Yaghi 研究小组以 MOF-5 为结构原型,将对苯二甲酸配体进行拓展,成功合成出 16 种高度结晶的同构多孔配位聚合物材料(IRMOF)(图 5-30),其孔径从 3.8Å 跨越至 28.8Å,其中部分 IRMOF 孔径尺寸超过了 2nm,开放空间占晶胞体积超过 90%,而且这些材料的稳定性较好,脱除客体分子后,框架依然完整,实现了从晶态微孔材料到晶态介孔材料的完美过渡[49]。

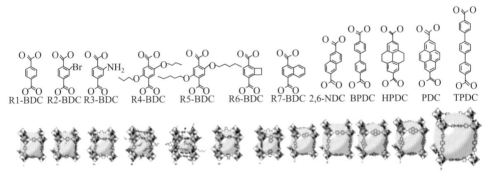

R1-BDC　R2-BDC　R3-BDC　R4-BDC　R5-BDC　R6-BDC　R7-BDC　2,6-NDC　BPDC　HPDC　PDC　TPDC

图 5-30　IRMOF-1~IRMOF-16 的配体及三维结构图[49]

5.6.2　MIL 系列

　　基于高价态金属中心离子的研究,法国 Férey 研究小组报道了一百多种高稳定性多孔配位聚合物,将其命名为 MIL(materials of institute lavoisieril)系列材料,特别是[M₃(O/OH)(COO)₆]氧心三核簇分别与直线形二羧酸或三角形三羧酸配体形成的系列材料备受关注,其中环境友好的纳米介孔材料 MIL-100 和 MIL-101 最具有代表性。MIL-100 和 MIL-101 为 Férey 研究小组于 2004 年和 2005 年相继报道的两种具有超大孔特征的类分子筛型配位聚合物[50-51],其结合了目标化学和计算机模拟方法,分别以常规的有机配体均苯三甲酸和对苯二甲酸与三价金属 Cr 构筑了具有超大笼 MTN 型分子筛拓扑结构的配位聚合物材料。在这两种材料的结构中都具有两种介孔笼,尺寸分别为 25Å、29Å 和 29Å、34Å。比表面积高达 3100m² · g⁻¹ 和 5900m² · g⁻¹ (图 5-31)。Férey 研究小组的这一贡献不仅解决了单晶 X 射线衍射手段在解析晶体结构时,对庞大的单胞体积无能为力的问题,同时在配位聚合物材料的设计合成手段方面提出了不同于以往单纯拓展有机官能团的新策略,即借助计算机模拟辅助设计合成目标结构,可以说这为多孔配位聚合物材料的发展翻开了新的一页。

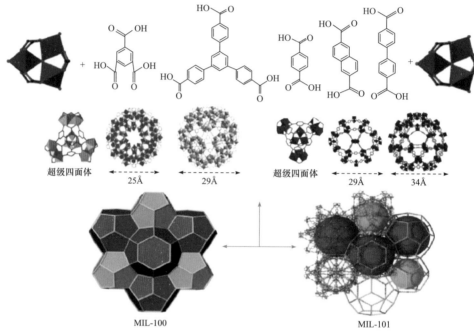

图 5-31　MIL-100 和 MIL-101MOF 的设计合成[50-51]

5.6.3　ZIF 系列

如 5.2 节所述,ZIF 系列化合物是 2006 年 Yaghi 研究小组借鉴传统沸石分子筛材料,利用咪唑类配体与金属的配位夹角与 Si—O—Si 键键角相似(145°)的特征,发展的系列类分子筛类多孔配位聚合物。

我国中山大学的陈小明和张杰鹏研究小组在金属多氮唑配位聚合物方面取得了丰硕研究成果[52],他们通过取代基调控并使用混合配体策略得到了三种具有天然沸石拓扑的金属咪唑骨架配合物,SOD-[Zn(mim)₂] 2H₂O (后来命名为 MAF-4)、ANA-[Zn(eim)₂] (MAF-5) 和 RHO-[Zn(eim)₂] (MAF-6) (Heim = 2-乙基咪唑,MAF-4 也就是后来名声显赫的 ZIF-8)。MAF-4 通过 Zn₆(mim)₆ 和 Zn₄(mim)₄ 两种次级构筑单元(SBU)环形成八面体笼。每个八面体笼都有六个正方形面和八个六边形面,它们都与相邻的笼共享。与相邻的笼共享六边形面会在其立方晶格的四个对角线方向上生成一维通道。如图 5-32(a)所示，MAF-4 的整个网格类似于规则的 SOD 沸石拓扑结构($4^2 6^4$)，见图 5-32 (b)。SOD 拓扑结构是目前报到的最稳定的二元金属咪唑酯骨架的多孔沸石结构[53]。

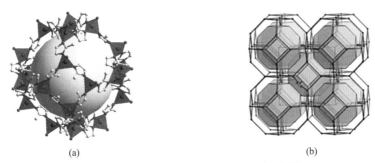

(a)   (b)

图 5-32   ZIF-8 的多孔结构和 SOD 拓扑[53]

5.6.4   PCN 系列

PCN (porous coordination network)系列配位聚合物是美国周宏才研究小组发展的，该研究组多年来选用具有强路易斯酸性质的、高价态的金属离子铝离子、三价铁离子、三价铬离子和四价锆离子与桥联配体作用，制备了一系列十分稳定的 PCN 材料，同时在这些材料的应用方面取得了系列成果[54-57]，形成了突出的研究特色。例如，2012 年 Zhou 课题组报道了系列金属卟啉 M = Fe(Ⅲ)、Mn(Ⅲ)、Co(Ⅱ)、Ni(Ⅱ)、Cu(Ⅱ)、Zn(Ⅱ)框架材料(PCN-222)，这些材料具有介孔、超高的水热稳定性，可以作为生物模拟催化剂。他们利用 Fe-TCPP[TCPP =四(4-羧基苯基)卟啉]连接高稳定的 Zr_6 簇，制备了类似亚铁血红素三维卟啉 PCN-222(Fe)配位聚合物材料(图 5-33)，研究结果表明只有 PCN-222(Fe)具有模拟过氧化酶的活性[58-59]。

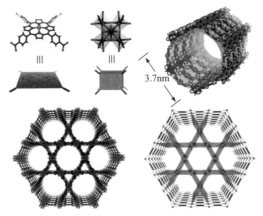

图 5-33   PCN-222 的结构示意图[58]

5.6.5 UiO 系列

2008 年，挪威奥斯陆大学的 Cavka 课题组首次报道了命名为 UiO 的锆基配位聚合物(UiO 为 University of Oslo 的缩写)，该化合物以对苯二甲酸为有机配体，连接$[Zr_6(\mu_3\text{-}O/OH)_8(COO)_{12}]$六核簇而形成微孔配位聚合物(UiO-66，图 5-34)[60]，该化合物呈现面心立方(fcu)配位网格，同时含有八面体和四面体金属有机配位笼。UiO-66 具有优异的热稳定性(540℃)，且对包括水在内的各种常见极性和非极性溶剂均非常稳定。受到 UiO-66 的启发，近十年来，锆基配位聚合物得到了蓬勃发展，超过百例新结构陆续被合成报道。锆基金属骨架材料优异的稳定性，使其在吸附和催化等领域引起了人们的广泛兴趣，被认为是具有工业应用价值的战略性材料。

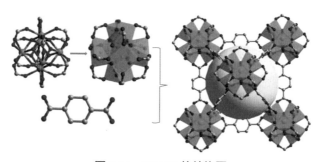

图 5-34　UiO-66 的结构图

历史事件回顾

3　"孔"的故事——从沸石分子筛到金属有机骨架[61]

一、孔的分类

人类对孔材料早期的认识主要是基于肉眼所观察到的多孔结构，如组成人类的骨骼就是一种多孔材料，质轻且具有很好的机械强度。得益于对界面化学的认识，科学家发现很多化学过程是发生在物质接触的表界面，尤其是气-固界面、液-固界面，这些表面的相互作用直接决定了物质的性质进而决定其用途。而孔壁是材料接触气体或液体的界面，孔道是气体或液体的扩散通道，对于孔道结构的调控能够有效地从热力学和动力学方面对材料进行调控从而满足应用的需求。

按照孔径大小的尺度，IUPAC 将孔分为微孔(<2nm)，介孔或中孔(2~50nm)，

大孔(＞50nm)；按照最新定义，在微孔部分又分为超微孔(＜0.7nm)、极微孔(0.7～2nm)，而将小于 100nm 以下的孔统称为纳米孔。不同的材料对应于特殊的孔道类型，如通过有机配体和金属构筑的配位聚合物的孔就大多在微孔尺度，通过模板法构筑的二氧化硅则包含介孔结构，通过活化法获得的活性碳材料则具有从微孔到介孔甚至到大孔的宽范围的结构。对于孔结构的精确认识在很大程度上依赖于先进的表征手段，如气体的吸脱附、中子散射、电镜技术等能够在相应尺度反映材料孔结构信息。不同孔径的材料对应于不同的应用，如多孔配位聚合物可以用于小分子气体的吸附、分离或储存，而介孔二氧化硅和活性炭则是催化剂良好的载体，其丰富的孔道能够暴露更多金属的活性位，且有利于物质的传输。

　　材料的孔结构(孔径大小、孔径分布)决定了材料的用途，多孔材料在工业生产中的潜在应用主要包括以下方面：①高效的气体分离膜；②化学过程催化膜；③高速电子系统的衬底材料；④光学通信材料的前驱体；⑤高效隔热材料；⑥燃料电池的多孔电极；⑦电池的分离介质和电极；⑧燃料(包括天然气和氢气)的储存介质；⑨环境净化的选择吸收剂；⑩可重复使用的特殊过滤装置。这些应用对工业应用和人们的日常生活产生了深远的影响。

二、沸石分子筛

　　在微孔尺度上，沸石是一种最常见的材料。天然的沸石 "stilbite" 是由瑞典的矿物学家 A. F. Cronsted 于 1756 年首次发现；沸石的含义为"沸腾的石头"("zeolite" 意思是 "boiling stone")，因为其在高温熔化时会产生很多气泡。随后，很多天然的沸石被陆续发现，但是他们无法解释为什么这些矿物在加热过程中的现象会如此奇特。直到 170 年后，这些天然沸石的微孔性质被认识到之后，人们才得以解释这一现象，见图 5-35。

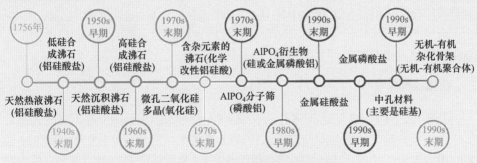

图 5-35　沸石材料的发现和发展历程

　　19 世纪 40 年代，科学家们发现沸石可以作为一种"分子筛"。能够从混合气体中分离出单一组分的气体。这个发现激发了工业界研究大块状的水热菱沸石和丝光沸石。天然沸石是由火山岩石或火山灰和碱性的地下水进行反应得来的。这种条件下合成的沸石很不纯,同时含有一些其他矿物(金属、石英或其他沸石)。这些缺点制约着其工业化应用。19 世纪 50 年代开始,科学家们开始尝试用模板法合成沸石。基本上,沸石的合成是对含有适当的硅源和铝源的碱性混合物进行水热。在合成过程中可以加入一些有机阳离子或分子作为沸石的模板剂或结构导向剂。通过部分或全部使用 F⁻ 替代 OH⁻ 能够在偏中性的条件下合成沸石。相比于天然沸石,人工合成的沸石具有均一、纯相等特点,并且可以根据需求合成出天然沸石所没有的结构特点的沸石。到 2016 年 9 月,共有 232 种沸石的结构被认定,且已知的天然沸石超过了 40 种。每一种新沸石的结构的认证需要国际沸石协会结构委员会(International Zeolite Association Structure Commission,IZA-SC)的批准,并用三个字母组成的字符来进行标注,见图 5-36。

图 5-36 微孔分子筛 ZSM-5 的结构

沸石被广泛应用在商用的离子交换床,用于水的净化。在化学领域,沸石被用来分离一些特定大小的分子,对它们进行富集然后进行分析。由于其丰富的孔道结构,以及可调控的酸性位,沸石可以作为催化剂和吸附剂。在气体分离方面,沸石可以分离出低品位天然气中的 H_2O、CO 和 SO_2,从而提高天然气的纯度。工业上合成的沸石被广泛应用在石油化工工业中。特定的沸石可以作为原油的催化裂化和催化氢化裂解剂。

三、金属有机骨架

金属有机骨架(MOF),即多孔配位聚合物,最早是由 Yaghi 等定义的,是由金属离子和有机配体通过配位键连接构成的。MOF 具有稳定开放的骨架结构,较大的比表面积和孔容,其在气体储存(氢气和二氧化碳)、气体分离、催化、传感器和电化学电容器方面都有很好的应用。从结构上来说,MOF 主要由两种基元构成:金属离子(金属团簇)和有机分子。金属和配体的选择能很好地调控 MOF 的结构, 进而决定其性质。丰富的配体和金属能够制备合成出各种各样的 MOF 材料, 到目前为止研究人员已经制备出超过 20000 种不同的 MOF 材料。

MOF 材料的发展一定程度受到沸石分子筛材料的启发, 两者的主要合成方法均为水热/溶剂热法。不同于沸石分子筛的合成, MOF 在合成中不需要加入模板剂。由于 MOF 具有很大的比表面积和可调的化学结构, 在氢气储存方面具有重要作用。相比于空的氢气储气瓶, 填充 MOF 后由于材料表面能吸附氢分子, 因此能够储存更多的氢气。且由于其开放的结构, MOF 材料不存在死体积; 又由于其气体的吸附动力来源于物理吸附, 具有很好的脱吸附可逆性。除了用作气体的吸附和分离, MOF 在多相催化方面也具有潜在应用。前面提到, 沸石已经被广泛使用到石油化工工业领域。但是, 对于沸石来说, 由于获得孔道 >1nm 的结构比较困难, 因此沸石大部分用于一些小分子催化(反应物分子一般比二甲苯小)。与此同时, 沸石的合成条件相对于 MOF 比较苛刻(高温煅烧以除去模板剂), 而 MOF 的合成条件相对温和, 更加方便功能化以满足催化反应的要求。

我国在 MOF 材料研究方面处于世界领先地位, 涌现出一批杰出的科学家, 如洪茂椿院士、陈小明院士、高松院士和卜显和院士等。

四、晶态多孔材料展望

过去 20 年间, 除 MOF 材料以外, 晶态多孔材料家族的其他新成员也得到了蓬勃发展, 如共价有机骨架(covalent organic framework, COF)、共轭微孔聚合物(conjugated microporous polymer, CMP)、氢键有机骨架(hydrogen-bonded organic framework, HOF)、超分子有机骨架(supramolecular organic framework, SOF)、金属有机多面体(metal organic polyhedra, MOP)等。随着机器学习、大数据和机器人技术的逐渐成熟, 其已经开始进入多孔材料开发领域, 并且已经显示出在结构设计、孔隙度调控和应用开发等方面的强大力量。可以想象, 这些技术的发展未来将彻底改变多孔材料的合成方式, 从而推动"孔"的故事进入一个全新的舞台。

参 考 文 献

[1] Hoskins B F, Robson R. Journal of the American Chemical Society, 1989, 111: 5962-5964.

[2] Batten S R, Champness N R, Chen X M, et al. Pure And Applied Chemistry, 2013, 85: 1715.

[3] Furukawa H, Go Y B, Ko N, et al. Inorganic Chemistry, 2011, 50: 9147-9152.

[4] 陈小明, 张杰鹏, 林锐标. 金属-有机框架材料. 北京: 化学工业出版社, 2017.

[5] Kubel F, Strahle J, Naturforsch Z B. Chemical Science, 1982, 37: 272.

[6] Fujita M. Journal of the American Chemical Society, 1994, 116: 1151.

[7] 卜显和. 配位聚合物化学. 北京: 科学出版社, 2019.

[8] Zhang J W, Ji W J, Hu M C, et al. Inorganic Chemistry Frontiers, 2019, 6: 813-819.

[9] Zhai Q G, Lu C Z, Chen S M. Crystal Growth & Design, 2006, 6(6): 1393-1398.

[10] Zhai Q G, Bu X, Mao C, et al. Nature Communication, 2016, 7: 13645.

[11] Zhai Q G, Bu X, Zhao X, et al. Accounts of Chemical Research, 2017, 50 (2): 407-417.

[12] Zhai Q G, Lin Q, Wu T, et al. Dalton Transactions, 2012, 41: 2866-2868.

[13] Xue W, Wang B Y, Zhang W X, et al. Chemical Communications, 2011, 47: 10233-10235.

[14] 钱彬彬, 李娜, 常泽, 等. 中国科学: 化学, 2019, 49(11): 1361-1376.

[15] Bourrelly S. Journal of the American Chemical Society, 2005, 127: 13519.

[16] Park K S. Proceedings of the National Academy of Sciences, 2006, 103: 10186.

[17] Furukawa H. Science, 2010, 329: 424.

[18] Wells A F. Three-dimensional Nets and Polyhedra. New York: Wiley-Interscience, 1977.

[19] Hoskins B F, Robson R. Journal of the American Chemical Society, 1989, 111: 5962.

[20] Hoskins B F, Robson R. Journal of the American Chemical Society, 1990, 112: 1546.

[21] Robson R. Dalton Transactions, 2000, 21: 3735-3744.

[22] Yaghi O M, O'Keeffe M, Ockwig N W, et al. Nature, 2003, 423: 705-714.

[23] Eddaoudi M, Kim J, Rosi N, et al. Science, 2002, 295: 469-472.

[24] Banerjee R, Phan A, Wang B, et al. Science, 2008, 319: 939-943.

[25] Chui S S Y, Lo S M F, Charmant J P H, et al. Science, 1999, 283: 1148-1150.

[26] Li H, Eddaoudi M, O'Keeffe M, et al. Nature, 1999, 402: 276-279.

[27] Zhu A X, Lin R B, Qi X L, et al. Microporous and Mesoporous, 2012, 157: 4242.

[28] Stavitski E, Goesten M, Juan-Alca Çiz J. Angewandte Chemie International Edition, 2011, 123: 9798-9802.

[29] Wang F, Wei Y, Wang S, et al. Organometallics, 2015, 34: 86-93.

[30] Lu W, Wei Z, Gu Z Y, et al. Chemical Reviews, 2014, 43: 5561-5593.

[31] Kumar D K, Das A, Dastidar P, et al. CrystEngComm, 2007, 9: 548-555.

[32] Yaghi O M, O'Keeffe M, Ockwig N W, et al. Nature, 2003, 423: 705-714.

[33] Tong M L, Kitagawa S, Chang H C. Chemical Communications, 2004, 4: 418-419.

[34] Zhai B, Yi L, Wang H S, et al. Inorganic Chemistry, 2006, 45: 8471-8473.

[35] Gao H, Liu M M, Zhai Q G, et al. Journal of Solid State Chemistry, 2019, 276: 244-250.

[36] Zhao J, Li D S, Ke X J, et al. Dalton Transactions, 2012, 41: 2560-2563.

[37] Ji W J, Zhai Q G, Li S N, et al. Chemical Communications, 2011, 47: 3834-3836.

[38] Stock N, Biswas S. Chemical Reviews, 2012, 112 (2): 933-969.

[39] Sanselme M, Grenèche J M, Riov-cavellec M, et al. Solid State Sciences, 2004, 6(8): 853-858.

[40] Mueller U, Schubert M, Teich F, et al. Journal of Materials Chemistry, 2006, 16(7): 626-636.

[41] Son W J, Kim J, Kim J, et al. Chemical communications, 2008, 47: 6336-6338.

[42] Yang D A, Cho H Y, Kim J, et al. Energy & Environmental Science, 2012, 5(4): 6465-6473.

[43] 李东升. 金属-有机框架材料的制备及其气体吸附于分离性能研究. 长春: 吉林大学, 2021.

[44] Martinez J A, Juan-Alcaniz J, Serra-Crespo P, et al. Crystal Growth & Design, 2012, 12(7): 3489-3498.

[45] Pichon A, James S L. CrystEngComm, 2008, 10(12): 1839-1847.

[46] Kaminski T S, Garstecki P. Chemical Society Reviews, 2017, 46(20): 6210-6226.

[47] Campbell Z S, Parker M, Bennett J A, et al. Chemistry of Materials, 2018, 30(24): 8948-8958.

[48] Li H L, Eddaoudi M, O'Keeffe M, et al. Nature, 1999, 402: 276.

[49] Eddaoudi M, Kim J, Rosi N, et al. Science, 2002, 295: 469.

[50] Férey G, Serre C, Mellot-Draznieks C, et al. Angewandte Chemie International Edition, 2004, 43: 6296.

[51] Férey G, Mellot-Draznieks C, Serre C, et al. Science, 2005, 309: 2040.

[52] Zhang J P, Zhang Y B, Lin J B, et al. Chemical Reviews, 2012, 112: 1001.

[53] Huang X C, Zhang J P, Chen X M. Chinese Science Bulletin, 2003, 48: 1531.

[54] Liu T F, Zou L F, Feng D W, et al. Journal of the American Chemical Society, 2014, 136: 7813.

[55] Feng D W, Wang K C, Su J, et al. Angewandte Chemie International Edition, 2015, 54: 149.

[56] Yuan S A, Chen Y P, Qin J S, et al. Journal of the American Chemical Society, 2016, 138: 8912.

[57] Haubenreisser S F, WösteT H, Martínez C, et al. Angewandte Chemie International Edition, 2016, 55: 1.

[58] Feng D W, Gu Z Y, Li J R, et al. Angewandte Chemie International Edition, 2012, 51: 10307.

[59] Feng D W, Liu T F, Su J, et al. Nature Communications, 2015, 6: 5979.

[60] Cavka J H, Jakobsen S, Olsbye U, et al. Journal of the American Chemical Society, 2008, 130: 13850-13851.

[61] 孔道君. 多孔材料的简介(一). [2017-06-14]. https://mp.weixin.qq.com/s/HWwuUtH5O9DWf 8ZhvaUnIw.

第 6 章

配位化合物的应用简介

配位化合物在很多涉及化学的领域里都得到了广泛的应用。下面仅以极少的典型例证列举配合物的一些应用。对于涉及的某些专业名词读者可参看本丛书其他分册解释，这里不再赘述。

6.1　配合物在无机化学及分析化学中的应用

1. 萃取分离

萃取是一种常见的分离手段，其原理是利用溶质在两个互不相溶的液相中溶解度的差别将液体混合物分离开。对于大多数无机化合物的萃取过程，常伴随着被萃取物与萃取剂之间的配位反应，生成的配合物进入有机相，其他一些无机物则留在水相。例如，Pd(Ⅱ)碘配合物在丙醇-硫酸铵双水相萃取体系中的分配，在 HCl 介质中，碘化铵存在下，Pd(Ⅱ)能形成离子缔合物 $[PdI_4^{2-}(PrOH_2^+)_2]$ 从而被萃取入丙醇相。实验结果表明，此方法能定量萃取 Pd(Ⅱ)，在最佳萃取条件下，Pd(Ⅱ)的萃取率可达 99.2%；该法还可应用于从大量基体金属如 Fe^{2+}、Ca^{2+}、Mg^{2+}、Mn^{2+}、Al^{3+}、Pb^{2+} 和 Zn^{2+} 中分离 Pd(Ⅱ)[1]。

再如，在异丙醇-硫酸铵双水相体系中，PAR[4-(2-吡啶偶氮)-间苯二酚]与 Co^{2+} 形成的配合物在两相间的分配行为结果表明，在室温下，Co^{2+}-PAR 配合物萃取到异丙醇中[2]。

配合物在萃取分离中应用的最著名事件是徐光宪院士对性质极为相似的稀土元素的分离研究。在生产实践中，一次萃取操作通常不能达到有效的分离，必须使含产品水相与有机相多次接触，才能得到纯产品。这种将若干个萃取器串联起来，使有机相与水相多次接触，从而大大提高分离效果的萃取工艺称为串级萃取

(cascade extraction)。徐光宪发现了稀土溶剂萃取体系具有恒定混合萃取比的基本规律，经过严密的数学推导，得到了分馏萃取过程的极值公式、级数公式、最优萃取比方程等一系列稀土萃取分离工艺设计中的基本工艺参数，建立了稀土元素分离的串级萃取理论(cascade extraction theory)[1-5]。随后徐光宪带领课题组一边计算、一边实验，推导出了最优回洗比和最优回洗比公式，使之与最优萃取比方程结合起来，为串级工艺的设计提供必需的基础，最终将我国从稀土资源大国逐渐发展为稀土生产和应用的大国。

2. 沉淀分离

两种离子若仅有一种离子能与某配位剂形成配合物，这种配位剂即可用于分离这两种离子。例如，欲分离 Zn^{2+} 和 Al^{3+} 的混合液，常加入氨水：

$$Zn^{2+} + 2NH_3 \cdot H_2O \Longrightarrow Zn(OH)_2 \downarrow + 2NH_4^+ \tag{6-1}$$

$$Al^{3+} + 3NH_3 \cdot H_2O \Longrightarrow Al(OH)_3 \downarrow + 3NH_4^+ \tag{6-2}$$

当氨水过量时，两性的 $Zn(OH)_2$ 可与氨水形成$[Zn(NH_3)_4]^{2+}$溶解而进入溶液中：

$$Zn(OH)_2 + 4NH_3 \Longrightarrow [Zn(NH_3)_4]^{2+} + 2OH^- \tag{6-3}$$

$Al(OH)_3$沉淀不能与氨水形成配合物，从而达到有效分离 Zn^{2+} 和 Al^{3+} 的目的。

在元素分离中，配位剂最早作为沉淀剂。这是由于一些性质相近的元素在形成配合物后它们的溶解度相差巨大，因而有利于元素的分离。例如，锆和铪在自然界中共生，Zr(Ⅳ)和 Hf(Ⅳ)两者半径相似，性质也非常相似，用一般的方法很难将它们完全分离。但 Zr(Ⅳ)和 Hf(Ⅳ)可以形成的 K_2ZrF_6 和 K_2HfF_6 配合物在溶解度上具有很大的差异，前者在水中溶解度低于后者，而且随着温度升高差距拉大(2~24 倍)。据此，可以利用分级结晶分离，可将两者很好地分离(图 6-1)[6-8]，使 Zr 中 Hf 含量低于 0.01%满足了核反应堆的使用要求。该工艺首先在 90℃温度下将 $K_2ZrF_6(K_2HfF_6)$在反应器中进行溶解，当晶体完全溶解后，在冷凝系统中进行逐渐降温，使溶解度更低的 K_2ZrF_6 优先结晶析出，与仍在溶液中的 K_2HfF_6 发生分离。锆铪分离后向溶液中加入 $NH_3 \cdot H_2O$ 调节 pH，待杂质沉淀后取上层清液进行多步重结晶。

3. 离子交换分离

离子交换是利用离子交换树脂分离和提纯物质的一种方法，也是现代技术领域中的一种重要的分离方法。例如，铀的提取和分离，天然铀形成配合物的能力

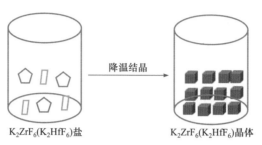

$K_2ZrF_6(K_2HfF_6)$盐 $K_2ZrF_6(K_2HfF_6)$晶体

图 6-1 分步结晶分离锆铪工艺示意图

很强，能与一些阴离子形成配阴离子，若用苏打水浸取，则在浸取液中形成 $[UO_2(CO_3)_3]^{4-}$ 配离子，用硫酸溶液浸取则得到 $[UO_2(SO_4)_3]^{4-}$ 配离子，而其他金属具有这种配位能力的极少，因此就可以通过阴离子交换树脂吸附而与其他金属离子分离：

$$4ROH + [UO_2(CO_3)_3]^{4-} \rightleftharpoons R_4[UO_2(CO_3)_3] + 4OH^- \tag{6-4}$$

再通过淋洗剂脱附就可以得到纯铀的配合物，实现铀的富集[9-11]。使用阴离子交换已成功用于钍-镁-铀分离[12]或铀-镎-钚分离中[13]。当有机螯合剂能与金属离子形成负电性螯合物时，如乙二胺四乙酸等，可在阴离子交换剂上有效分离三价锕系元素[14]。

4. 用作掩蔽剂

利用生成配合物可消除分析实验中会对结果造成干扰的因素。例如，在含有 Co^{2+} 和 Fe^{3+} 的混合溶液中加入 KSCN 检出 Co^{2+} 时，利用了如下反应：

$$[Co(H_2O)_4]^{2+} + 4SCN^- \rightleftharpoons [Co(SCN)_4]^{2-} + 4H_2O \tag{6-5}$$

                粉红色   宝石蓝

但 Fe^{3+} 形成血红色的 $[Fe(SCN)]^{2+}$ 会妨碍 Co^{2+} 的鉴定。如果预先在被鉴定的溶液中加入 NaF，使 Fe^{3+} 生成更稳定的无色配离子 $[FeF_6]^{3-}$，就可以防止 Fe^{3+} 对 Co^{2+} 鉴定的干扰，而 NaF 起到了掩蔽干扰离子的作用。

5. 用作显色剂

以吸光亮度法和配位滴定法进行元素分析时，常要求配合物形成时有明显的颜色变化。这样的配位剂在吸光亮度法中用作显色剂，在配位滴定中用作金属指示剂。在吸光光区分析中，不但要求用选择性好、灵敏度高的显色剂(配位剂)，而且要求生成的配合物组成恒定、化学性质稳定、与显色剂的颜色有大的差别。能作为显色剂的大多是一些有机化合物，在这些有机分子中常存在某些不饱和基团或共轭体系(图 6-2)。

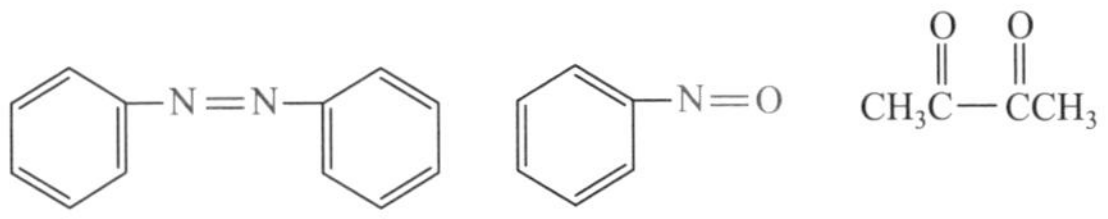

偶氮苯(红色)　　亚硝基苯(灰绿色)　　丁二酮(黄色)

图 6-2　几种常见显色剂的分子结构

这些有机分子与金属离子形成配合物后，电子云发生变化，分子的激发能降低，其最大吸收波长红移，因此会导致颜色加深，提高了灵敏度，如常用于稀土总量亮度测定[15]。

另外，由于卟啉类化合物具有很大的平面共轭结构，颜色深，与许多金属离子可生成 1∶1 的配合物，在 400～500nm 处有强的吸收带，常用于测定 Cu、Zn、Cd、Hg、Pb、Mn、Mg、Pd、Co、Fe 等多种金属离子，使得卟啉在分析化学中的应用日益重要，尤其是在分光亮度分析方面已成为首选试剂[16-17]。

6. 指纹显现

茚三酮即苯并戊三酮，化学名为 2,2-二羟基二氢化茚-1,3-二酮，可与 α-氨基酸反应生成稳定的紫色物质鲁赫曼紫(图 6-3)，然后通过将鲁赫曼紫与金属盐进行二次反应，形成有荧光的配合物来提高灵敏度(图 6-4)。这是目前应用最广泛的指纹显现试剂。

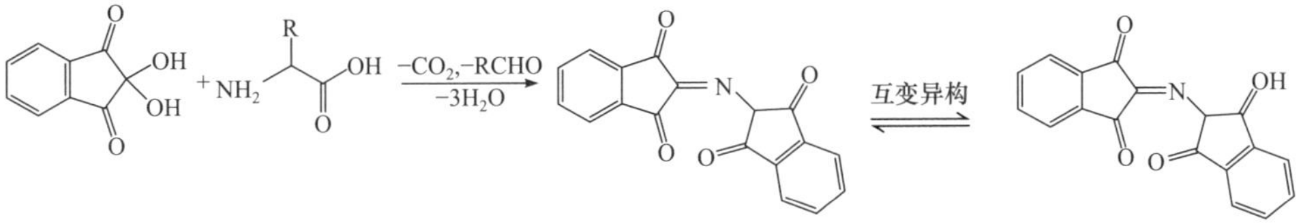

图 6-3　茚三酮与氨基酸反应显色的机理

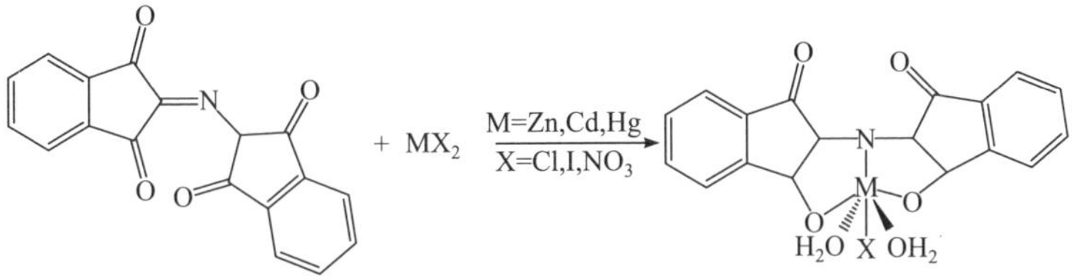

图 6-4　茚三酮与氨基酸形成的鲁赫曼紫可与金属进行反应形成有颜色的荧光配合物

此外，利用 8-羟基喹啉法也可显现指纹，该方法是依据 8-羟基喹啉与汗液中的钠、钾、钙等 30 多种阳离子结合，生成具有荧光的配合物，用波长 253.7nm 的短波紫外线照射，即可发生浅蓝色荧光而显现指印。此方法常适用于本身无荧光聚苯乙烯塑料、白灰墙和纸张上的指纹显现。

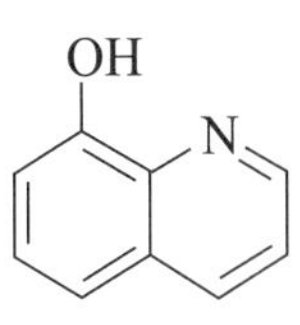

8-羟基喹啉

6-1 查阅文献,了解指纹鉴定还有哪些科学方法。

7. 文件检验

(1) 写字成色。在文件中使用蓝黑墨水书写数量是最大的。蓝黑墨水中的主要成分是鞣酸($C_{75}H_{52}O_{46}$)、没食子酸($C_7H_6O_5 \cdot H_2O$)和硫酸亚铁($FeSO_4$)等彼此化合,生成鞣酸亚铁和没食子酸亚铁,氧化后都变成不溶性的高价铁,随着时间推移,字迹中的 Fe^{2+} 的含量逐渐减少,相反 Fe^{3+} 的含量逐渐增加,而且 Fe^{3+} 形成的鞣酸铁和没食子酸铁沉淀使字迹颜色逐渐加深变成蓝黑色。

(2) 氧化褪色。色素成分主要为直接湖蓝和酸性墨水蓝,它们都是染料,前者结构具有偶氮型、醌式及共轭体系,具有染料的结构特性,后者是一种三苯基甲烷结构的染料,具有还原性。当这两种染料遇到氧化剂时,如空气中的二氧化硫、氧气、氯气等,分子中的共轭大 π 键遭到破坏,染料结构被破坏,其颜色就会发生褪色、失色。随着书写时间的延长,有机物被氧化后,还会产生一系列的酸性物质,直至最后被氧化成碳酸,也会使字迹褪色。

(3) 褪色字迹的恢复。恢复褪色字迹的方法很多。但就化学显色来说,主要有以下几种:

单宁字迹回复法:鞣酸与褪色字迹中的二价铁反应重新生成黑色的鞣酸铁:

$$4Fe^{2+} + 4C_{76}H_{52}O_{46} + 3O_2 \longrightarrow 4C_{76}H_{49}O_{46}Fe + 6H_2O \tag{6-6}$$

黄血盐字迹回复法:黄血盐即亚铁氰化钾,因铁与氰基的结合很强,故毒性很低,溶于水,在空气中稳定。它与三价铁离子反应生成蓝色染料——亚铁氰化铁 $Fe_4[Fe(CN)_6]_3$,这是一种古老的蓝色染料,也称为普鲁士蓝:

$$3K_4Fe(CN)_6 + 4Fe^{3+} \longrightarrow Fe_4[Fe(CN)_6]_3 + 12K^+ \tag{6-7}$$

硫氰酸气熏法:采用硫氰酸钾和硫酸钾混合加热反应制备硫氰酸气体,利用硫氰酸气体与被消退的蓝黑墨水字迹在纸上残留的三价铁离子发生化学反应,生成血红色的硫氰酸铁,从而使字迹显示出来:

$$Fe^{3+} + 3SCN^- \longrightarrow Fe(SCN)_3 \tag{6-8}$$

6-2 无机化学和分析化学中还有哪些方面利用配合物解决实际问题?

6.2　配合物在矿物中的应用

6.2.1　配合物在金属成矿中的作用

1. 热液

热液(hydrothermal solution)又称汽水热液，是地质作用中以水为主体，含有多种具有强烈化学活性的挥发组分的高温热气溶液。在不同的地质背景条件下，可形成不同组成、不同来源的热液(图 6-5)。温度多在 50～400℃，组成物质除水外，还含 H_2S、HCl、HF、SO_2、CO、CO_2、H_2、N_2、KCl、$NaCl$、$B(OH)_4$ 等挥发性组分，金属组分有 K、Na、Ca、Mg、Fe、Cu、Pb、Zn、Au、Ag、W、Sn 等。对绝大多数金属矿产和变质岩的形成起着决定性作用。

图 6-5　热液

2. 成矿中的元素运移

事实上，在热液的作用下几乎元素周期系内多数元素都具有配合物的形式，现代科学技术对岩浆行程中元素运移的跟踪和分析反映了配合物在成矿成岩过程中的作用[18]。地球化学家认为，金属矿床受岩浆-构造-地层联合控制。岩浆体系主要的作用有两点：一是提供成矿物质成分；二是提供热源，活化并富集矿源层的成矿物质[19]，因此也就可以用配合物理论来研究成矿成岩过程机理。

(1) 对于金在热液流体中的运移、沉淀机制，大量的实验研究表明：金在热液流体中是以 S(HS^-、HSO_4^- 等)、卤素(Cl^-、Br^-)、重碳酸氢根(HCO_3^-)和硅酸的配合物 $Au_2(HS)_2S^{2-}$、$Au(HS)_2^-$、$AuHS$、$AuCl_2^-$、AuH_3SiO_4 等形式存在和迁移的，其中又以 S 的配合物为主[20-23]。

(2) 锆和铪在热液流体中的运移、沉淀机制，被认为是以具有 Na_2ZrF_6、Na_2HfF_6、Na_2HPO_4 的配合物形式进行活动的[24]。此外，尚有其他形式如

$Na_2[Zr(CO_3)_3]$ 及 $Na_2[Hf(CO_3)_3]$ 等出现。由于它们的解离难易不同，即稳定常数或解离常数不同，必将导致其在不同时代的矿物中锆、铪的赋存量和比值也不同。

(3) 在生成热液的许多岩浆期后交代作用矿床中，几乎都能发现有钪的分布，可以说明钪的富集及成矿成因。钪的存在和运移形式，有很大可能将与氟结合而构成某种配合物，即 $MScF_4$、M_2ScF_5、M_3ScF_6。但在岩浆期后的碱性交代作用阶段中，则又常以 $NaScF_4$ 为主要存在和运移的可能形式。其他稀土元素在介质溶液中氟离子足够时，$[REF_4]^-$、$[REF_5]^{2-}$、$[MeF_6]^{3-}$ 等形式的配合物比较稳定，而 $[REF_2]^+$、$[REF_3]$ 不够稳定。

例题 6-1

查阅文献，了解铀在热液中运移的配合物赋存形态主要有哪些。

解 提示：主要存在以下 5 种：

1. OH^-：$U(OH)_4 \Longrightarrow U^{4+} + 4OH^-$ $UO_2 + 2H_2O \Longrightarrow U^{4+} + 4OH^-$

    $UO_2OH^+ \Longrightarrow UO_2^{2+} + OH^-$ $UO_2(OH)_2 \Longrightarrow UO_2(OH)^+ + OH^-$

2. Cl^-：$UO_2Cl^+ \Longrightarrow UO_2^{2+} + Cl^-$

3. SO_4^{2-}：$USO_4^{2+} \Longrightarrow U^{4+} + SO_4^{2-}$ $U(SO_4)_2 \Longrightarrow U^{4+} + 2SO_4^{2-}$

    $UO_2SO_4 \Longrightarrow UO_2^{2+} + SO_4^{2-}$ $UO_2(SO_4)_2^{2-} \Longrightarrow UO_2^{2+} + 2SO_4^{2-}$

    $UO_2(SO_4)_2^{4-} \Longrightarrow UO_2^{2+} + 3SO_4^{2-}$

4. F^-：$UO_2F^+ \Longrightarrow UO_2^{2+} + F^-$ $UO_2F_2 \Longrightarrow UO_2^{2+} + 2F^-$

    $UO_2F_3^- \Longrightarrow UO_2^{2+} + 3F^-$ $UO_2F_4^{2-} \Longrightarrow UO_2^{2+} + 4F^-$

5. CO_3^{2-}：$UO_2(CO_3)_2(H_2O)_2^- \Longrightarrow UO_2^{2+} + 2CO_3^{2-} + 2H_2O$

    $UO_2(CO_3)_3^{4-} \Longrightarrow UO_2^{2+} + 3CO_3^{2-}$

3. 成矿

元素以配合物各种形态被运移过程中，若受到地质结构变化，就有可能因浓度、温度、压力等因素影响，被其他离子取代而发挥成矿剂的作用，形成某化合物溶度积更小的物质而被结晶析出，这就是成矿[25-26]。例如，不同浓度 Pb^{2+} 和 $[Sb_2S_4]^{2-}$ 可以形成不同的硫锑铅矿：

$$Pb^{2+} + [Sb_2S_4]^{2-} \longrightarrow PbS \cdot Sb_2S_3 \tag{6-9}$$

$$5Pb^{2+} + 2[Sb_2S_4]^{2-} + 3S^{2-} \longrightarrow 5PbS \cdot 2Sb_2S_3 \tag{6-10}$$

若在氧化电势合适的环境中，往往有利于 $[Sb_2S_4]^{2-}$ 的解离，可以析出 Sb_2S_3，形成辉锑矿：

$$2[Sb_2S_4]^{2-} + 3O_2 + 2H_2O \longrightarrow 2Sb_2S_3 + 2SO_2 + 4OH^- \tag{6-11}$$

$$[Sb_2S_4]^{2-} + 2O_2 \longrightarrow Sb_2S_3 + SO_4^{2-} \tag{6-12}$$

6.2.2　配合物在矿物浮选中的应用

选矿浮选药剂(又称"整改剂"),包含捕收剂(collecting agent)、起泡剂和抑制剂等成分,捕收剂主要是利用配合物与矿物元素作用。良好的浮选效果可以提高矿物的富集量[27]。例如,Fuerstenau 等[28]对帕斯山稀土矿浮选实验中采用烷基异羟肟酸作捕收剂,木质素磺酸盐作抑制剂和纯碱作调整剂的条件下,从 ReO 含量为 7.6%的矿样中将 ReO 的品位提升到 65%的氟碳铈矿,稀土回收率为 80%。张军等[29]对某残坡积型独居石稀土矿选矿试验研究,采用新型螯合羟肟酸类捕收剂 QP 900g · t^{-1},水玻璃 10000g · t^{-1},碳酸钠 5000g · t^{-1},经一粗一扫一精浮选工艺从稀土氧化物品位为 3.64%的原矿中得到稀土品位提升到 15.34%,回收率为 75.22%的稀土精矿。

在捕收剂中,较早且被广泛应用的是具有活性基团的羧酸类、含氮类、含磷类和组合类捕收剂[30-32](表 6-1)。

表 6-1　稀土浮选的主要捕收剂[30-32]

捕收剂	活性基	配合形式	代表药剂	选择性
羧酸类捕收剂	羧酸根 羧酸根	单齿 双齿	油酸钠	较差 很好
含氮捕收剂	强肟酸基	双齿	邻苯二酸钾	好
含磷捕收剂	磷酸根	双齿	水杨全羟肟酸/H205	较好
组合药剂	多种活性基	双齿	H205+邻苯二酸钾	好

我国有多位卓越浮选矿物专家长期致力于中国低品位、复杂难处理金属矿产资源加工利用研究,做出了突出贡献,更是提出"关于浮选药剂的梦想"[33],指出高效浮选药剂的开发使用,需要从理论和实际应用两方面着力。浮选工艺取得突破性进展的关键往往在于高效螯合选矿药剂的精准构建[34-36],这是实现矿山资源高效利用及缓解矿区生态保护压力的必由之路。

例题 6-2

查阅文献,说明为什么含苯环螯合捕收剂对金红石的捕收能力、选择性很好。

解　提示:通过两个酚羟基上电负性较大的两个 O 原子与 Ti(Ⅳ)形成了螯合物,其可能的产物为稳定的五元螯合物。

6.3　配合物在环境保护中的应用

随着社会进步和工业发展，环境问题变得日益突出，如工业废水中的有机污染物和重金属、环境中的酸性气体和核污染等。配合物在环境保护中也具有很好的应用前景，是环境科学研究的热点之一。本节内容将主要介绍配合物在污染物吸附降解、重金属去除、核废料去除和污染物传感等环境保护方面的应用。

6.3.1　污染物吸附降解

每年有大量不同类型的有害物质排放到水和空气中，如 NO_x、SO_x、CO、含氮有机化合物(如氰化氢)、含硫化合物(如有机硫醇)以及挥发性有机化合物。向空气中排放有害气体会对生态环境和人类健康造成重大危害。因此，如何有效地去除环境中的有毒污染物已经引起人们的极大关注，配合物用于污染物吸附降解更是当下的研究热点。

SO_2 作为一种严重危害生命健康的酸性气体，其高效吸附去除很有意义。SO_2 是 σ-给体/π-受体物质，而 MOF 的开放金属位点是缺电子的，因此两者之间的强相互作用使得 MOF 在 SO_2 吸附上极具前景[37]。理论研究表明，SO_2 与 Mg-MOF-74 中开放金属位点的结合强度高达 $72.8kJ \cdot mol^{-1}$[38]，上述理论也被实验研究所证实[39]。但由于吸附 SO_2 后，H_2SO_3 和 H_2SO_4 也易进一步生成，从而造成吸附容量不可逆和 MOF 结构的破坏，使得高效可循环吸附 SO_2 的 MOF 材料开发仍然极具挑战性。最近的研究发现，MFM-300(In)可有效克服上述难题[40]，在 298K 和 1bar 条件下，MFM-300(In)对 SO_2 的吸附能力为 $8.28mmol \cdot g^{-1}$。此外，MFM-300(In)在与 SO_2、H_2SO_3 和 H_2SO_4 接触后骨架结构仍保持良好，表现出极高的稳定性和强 SO_2 捕获能力。其中，SO_2 与羟基的相互作用，以及两个 SO_2 分子之间的相互作用直接影响 SO_2 吸附性能。

H_2S 作为一种腐蚀性易燃毒性气体，其高效吸附也是气体污染物吸附的一大方向。目前，MIL-101(Cr)、MIL-53(Fe)和 UiO-67 均表现出优异的 H_2S 吸附性能[41]，其吸附性能很大程度上取决于 S 与开放金属位点的相互作用。除 SO_2 和 H_2S 外，NH_3、NO_x 等污染性气体的吸附也值得关注，目前已经报道的具有吸附氮类污染物的 MOF 以 Fe 类 MOF 为主[42]，如 MIL-88A、MIL-88B、MIL-88B-NO_2 和 MIL-

88B-2OH 等，其中对 NO 的吸附容量为 1~2.5mmol·g^{-1}。

　　MOF 对空气中复杂污染物(包括 PM 和有毒气体等)的综合吸附性能的研究也很有意义。MOF 中不饱和金属位点和缺陷可通过静电作用吸附极性 PM 颗粒。王波等[43]通过静电纺丝制备了系列 MOF 纳米纤维(图 6-6)，并在真实雾霾环境中测试了其 PM 过滤性能。MOF-199、UiO-66-NH$_2$、Mg-MOF-74 和 ZIF-8 具有不同的 Zeta 电位，并直接影响其 PM 过滤性能。在真实雾霾天气(PM$_{2.5}$ = 350μg·m^{-3}，PM$_{10}$ = 720μg·m^{-3}，RH = 58.6%，T = 23.5℃)下，4 种物质对颗粒物的去除效果均优于 PAN 纤维。ZIF-8 具有最高的 Zeta 电位，其过滤效果也最好，达到近 90% 的过滤效率。吸附 PM 颗粒后，其单位质量相应地增加了 29.5g·m^{-2} 或 0.037g·g^{-1}。

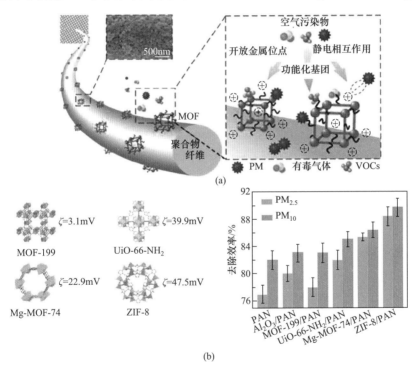

图 6-6 　(a) MOF 过滤空气污染物的捕获机制示意图；(b) 四种具有不同 Zeta 电位(ζ)的 MOF 材料及其在雾霾环境中的 PM 去除效率

　　MOF 在吸附有机污染物方面也有大量研究工作被报道。朱广山等[44]将几种经典 MOF (ZIF-8、ZIF-67、HKUST-1 和 Fe-BTC)加入到壳聚糖中以吸附四环素。以金属盐/壳聚糖溶液中的金属氢氧化物(或金属氧化物)/壳聚糖复合微珠作为 MOF 前驱体，使 MOF 在壳聚糖中实现均匀稳定的负载。这种组合不仅可以将 MOF 塑形为珠状，而且可以提高壳聚糖的吸附能力。结果表明，ZIF-8 壳聚糖复合微球对四环素具有良好的吸附性能，最大吸附量可达 495.04mg·g^{-1}，高于大多数 MOF 基或天然聚合物基四环素吸附剂。ZIF-8-壳聚糖复合微球经 10 次吸附-解吸循环后对四环素的去除率仍大于 90%。在固定床实验中，ZIF-8-壳聚糖可以处理实际水样中约 887 倍体积的四环素。实验表征和 DFT 计算表明，吸附机理包括静电作用、π-π 堆积作用和氢键作用。近期研究成果[45]也显示将 MOF 材料组装为薄膜有望推动 MOF 水处理污染物的实际应用。

将污染物通过催化手段转化为其他化合物被认为是一种更加绿色、环境友好的处理手段，其中利用无机半导体作为催化剂通过光催化手段将有机污染物和气体污染物转化为其他物质更是引起了学术界广泛的研究兴趣。最近的研究表明，MOF 也可作为半导体在光照射下产生电荷来降解污染物。而由金属离子和有机配体组成的 MOF 的结构决定了其典型特征是最低未占据分子轨道(LUMO)和最高占据分子轨道(HOMO)[46]。光照下由有机连接体和团簇产生的光生电子可从 HOMO 态跃迁至 LUMO 态，进而迁移至金属氧团簇发生催化反应。在整个过程中产生羟基自由基，羟基自由基可以将污染物降解成无毒产物。价带中的空穴是强氧化剂，导带中的电子是强还原剂。光生电子与氧反应形成超氧自由基，空穴可以直接氧化污染物。一般认为电子不直接参与光催化反应，而是间接地以电子产生的自由基形式起作用。因此，光降解污染物最重要的是在氧化污染物的同时减少氧气，以避免价带中电子的积累。目前，常用来降解污染物的 MOF 材料主要包括 UiO-66、MIL-125、MIL-53、MIL-68 和 MIL-101 等，通过表面改性和复合等策略，MOF 材料在光催化降解有机污染物(如甲基橙、罗丹明、四环素、亚甲蓝、苯酚)和气体污染物(NO_x 等)都表现出优异的活性，在环境保护方面有望得到应用。

6.3.2 重金属离子去除

与有机污染物相比，Pb^{2+}、Cu^{2+}、Cd^{2+}、Zn^{2+}、Hg^{2+}、Ni^{2+}、$Cr_2O_7^{2-}$ 等有毒重金属离子很难降解[47]，易在生物体内积累从而危害生命健康。在水中稳定的 MOF 的成功报道使得 MOF 在重金属去除方面的应用成为可能，此后大量关于 MOF 去除水中重金属的工作被陆续报道。

徐政涛等[48]发现配体官能团改性是一种高效提升 MOF 材料重金属吸附性能的策略，通过 Zr^{4+} 或 Al^{3+} 与 H_2DMBD 配位构建了具有 UiO-66 和 CAU-1 拓扑结构的 Zr-DMBD 和 Al-DMBD，其中羧基与 Zr(Ⅳ) 或 Al(Ⅲ) 中心结合，硫醇用于修饰孔。所得到的 Zr-DMBD 可将水中的汞(Ⅱ)浓度降低到 0.01ppm 以下，并可有效地从气相中吸附汞(图 6-7)。刘启明等[49]通过对 UiO-66-DMTD、UiO-66-SO3H、UiO-66-NH2 和 UiO-66 的系统研究，发现 2,5-二硫基-1,3,4-噻二唑(DMTD)功能化的 UiO-66 可明显提升对 Hg^{2+} 的选择性吸附，在酸性条件下，其最大吸附容量可达 $670.5mg \cdot g^{-1}$。部分天然有机化合物的含 S 基团使得生物 MOF 在汞吸附上也极具优势，其中 {CaCu6[(S,S)-methox]3(OH)2(H2O)} · 16 H2O 的 CH3HgCl 吸附容量可达 166mg·g$^{-1[50]}$，可将含 10ppm 的 Hg^{2+}和 CH$_3$Hg$^+$浓度降低至 6ppb 和 27ppb。除 S 外，Hg^{2+}还可与羰基、酰胺和羟基等官能团结合[51]，从而被高效吸附，酰胺和羟基功能化的 MOF 对 Hg^{2+}的 Langmuir 吸附量可达约 250mg·g^{-1}。此外，Hg^{2+}还可通过离子交换方式被有效去除，如通过设计阴离子型 AMOF-1 可实现约 78mg·g^{-1}的吸附量[52]，在 24h 内几乎可将浓度为 1mg·L^{-1}的 Hg^{2+}全部去除。

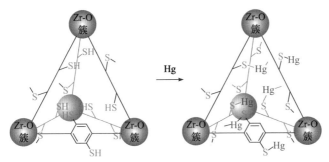

图 6-7　Zr-DMBD 中 Hg^{2+}的吸附位点示意图

除 Hg^{2+}外，其他重金属离子的去除也有大量的研究工作报道。刘崇波等[53]报道了 UiO-66(NH$_2$) 在吸附 As^{3+}和 As^{4+}方面的巨大潜力，在 pH 为 9.2 时，其 As^{3+}和 As^{4+}的吸附容量分别高达 205mg·g^{-1}和 68.2mg·g^{-1}，其中 Zr—O 键在 As 吸附方面发挥了至关重要的作用。王瑞虎等[54]报道了第一例阳离子型 ABT·2ClO$_4$通过阴离子交换单晶到单晶转换(single crystal to single crystal，SC-SC)用于 Cr$_2$O$_7^{2-}$吸附，其吸附容量可达 213～271mg·g^{-1}，且表现出高的吸附选择性。MIL-53 和 MIL-101 是去除 Pb^{2+}的典型材料，尤其是氨基功能化的 MIL-53(Al)的吸附量更是高达 492.4mg·g^{-1}。

6.3.3　核废料去除

核能的快速发展不可避免地会造成大量放射性核素释放到环境中，给环境和人类健康造成危害。放射性核素无法降解且在生物体内容易积累，特别是其放射性自发衰变所带来的放射性辐照效应可使人体器官发生病变。与重金属离子相比，放射性核素由于其放射性衰变造成的危害比重金属离子高 3～4 个数量级。由于具有孔径可调、比表面积大和后处理简单等特点，MOF 在放射性核素捕获方面的应用前景广阔。

核燃料循环中的放射性核素可分为三类[55]：阳离子放射性核素，包括 ^{238}UO$_2^{2+}$、^{232}Th^{4+}、^{137}Cs$^+$和 ^{90}Sr^{2+}等；阴离子放射性核素，包括 ^{129}I$^-$、^{99}TcO$_4^-$、^{79}SeO$_3^{2-}$和 ^{79}SeO$_4^{2-}$等；气体放射性核素，包括 ^{129}I$_2$、^{133}Xe 和 ^{85}Kr 等。对于阳离

子放射性核素的去除，MOF 的结构设计主要有以下两种策略：①构建带负电荷的框架，通过静电作用吸附阳离子；②基于路易斯软硬酸碱理论，将有机螯合官能团(如羧基、羟基、偕胺肟等)嫁接进 MOF 骨架以提高结合强度。类似地，阴离子型放射性核素的去除方法主要有构建正电荷 MOF 和利用有机官能团中的氢原子与放射性氧阴离子形成氢键以稳定阴离子核素。对于气体放射性核素的去除，与其他气体吸附类似，孔道结构、比表面积和开放金属位点在其中发挥主要作用。

林文斌等[56]首次报道了 MOF 用于从水中提取分离 UO_2^{2+} (图 6-8)，所报道的 MOF-2[$Zr_6O_4(OH)_4(L)_6$]的吸附容量可达 $217mg \cdot g^{-1}$，相当于每两个吸附基团可以结合一个铀酰离子，显示出磷酰基脲官能团在阳离子核素去除中的巨大潜力。王殳凹等[57]进一步发展了一种二维阳离子金属有机骨架——[$Ni(tipa)_2$](NO_3)$_2$ (SCU-103)用于极端条件下的高效 $^{99}TcO_4^-$ 去除(图 6-9)，SCU-103 的凹凸型层间结构和狭窄空间金属中心为 $^{99}TcO_4^-$ 的选择性结合提供了合适的识别位点，并赋予了在碱性条件下对 H_2O 和 OH^- 的强抵抗能力，实现了在高碱度、β 和 γ 辐射等极端条件下的高效去除 $^{99}TcO_4^-$，92%的 $^{99}TcO_4^-$ 在 30s 内可被去除。

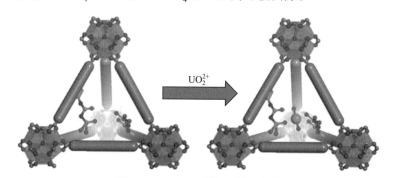

图 6-8　MOF-2 吸附 UO_2^{2+} 示意图

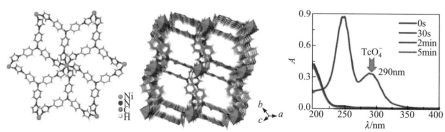

图 6-9　SCU-103 的结构及其高效去除 $^{99}TcO_4^-$ 的性能

对于气体放射性核素的去除，相关研究工作表明 MOF 的比表面积、开放金属位点和微孔结构对于气体核素的去除至关重要[58]。不同气体核素对 MOF 结构的要求也有差别，这里将以 Xe 为例介绍几例典型的 MOF 材料。Mueller 等[59]报道了首例用于稀有气体吸附的 MOF 材料——MOF-5，其在 2bar 压力下的常温吸附容量高达约 100g Xe·L^{-1}，并显示出对 Xe 较强的选择性吸附特性。HKUST-1 中每个次级结构单元中的铜金属中心周围的水分子可通过活化方式去除，从而形成开放位点，在气体吸附上具有突出优势，相关实验也表明 HKUST-1 可选择性吸附 Xe。M-DOBDC 以其 1D 微孔通道和大量开放金属位点在 Xe 吸附上也极具优势，实验结果表明，在常温下 Ni-DOBDC 对 Xe 的吸附容量可到 55%(质量分数)[60]，约为 MOF-5 的 2 倍。通过原位吸附 Xe 和 Kr 条件下的同步辐射 XRD 和 DFT 计算[61]表明，Xe 和 Kr 均吸附在开放金属位点上，Xe 的吸附容量也显著高于 Kr。孔道调控能有效提升 MOF 的吸附选择性，甲酸配合物-M$_3$(fa)$_6$ 含有约 5Å 的孔道结构，已被理论和实验证明是一种高选择性 Xe 吸附材料[62]，Co$_3$(HCOO)$_6$ 的 Xe/Kr IAST 选择性可达 22，明显高于 MOF-5 和 MOF-74 等材料，其孔道结构在高选择性性能上发挥了至关重要的作用。SIFSIX-M (M = Fe,Co,Ni,Cu,Zn)作为一类基于 [M(pyz)$_2$]$^{2+}$和 SiP$_6^{2-}$ 构建的超微孔材料，其超微孔结构(<5Å)和 SiP$_6^{2-}$ 离子可用于高效吸附 Xe。实验中发现 5 种金属的 SIFSIX-M 在 Xe/Kr 中具有 Xe 选择吸附性能，其吸附容量与比表面积呈正相关关系(图 6-10)。

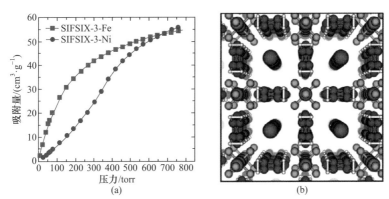

图 6-10　超微孔 MOF——SIFSIX-3-M(Fe、Ni)的 Xe 吸附性能(a)和气体分子在框架中的分布图(b)

6.3.4　污染物传感检测

根据不同客体分子对 MOF 的作用不同，可以诱导 MOF 的某些性质发生变化，利用特定的检测手段(如荧光法、比色法、电化学方法)来捕捉并测量这些变化，可实现对目标分子进行传感分析。利用 MOF 进行传感研究是当前一个研究热点，特别是对于金属离子、有机小分子、挥发性有机气体、蒸汽甚至生物分子等，已有许多研究报道了基于 MOF 的传感器应用于检测，这类检测普遍具有免标记、选择性高的特点。

班纳吉(R. Banerjee, 1978—)等[63]报道了一种基于萘二酰亚胺(NDI)生色基团的 Mg 荧光 MOF 结构(Mg-NDI)用于溶剂和有机胺传感效应，Mg-NDI 对不同的溶剂分子显示不同的颜色响应，该颜色响应即时可逆，且 Mg-NDI 的荧光发射随溶剂极性的减小而红移。此外，由于有机链中 NDI 基团的缺电子性，Mg-NDI 还可以通过颜色变化和荧光猝灭双重响应实现对富电子有机胺的高选择性检测(图 6-11)，有机胺的分子尺寸越小，响应时间越短。

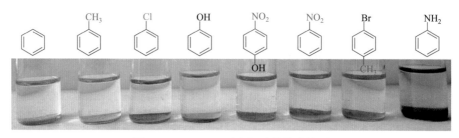

图 6-11　Mg-NDI 对有机胺的传感检测

Manos 等[64]报道了 MOR-1 和 MOR-2 两种用作探针的金属有机骨架材料，发现 MOR-1 和 MOR-2 对 ReO_4^- 和 TcO_4^- 有非常好的检测效果，此外在模拟酸性核废料的条件下，MOR-1 和 MOR-2 表现出对 ReO_4^- 的高灵敏度、高选择性发光传感的特性，这是 MOF 材料在这个领域的首次报道，为今后功能化 MOF 作为核废料污染物传感器的应用提供了重要的指导意义和应用价值。Liu 等[65]最近介绍了一种水解稳定的介孔铽(Ⅲ)基 MOF 材料，该材料孔道约 2.7nm × 2.3nm，材料表面有大量路易斯碱性位点，因而荧光信号强度可以有效地、有选择性地被铀离子猝灭，检出限能够达到 $0.9\mu g \cdot L^{-1}$，远低于美国环境保护局定义的饮用水中 $30\mu g \cdot L^{-1}$ 的标准。

王殳凹等[66]报道了一种发光铀酰基 MOF-$(TMA)_2[(UO_2)_4(ox)_4L]$(TMA^+=四甲胺阳离子，ox=草酸，L=琥珀酸盐)用于高效检测电离辐射，该结构可以在辐射场(紫外线、X 射线辐射和 γ 射线辐射)下产生自由基，这些自由基可随辐射剂量的增加而增多，以高灵敏度猝灭发光，该结构能够检测低至约 10^{-4} 的极低剂量的 X 射线和 γ 射线辐射。电子顺磁共振分析表明，辐射条件下，羰基双键断裂提供的氧化自由基可以稳定在共轭草酸-羧酸片内，进而使得铀酰(Ⅵ)离子的赤道键被增强，随后通过声子辅助弛豫产生高效光致发光猝灭，实现高灵敏辐射传感(图 6-12)。此外，其检测性能可轻松通过加热来恢复，使多次循环检测成为可能。

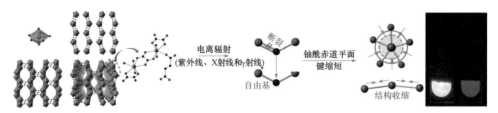

图 6-12 铀酰基 MOF 的结构与辐射探测原理

6.4 配合物在催化反应中的应用

金属配位化合物由于其优异的催化性能在有机催化反应中得到了广泛应用。金属配合物作为催化剂,与其在环境保护中的应用有异曲同工之处:都是被固定在优良载体上实施作用的。

6.4.1 钯催化的碳-碳偶联反应

在有机反应中,有机钯配合物因其特殊的稳定性及催化性能的多样性,更有利于提高催化反应的选择性和最大限度地避免副反应,很容易参与协同那些活化能较低的有机反应而得到广泛的应用与深入的研究,取得了相当可观的研究成果[67]。例如,在有机钯配合物催化下,烯烃和 CO 可发生共聚反应,得到热塑性树脂。该树脂为具有烯烃、CO 间规结构的聚酮[68]:

$$
\equiv\!\!\!-\!\!\!R \;+\; CO \;\xrightarrow{\text{催化剂}}\; \cdots \qquad (6\text{-}13)
$$

$$
\text{催化剂} = \begin{bmatrix} L & & X \\ & Pd & \\ L & & S \end{bmatrix} Y
$$

另外,有机钯配合物在催化环化反应、偶联反应、烷基化反应和氢化反应中有许多成功的应用实例。值得注意的是,虽然钯配合物催化剂已成为有机催化反应中的明星,但是廉价金属(多指过渡金属)作为传统贵金属的替代品,不仅具有低毒、价格低廉的优点,还表现出不逊于贵金属催化剂的催化活性,进而成为近年来的研究热点[69-70]。例如,廉价金属铁、钴、锰配合物催化的加氢/脱氢反应的研究进展足以说明问题[71]。推荐读者阅读和参考一些研究综述[72-75]以获得更多内容。

思考题

6-3 请从结构上说明有机钯配合物为什么具有特殊的稳定性及催化性能的多样性。

6.4.2 催化氮分子还原

常温、常压条件的固氮问题一直在挑战着人类智慧，科学家一直在努力寻求建立温和条件下合成氨的新体系。真正常温、常压下固氮的研究起始于某些植物的根瘤菌能将大气中游离 N_2 转化为 NH_3 的事实。研究的一种思路是根据根瘤菌中固氮酶的组成、结构和固氮过程来模拟生物固氮；另一种思路是通过过渡金属的分子氮配合物活化键，进而通过适当的反应得到 NH_3。两种思路都是从如何削弱分子氮的三键入手的。这里仅介绍后者。

1. 分子氮配合物活化 $N\equiv N$ 键

(1) 分子氮配合物合成的途径主要有以下三种[76-80]。

直接法：用氮气和金属配合物在强还原剂存在下直接进行反应。例如，

$$[WCl_4(PMe_2Ph)_2] + 2N_2 \xrightarrow{Na/Hg} [W(N_2)_2(PMe_2Ph)_2] + 2Cl_2 \qquad (6\text{-}14)$$

间接法：将含 N—N 键的配体转变成 N_2，这是大多数分子氮配合物的合成途径。例如，

$$[\eta^5\text{-}C_5H_5Mn(CO)_2(N_2H_4)] + 2H_2O_2 \xrightarrow{Cu^{2+}/THF, -40℃} [\eta^5\text{-}C_5H_5Mn(CO)_2(N_2)] + 4H_2O_2$$

$$(6\text{-}15)$$

取代法：通过取代反应将一种分子氮配合物变成另一种分子氮配合物。例如，

$$[Mo(N_2)_2(dppe)_2] \xrightarrow{RCN, \ C_6H_6} [Mo(N_2)(RCN)(dppe)_2] + N_2 \qquad (6\text{-}16)$$

(2) 利用分子氮配合物的还原反应固氮。

1975 年，Chatt 在 20℃ 无氧条件下，在甲醇溶液中用硫酸处理顺-$[M(N_2)_2(PMe_2Ph)_4]$，得到氨[81]：

$$顺\text{-}[M(N_2)_2(PMe_2Ph)_4] \xrightarrow{H_2SO_4/MeOH, 20℃} N_2 + 2NH_3 + 4[HPMe_2Ph](H_2SO_4)$$

$$(6\text{-}17)$$

产率可达 90%。若用其他酸也可产生氨及联氨，但不如硫酸有效。

1988 年，T. Khan 等利用可见光激发，在水溶液中以半导体 Cd/Pt/RuO$_2$ 为

催化剂，在 30℃ 和 $1×10^5Pa$ N_2 条件下，使[Ru(Hedta)N$_2$](Hedta = trianion of ethylenediamine-tetraacetic acid)中的配位氮转化为 NH_3[82]。

1992 年，忻飞波等将在氦气气氛中获得的分子氮配合物 K_3[Co(CN)$_5$N$_3$]置于氢气气氛中，研究其热分解情况，结果发现中间产物 K_3[Co(CN)$_5$N$_2$]和 K_6[Co(CN)$_{10}$N$_2$]在220℃得到 NH_3 和 HCN 而不是 N_2[83]。这一结果为分子氮配合物的加氢成氨提供了有用信息。

1998 年，Nishibayashi Y 等[84]在常压和55℃条件下，通过分子氮配合物与分子氢配合物的反应产生了氨，产率达55%(图 6-13)。这项研究在思路上的特点是，同时活化作为起始物的 N_2 分子和 H_2 分子。

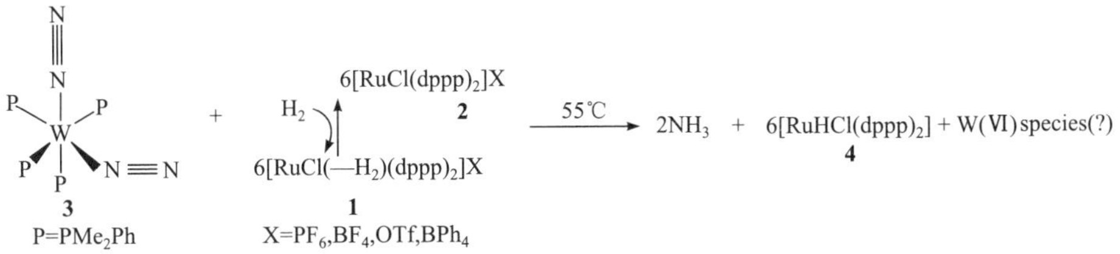

图 6-13　分子氮配合物与分子氢配合物反应生成氨的反应路线图

2010 年，Knobloch 等利用合成的铪氮分子配合物在室温下与 CO 反应，得到了最普通的化肥——草酰铵[85]，产率为90%～95%。这项研究的最大特点是，同时使用了两种丰富原料作为反应物，在常温下将两个同样具有很强三键的 N_2 和 CO 分子用最廉价的方法裂解得到普通的化肥。

> **思考题**
>
> 6-4　从上面的研究结果分析，利用分子氮配合物还原反应固氮在工业上实现的可能性有多大。

2. 过渡金属配合物催化的氮气还原

1) 催化氮气向氨的转化

2016～2017 年，Nishibayashi Y 课题组[86]合成报道了吡咯骨架的[PNP]型钳式铁和钴氮气配合物(图 6-14)，催化氮气还原生成氨气具有较好的催化效果，铁氮气配合物的催化效果要好于钴氮气配合物，该催化体系显示当配体中引入给电子基团可以提高氮气还原为氨气的催化转化率。

2) 催化氮气向肼的转化

2016 年，Ashely 课题组合成报道了铁氮气配合物(图 6-15)，利用该配合物实现了氮气还原生成肼的反应[87]，这也是第一例关于催化氮气选择性生成肼的报道。

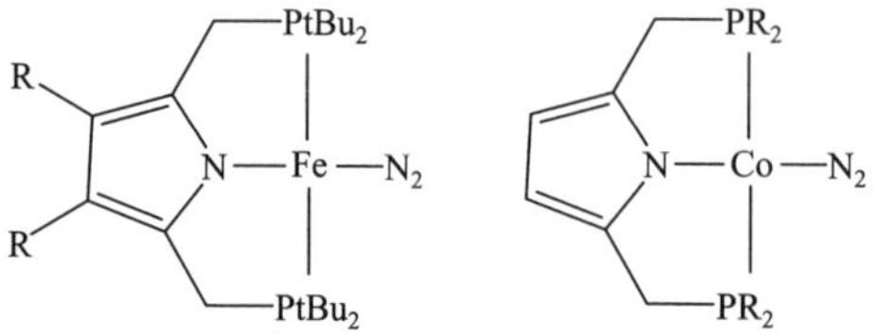

图 6-14　催化氮气生成氨的过渡金属配合物　　图 6-15　催化氮气生成肼的过渡金属配合物

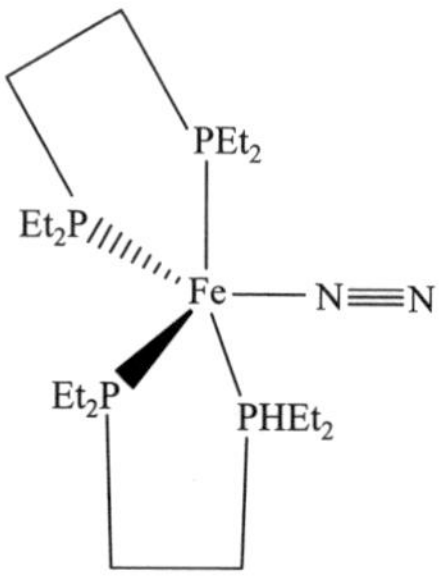

6.4.3　催化二氧化碳的化学转化

1. 碳的化学转化症结所在

面对大气中逐年增加的 CO_2，传统的处理方式是采取 CO_2 捕集与封存(carbon capture and storage，CCS)技术，即单纯地将 CO_2 捕集，运输到海底或地下进行永久性封存。显然，这种物理处理运行成本很高，并且没有从根本上减少 CO_2 总量，还可能会给海洋生态系统、地质环境等带来隐患，非长久之计。因此，从环境保护和资源利用的双重角度出发，有效地将 CO_2 进行化学固定并资源化才是解决温室效应及一系列环境问题的根本途径。与此同时，资源枯竭的问题也将得到缓解(地球上以 CO_2 和碳酸盐形式存在的碳储量有 10^{12} 万吨，是已探明的煤和石油总量的 1000 倍[88-93])。然而，CO_2 的碳原子处于最高氧化态，其标准吉布斯自由能为 $-394.38kJ \cdot mol^{-1}$，在动力学和热力学上极其惰性，很难直接参与化学反应。因此，CO_2 的活化是化学固定 CO_2 的关键。

2. CO_2 活化的关键是催化剂和高能量的偶联试剂

最常见的 CO_2 活化方式为利用高能量、高反应活性的强亲核性试剂进行活化(图 6-16)[94]：例如，胺类试剂中氮原子以及醇类或酚类试剂的氧原子都具有孤对电子，在有机碱或无机碱存在时，可形成高亲核性的氮负离子或氧负离子，亲核进攻 CO_2 的碳原子[95-97]；有机金属类化合物可通过构建高亲核性 C—M 键来活化 CO_2[98-102]。另外，低价态过渡金属与 CO_2 存在多种配位方式[103]：例如，在 DBU 的配位下，零价镍、乙烯和 CO_2 可发生氧化加成而得到高活性的五元环中间体[104-106]。

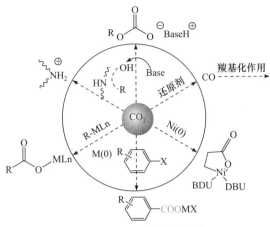

图 6-16　CO_2 的活化方式

3. CO_2 与烯烃直接合成环碳酸酯

在众多 CO_2 化学固定的化工产品中，环碳酸酯沸点高、极性大、性质稳定、安全无毒，因而应用广泛。例如，可用作合成聚碳酸酯或其他聚合物的单体、精细化工产品的中间体、极性非质子性溶剂、锂离子电池电解液等。因此，以 CO_2 为原料合成环状碳酸酯是实现 CO_2 资源利用最具工业应用前景的方式之一。

1987 年，意大利学者 Aresta[106]在该研究上取得了突破性进展，他们以 CO_2 为氧化剂，以有机钌配合物为催化剂，实现了苯乙烯到环碳酸酯的直接转化。现在，金属有机配合物和金属有机骨架材料等催化剂已是最常用的催化剂[107-110]。

Ghosh 研究小组[111]将酰胺配体配位合成的金属锰配位化合物作为催化剂，实现了烯烃转化为环碳酸酯(图 6-17)。在叔丁基过氧化氢(TBHP)存在的条件下，催化剂 **2** 被氧化成高活性的反应中间体 **3**，催化烯烃转化为环氧化物中间体，环氧化物中间体在催化剂 **2** 和四正丁基溴化铵(TBAB)共同作用下与 CO_2 反应生成环碳酸酯，该催化体系将多种烯烃转化为相应的环碳酸酯(产率 10%～48%)。

近年来，不少研究表明 MOF 在较低温的反应条件下可以促进烯烃与 CO_2 环氧化反应[112]。2018 年，Han 等[113]采用具有催化氧化功能的钼氧化物、碱性 $Cu_3(\mu_3\text{-}OH)_2$ 和联吡啶合成 MOF 材料 CuMo-BPY，构建了双催化位点(图 6-18)。实验表明，通过一锅两步法，在以 TBHP 为氧化剂，以 TBAB 为助催化剂的条件下，CuMo-BPY 能有效催化烯烃环氧化-环加成反应合成环碳酸酯,其中苯乙烯环碳酸酯产率为 55%。

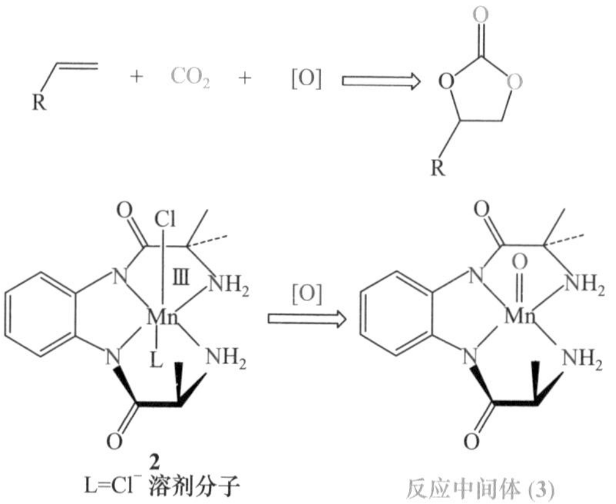

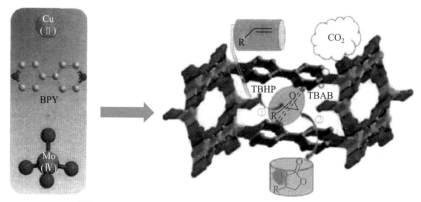

图 6-17　锰(Ⅲ)配位化合物催化烯烃与 CO_2 反应合成环碳酸酯[111]

图 6-18　CuMo-BPY 催化烯烃与 CO_2 环氧化反应[113]

6.4.4　催化水分解

众所周知，氢能是一种干净、高效的二次能源，是未来最具发展潜力的一种可持续清洁能源，是能源领域的未来之星。目前，以配位化合物为催化剂的光催化和电催化水分解制氢已成为热点研究课题之一。水分解反应包含析氧半反应和析氢半反应。

析氢半反应：
$$2H^+ + 2e^- \longrightarrow H_2 \tag{6-18}$$

析氧半反应：
$$2H_2O \longrightarrow O_2 + 4H^+ + 4e^- \tag{6-19}$$

水分解总反应：
$$2H_2O \longrightarrow 2H_2 + O_2 \tag{6-20}$$

1. 光催化水分解产氧

光催化水氧化反应体系主要由催化剂、电子牺牲试剂、光敏剂、光源和反应溶液组成。染料敏化光催化水氧化体系的光敏剂主要为三联吡啶钌类化合物和金属卟啉配合物。例如，常使用的染料光敏剂为[Ru(bpy)$_3$]Cl$_2$ (bpy=2,2′-联吡啶)，以过硫酸钠为电子牺牲试剂条件下的光驱动水氧化反应机理为：在可见光的照射下，[Ru(bpy)$_3$]$^{2+}$吸收光子变为激发态的二价三联吡啶钌[Ru(bpy)$_3$]$^{2+*}$，随后被过二硫酸根 S$_2$O$_8^{2-}$ 氧化猝灭生成三价三联吡啶钌[Ru(bpy)$_3$]$^{3+}$、硫酸根 SO$_4^{2-}$ 和硫酸根自由基负离子 SO$_4^{\cdot-}$。其中，[Ru(bpy)$_3$]$^{3+}$ (标准氧化还原电势约为 1.26V)和 SO$_4^{\cdot-}$ (标准氧化还原电势高于 2.4V)都是强氧化性试剂，并且 SO$_4^{\cdot-}$ 能够直接氧化[Ru(bpy)$_3$]$^{2+}$生成[Ru(bpy)$_3$]$^{3+}$和 SO$_4^{2-}$。随后体系中生成的[Ru(bpy)$_3$]$^{3+}$将水氧化催化剂氧化为高价态而自身变为[Ru(bpy)$_3$]$^{2+}$，高价态的催化剂进一步氧化水放出氧气[114-115]。例如，以四核钌[Ru{(μ-dpp)Ru(bpy)$_2$}$_3$]$^{8+}$[bpy=2,2′-联吡啶；dpp=2,3-双(2′-吡啶基)吡嗪]为光敏剂，钌四多酸[Ru$_4$Si$_2$W$_{20}$]为助催化剂，在 550nm 处进行光诱导水氧化(图 6-19)，O$_2$ 量子效率为 0.30[116]。

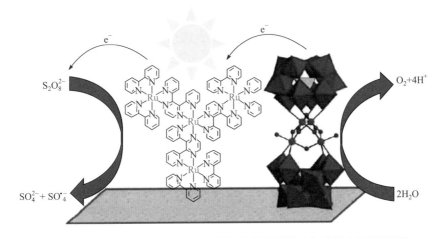

图 6-19　四钌多酸[Ru$_4$Si$_2$W$_{20}$]与四核钌光敏剂催化水氧化反应机理图[116]

2. 光催化水分解产氢

光催化水分解产氢是将太阳能转化为氢能的有效途径之一。催化剂吸收特定波长的太阳光，价带(valence band，VB)上电子被激发并跃迁至导带(conduction band，CB)产生光生电子-空穴对(h$^+$-e$^-$)，光生-电子空穴对分离并迁移至材料表面的活性位点，光生电子还原氢离子产生氢气，光生空穴氧化水产生氧气(图 6-20)[117]。由于光生电子-空穴对在分离和迁移过程中很容易发生复合，并且四电子的水氧化半反应在催化剂表面具有过高的过电势，导致光催化分解水过程效率低下或者无法发生。因此，通常加入空穴牺牲剂来消耗价带上产生的空穴，促进还原端析氢反应。

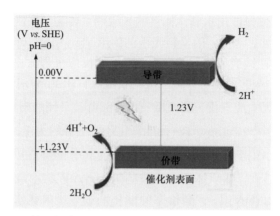

图 6-20 催化剂表面光催化分解水产氢气和氧气过程示意图[117]

例如，将亚铜光敏剂(Cu-PSs)和二级构造单元(SBU)支撑的[Fe]活性位点集成到双功能 FeX@Zr6-Cu 的 MOF 中，可实现高活性可见光驱动的析氢反应[118]，如图 6-21 所示。光照时，光敏剂 Cu-PSs 光激发产生的光生电子注入 FeX@Zr6-Cu MOF 中，在[Fe]活性位点发生析氢反应；遗留在 Cu-PSs 上的光生空穴被 1,3-二甲基-2-苯基-2,3-二氢-1*H*-苯并咪唑(BIH)空穴牺牲剂消耗。研究表明，FeX@Zr6-Cu MOF 的析氢活性与 X 离子的不稳定性有关，这是由于不稳定的 X 基团形成了

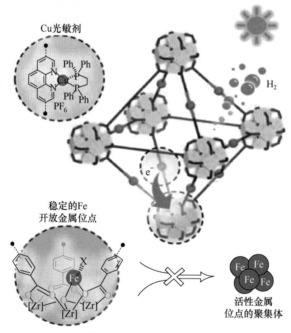

图 6-21 FeX@Zr6-Cu 的 MOF 结构及可见光催化分解水析氢示意图[118]

[Fe]位点的开放配位环境，同时，周期有序的 SBU 对[Fe]位点具有很好的稳定性。

3. 电催化水分解产氧

电催化水分解的装置主要分为外接电源、阴极、阳极、参比电极和电解液。整体水分解是由阴极析氢反应(HER)和阳极析氧反应(OER)两个半反应组成(图 6-22)[119]。

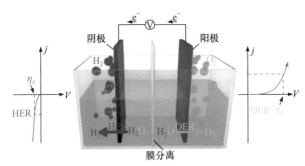

图 6-22　电催化分解水析氢反应(HER)和电催化分解水析氧反应(OER)示意图[119]

当两个电极之间施加合适的电压时，发生阴极析氢反应和阳极析氧反应。虽然根据热力学计算，水的分解电压为 1.23V。但在实际操作过程中，为了驱动电催化分解水反应发生，往往需要提供比热力学平衡电势更高的电势，以克服由水性电解质中由离子传导引起的欧姆降。如何降低反应过电势从而降低能耗，一直是电催化分解水技术领域的研究热点。

金属有机骨架(MOF)材料作为 OER 的电催化剂，在高浓度电解液条件下通常会发生快速降解，阻碍了其在工业电解槽中的实际应用。MOF 活性中心在催化过程中的演化对 OER 活性具有显著影响。卜显和课题组在泡沫镍骨架上利用 2,5-噻吩二羧酸配体生长结构稳定的双金属 FeNi-MOF 纳米阵列[120][图 6-23(a)]。由于 Ni 和 Fe 原子半径近似，在双金属 Fe/Ni-MOF 结构中可以轻松实现对 Fe/Ni 比例的自由调控，为深入研究结构-性能构造关系提供模型。实验研究表明，双金属 Fe/Ni-MOF 具有自优化的电催化活性。这种独特的动态现象与 MOF 中 Fe 离子的价态变化有关，Fe 氧化过程中 Fe—O 键共价键增加促使质子-电子转移过程从而加速了 OER 过程[图 6-23(b)]。

4. 电催化水分解析氢

在设计用于电催化 HER 的 MOF 催化剂时，金属簇和配体的选择主要决定了其催化活性和骨架结构。多金属氧酸盐(POM)离子是由金属与富氧组成的多孔结构，具有良好的氧化还原活性。例如，多钼氧酸盐与不同有机配体构成的 MOF 电

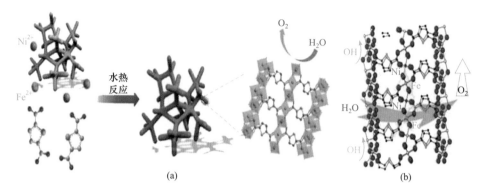

图 6-23　(a) 水热法合成 FeNi-MOF 纳米阵列示意图；(b) FeNi-MOF 电催化 OER 反应示意图[120]

催化剂 NENU-500 和 NENU-501[121]，不仅在空气中表现出良好的稳定性，而且对酸性和碱性介质也具有良好的耐受性。实验结果显示，NENU-500 在 $10mA \cdot cm^{-2}$ 电流密度下的过电位为 237mV，塔费尔斜率为 $96mV \cdot dec^{-1}$，NENU-501 的过电位为 392mV，塔费尔斜率为 $137mV \cdot dec^{-1}$(图 6-24)。NENU-500 较好的催化性能是由于其开放的多孔结构为催化反应提供了丰富的活性位点，而 NENU-501 孔隙被四丁铵阳离子大量占据。

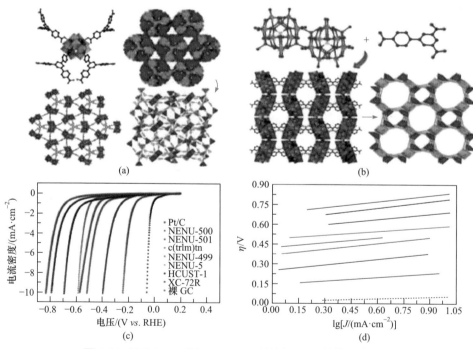

图 6-24　NENU-500 和 NENU-501 结构与 HER 性能示意图[121]

6.5 配位聚合物功能材料

6.5.1 生物功能配位聚合物

配位聚合物以其多孔和丰富的结构可设计性在生物成像和药物递送等生物领域具有广泛的应用前景,催生出 MOF 材料的一个重要分支——生物金属有机骨架(biological metal-organic framework,BioMOF)[122]。目前,对于生物金属有机骨架的定义仍不明确,一种观点认为:由至少一种生物分子与金属离子配位自组装形成的 MOF 材料为生物金属有机骨架;另一种观点认为:用于生物成像或药物递送等生物领域的 MOF 材料均可称为生物金属有机骨架。两种定义的侧重点虽然不同,但都要求材料具有良好的生物相容性、低毒性和环境友好特性。新一代具有环境友好和生物相容性的金属有机骨架材料具有如下特点:①多数生物分子(氨基酸、多肽和蛋白质等)对金属离子有配位和桥联的作用,且分子骨架上的多种配位原子提供了与金属结合的位点,可形成多种多样的 BioMOF;②BioMOF 生物分子的内在的自组装性,可以诱导 BioMOF-BioMOF 的组装构筑,可形成特定功能的 MOF;③生物分子具有手性,可用来构筑手性 MOF,在手性识别、分离和催化方面具有一定的优势。

按照生物分子分类,目前主要的 BioMOF 包括:由核碱基合成的 BioMOF、由氨基酸合成的 BioMOF、由多肽合成的 BioMOF 和由蛋白质合成的 BioMOF 等(图 6-25)。

核碱基是指一类杂环化合物,其氮原子位于环上或取代氨基上,核碱基主要包括腺嘌呤(A)、胸腺嘧啶(T)、鸟嘌呤(G)、胞嘧啶(C)和尿嘧啶(U)。核碱基具有丰富的氢键作用能力,含有丰富的 N、O 等配位原子,加上分子结构的刚性,使其成为理想的构建 MOF 的生物分子配体。BioMOF 中比较有名的 Bio-MOF-1,就是由核碱基合成的典型例子。利用同一类碱基配体,还可合成另一种 BioMOF,即 Bio-MOF-100,Bio-MOF-100 是第一例全介孔的 MOF,比表面积高达 $4300m^2 \cdot g^{-1}$[123]。

肽又称缩氨酸,是由两个或两个以上氨基通过肽键共价连接形成的聚合物。肽的氨基端可以像氨基酸一样采用类似的 O、N-螯合配位模式,形成五元环,羧基端可采用多种常见的配位模式,因此肽可充当连接配体构建二维、三维 MOF。一般肽中含有的氨基酸的数目为 2~9 个,每个多肽都具有独特的序列和立体化学结构,使得多肽类具有分子识别特性和本征手性,因此所形成的 BioMOF 在不对称催化以及对映体选择性分离等方面有潜在的应用前景。[Cd(GlyGlu)₂]即

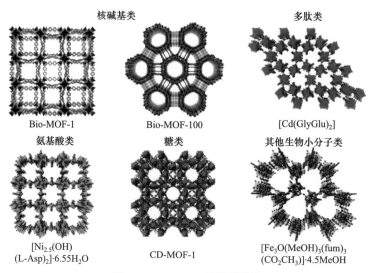

核碱基类   多肽类

Bio-MOF-1   Bio-MOF-100   [Cd(GlyGlu)₂]

氨基酸类   糖类   其他生物小分子类

[Ni₂.₅(OH)
(L-Asp)₂]·6.55H₂O   CD-MOF-1   [Fe₃O(MeOH)₃(fum)₃
(CO₂CH₃)]·4.5MeOH

图 6-25 BioMOF 的常见结构

为典型的具有一维孔道的三维多孔骨架[124],其中每个 Cd(Ⅱ)八面体通过 4 个 Gly-Glu 链接另外 4 个 Cd(Ⅱ)离子。

    氨基酸是分子结构中含有氨基(—NH₂)和羧基(—COOH),且氨基和羧基都直接连接在一个 CH 结构上的有机化合物。从结构上看,天冬氨酸(Asp)和谷氨酸(Glu)中的两个羧基、蛋氨酸(Met)中的甲硫基、组氨酸(His)中的咪唑基和脯氨酸(Pro)中的吡咯环等基团可桥联金属离子,形成三维骨架。三维[Ni₂.₅(OH)(L-Asp)₂]·6.55H₂O 就是一个典型的由天冬氨酸合成的、具有一维孔道的 BioMOF[125],它由一系列纯手性的[Ni₂O(L-Asp)(H₂O)₂]·4H₂O 一维手性链组成,每个天冬氨酸通过氨基和羧基配位到 5 个 Ni 离子上,这些螺旋链再与另一个 [Ni(Asp)₂]²⁻连接形成三维骨架。

    糖类包括单糖、双糖和多糖等,在生命系统中的能量供给和结构骨架等方面扮演着极其重要的角色,最近发现糖类也能与金属离子配位构建三维 BioMOF,即 CD-MOF-1[126]。CD-MOF-1 是通过 6 个 γ-环糊精(γ-cyclodextrin,γ-CD)单元通过金属离子连接(γ-CD)₆ 立方体形成的三维骨架,所形成的孔道结构包括 0.78nm 的孔道和 1.7nm 的 γ-CD 单元本征孔道,其比表面积>1000m² · g⁻¹ 且能在 200℃ 下保持其孔道结构。

    除以上常见的生物分子种类可形成 BioMOF 外,自然界中还存在很多其他类分子,其中一些分子结构中包括大量的羧酸官能团,如甲酸、草酸、延胡索酸、戊二酸、苹果酸和琥珀酸等,也是构建 BioMOF 的理想连接材料[127]。

    BioMOF 直接引入生物分子作为连接体,在生物相容性方面具有突出优势。得益于 BioMOF 材料的迅速发展,BioMOF 在生物医药领域的应用价值也日益凸显，如 Bio-MOF-1、Bio-MOF-4、Bio-MOF-100 和 ZnBTCA 作为药物载体可实现靶向给药和缓释应用，是 BioMOF 最有潜力的应用方向[128]。近年来的研究工作也表明，BioMOF 在生物传感与成像、生物酶催化和手性分离等生物医药领域也具有极大的应用前景[129]。

6.5.2　吸附功能配位聚合物

1. 二氧化碳捕获

CO_2 气体具有较大的极化率和四极矩，其原子上带有部分电荷，而多孔配合物的内壁大多具有极性，当 CO_2 进入多孔配合物孔道中时，与孔壁具有较强的相互作用，CO_2 和 MOF 之间的作用力包含范德华力和静电力。因此，MOF 材料在 CO_2 吸附方面具有重要的应用价值。目前提高气体吸附的重要手段主要有如下几种途径。

(1) 将功能化基团引入有机配体中，增加与客体分子的作用位点，从而提高气体的吸附。近年来，尤其是氨基功能化的 MOF 已经被广泛研究，由于氨基可以提供路易斯碱结合位点，而 CO_2 具有路易斯酸性，与氨基作用有较强的亲和力，进而提高了材料对 CO_2 的吸附性能。由于苯环的吸电子效应会降低氨基的碱性，因此与苯环直接相连的氨基与烷基胺相比，其路易斯碱性位点与 CO_2 之间的相互作用力会大幅降低。含有芳香胺基团的 MOF 对 CO_2 的吸附焓一般为 20～45kJ·mol^{-1}，属于物理吸附，而烷基胺与 CO_2 相互作用可以形成氨基甲酸根，已经到了化学作用的范畴。

(2) 采用孔道分区策略(pore space partition，PSP)，为气体分子提供一个合适的空间，最大化增加主-客体的相互作用，进而将孔空间有效利用起来。MOF 材料较高的比表面积和较大的孔体积对小分子气体的捕获并不是必要条件，要想增加小分子气体吸附量，MOF 需要具备的一个重要的特征就是与气体分子相当的孔尺寸。鉴于孔道分区策略在气体吸附方面所展现出的优势，翟全国等对同一结构拓展到了更广阔的平台[130-131]。通过改变配体的取代基、配体的长短，到金属的种类，从单金属三核簇到双金属三核簇(图 6-26)，系统地研究了 *pacs*-MOF (partitionated *acs*)材料家族对气体吸附的影响。其中 CPM-231 (Mg_2V-DHBDC)对 CO_2 的吸附量打破了 MOF-74-Mg 的纪录，且作为无开放金属位点的 MOF 来说，创造了当时的吸附纪录值。

2. 氢气存储

由于氢气分子与吸附剂表面之间的作用力一般比较弱，在接近室温下配位聚合物吸附剂的储氢能力普遍比较低[一般小于 2%(质量分数)]。目前，氢气吸附

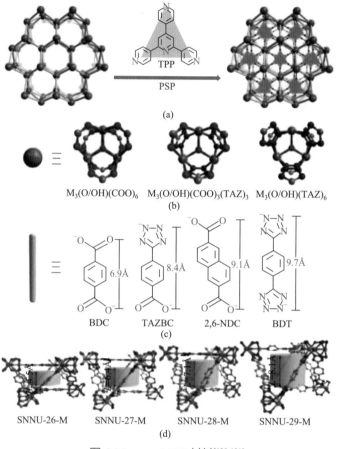

图 6-26 *pacs*-MOF 材料[130-131]

常规测试一般在低温下(77K)进行，在高温(常温)条件下物理吸附存储方面的突破不大。对配位聚合物材料孔尺寸和孔环境的优化是提高其储氢性能的关键。

如第 5 章所述，MOF-5 是众多多孔配位聚合物材料中的一个典型范例。Long 等[132]在严格无水无氧条件下制备的 MOF-5 样品，在 77K、4MPa 下 H_2 超额吸附量为 76mg·g^{-1}。当压力为 17MPa 时，H_2 绝对吸附量(absolute adsorption uptake)高达 130mg·g^{-1}，体积存储密度为 77g·L^{-1} (图 6-27)。

配位聚合物氢气存储方面的研究大多集中在为提高配位聚合物材料与 H_2 分子之间的相互作用力，提高其接近室温下的储氢能力。虽然大量在孔尺寸和形状优化孔表面官能化等方面的研究工作已有报道[133]，然而，MOF 材料在接近室温下实际可行的储氢应用仍有待于相关研究的更大突破。

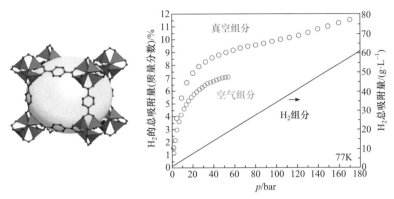

图 6-27 MOF-5 的三维骨架结构图及其吸附 H_2 的曲线图[133]

3. 甲烷储存

所有烃类中，甲烷具有最大的氢碳比，燃烧释放每单位的热量，甲烷产生的 CO_2 量最少。通过多孔吸附剂材料对天然气进行物理吸附存储是近年来的另一个研究热点。基于物理吸附的天然气存储方式所需压力较小，可以在室温下进行，具有经济性好、使用方便、安全性高等优点。2010 年美国能源部对吸附剂材料提出了一个极具挑战性的天然气存储目标：在室温下，体积上存储密度不低于 $0.188g \cdot cm^{-3}$，相当于吸附剂的体积储存能力需要达到 $263cm^3 \cdot cm^{-3}$；质量上存储密度不低于 $0.5g \cdot g^{-1}$，相当于吸附剂的质量储存能力需要达到 $700cm^3 \cdot g^{-1}$[134]。针对这一目标，科学家们做出了大量富有成效的研究工作。例如，在配体上引入路易斯碱性的吡啶和嘧啶氮原子从而提升配位聚合物对甲烷的吸附存储能力[135]，通过这一策略，配体上含有嘧啶氮原子的 UTSA-76 在 25℃和 6.5MPa 条件下甲烷的吸附量达到了 $257cm^3 \cdot cm^{-3}$ (图 6-28)。

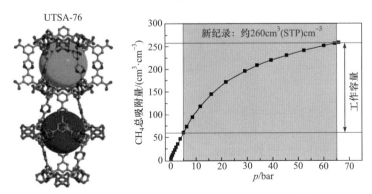

图 6-28 UTSA-76 的三维网格结构和其吸附 CH_4 的曲线图[135]

6.5.3 发光功能配位聚合物

发光是描述能量电子从激发态向基态跃迁的辐射过程。根据弛豫过程中的自旋多重态，发光可以分为荧光和磷光两种形式。从单重激发态向基态的辐射跃迁产生的光为荧光，这个过程持续时间较短。磷光则是指三重激发态和基态之间发生辐射跃迁产生的光，这个过程持续一微秒到几秒。由于 MOF 固有的杂化性质和丰富的结构，其发光功能可来自配体或金属离子。如图 6-29 所示[136]，MOF 材料发光机理主要有以下四种：配体发光、金属发光、电荷转移发光和客体分子与框架作用诱导发光。配体发光所对应的是第一激发态到基态的跃迁，且这种跃迁是 $\pi^* \to \pi$ 或 $\pi^* \to n$ 的过程。金属发光(主要是镧系金属 MOF 通过天线效应)是 4f 轨道从 $4f^0$ 到 $4f^{14}$ 逐渐填充，这些电子组态 $4f^n(n=0\sim14)$ 产生不同的电子能级，基于这些电子能级可产生复杂的光学性质。电荷转移发光主要有配体向金属的电荷迁移(LMCT)、金属向配体的电荷迁移(MLCT)和配体内的电荷迁移(ligand-to-ligand charge transfer，LLCT)三种典型的形式。对于 MLCT，电子从金属离子的轨道转移到有机配体的局域轨道；对于 LMCT，电子是从有机配体的局域轨道转移到金属离子的轨道；LLCT 是指电荷在不同配体之间的转移。客体分子与主体框架作用诱导发光主要是通过在 MOF 材料中封装发光物质实现的，包括稀土离子、荧光染料、量子点等材料，从而使 MOF 材料具有优异的发光性能。LMCT 可能发生在主族和过渡金属中，高氧化态金属与配体结合时可能会被部分还原，配体会被部分氧化。拥有闭壳层的 d^0 和 d^{10} 金属配位形成的荧光 MOF，除去配体自身的荧光特性，其发光主要来自于 LMCT 过程。MLCT 过程则主要发生在电子构型为 d^6、d^8 和 d^{10} 的易于氧化的第二、第三列过渡金属和可接受电子的配体之间。

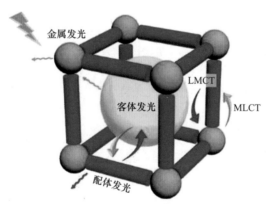

图 6-29 多孔 MOF 发光机理示意图

小球代表金属团簇；大球代表客体分子；圆柱体代表有机配体

使用光响应金属离子/簇是实现 MOF 发光功能的主要途径之一。镧系金属离子作为最常见的光响应金属离子，其独特的电子层结构和能级分布使得镧系金属离子具有优异的发光性能。镧系金属离子的发射波长范围较宽，可以覆盖从蓝光到近红外的光谱区域，不同镧系金属离子往往具有特定的荧光发射峰，如 Tm^{3+}、Tb^{3+}、Sm^{3+} 和 Eu^{3+} 可分别发出蓝光、绿光、橙光和红光。单禁阻的 f-f 电子跃迁使得镧系金属离子难以被直接激发，因此镧系金属离子在 MOF 中主要通过天线效应而被敏化实现发光[137]。具体过程是激发光首先被配体吸收，吸收的能量可转移至镧系金属离子的激发能级进而辐射光子，产生荧光。镧系荧光 MOF 以其谱线尖锐、识别分辨率高、良好的化学稳定性和优异的发光性能被广泛关注。早在 2009 年，科学家就基于 $(Ce_{2-x-y}Eu_xTb_y)(C_8H_4O_4)_3(H_2O)_4$ 体系实现了对其发光特性的系统调节[138]。之后对镧系 $MOF(Eu_xTb_{1-x}L)$ 的掺杂研究表明[139]，随着 Eu^{3+} 浓度的增加，Tb^{3+} 的绿色发光强度逐渐减小，而 Eu^{3+} 红色发光强度逐渐增大。共掺杂 MOF 的发光颜色可以从绿色稳定调节到黄绿色、黄色、橙色、红橙色和红色。翟全国等选择不同的稀土金属离子与 2,5-吡啶二羧酸(H_2PDC)构筑出多种稀土离子的配位聚合物 $[Gd(pdc)(ga)]_n$、$[Tb(pdc)(ga)]_n$、$[Dy(pdc)(ga)]_n$ 等。该类 MOF 因中心稀土离子的不同而呈现出不同颜色的发光特征[140]。

合理设计光响应有机配体是获得光功能 MOF 材料的有效方法。有机配体的修饰可以增强发光 MOF 的光响应性能，常见的配体修饰方法包括配体主链的延长、溶剂辅助的配体交换以及在配体结构中引入特殊官能团等。在光功能 MOF 材料的合成过程中，通常选用具有 π 共轭体系的有机分子作为桥联配体，这有利于增强整个骨架结构的电子云密度。共轭体系越大，配体分子对激发光的吸收能力越强，因分子振动而导致的能量损耗越少。通常情况下，MOF 材料的发光性能表现为荧光，且往往与自由配体的荧光性质有所差异。最近的研究发现[141]，通过对 MUF-77 中有机配体的多组分设计，可以实现对其发光特性的调控。通过结合不同配体的发光物性，可实现 MUF-77 的白光发射，该工作证明了有机组分之间的能量转移相互作用和与客体的非共价相互作用可有效调控 MOF 的发光特性。最近，来自佛罗里达大学的研究团队和陕西师范大学翟全国研究团队[142-143]借鉴固溶体替换理念将具有不同发光性质的有机连接体嵌入到同一个 MOF 结构中(图 6-30)，实现了有机连接体替换对发光性能的可控调控。发射红、绿、蓝光的连接体被集成到非发光 MOF 中，发现连接体在溶液状态下的发射特性可在 MOF 中被保持。基于连接器的 MOF 的国际照明委员会(Commission Internationale de l'Eclairage，CIE)色度图和图片对比，表明其颜色纯度很高，因此可以精确地实现可调的多色发射。此外，MOF 的刚性结构也克服了聚集荧光猝灭，提高了量子产率，显示出在光子器件和高清显示器等高精度应用方面的巨大潜力。

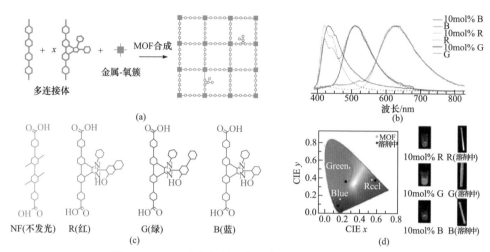

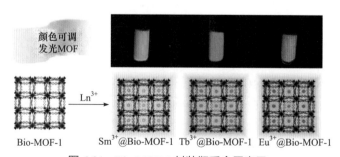

图 6-30 MOF 中有机基取代示意图及其发光性能调控

封装客体光响应物质也是构建光功能 MOF 材料非常重要的方法。利用 MOF 结构中可调节且规整有序的孔道结构来封装客体发光物质可以得到具有优异发光性能的 MOF 复合材料。常见的客体发光物质包括镧系金属离子、碳量子点和荧光染料等，客体发光物质的引入通常需要与主体骨架之间存在较强的相互作用，如配位作用、静电作用和氢键作用等。2011 年科学家就实现了将镧系金属离子嵌入到 BioMOF-1 中[144]，实现了颜色可调的发光 MOF 制备，Tb^{3+}@Bio-MOF-1、Sm^{3+}@Bio-MOF-1 和 Eu^{3+}@Bio-MOF 可分别发出绿色、粉色和红色的光(图 6-31)。郎建平等[145]提出并证明了一种客体封装诱导发光增强机制，实现了对目标有机物的超快发光检测。通过在$[Cu_4I_4]$基 MOF 中引入氯代烃来锁定分子振动(图 6-32)，室温下发光强度可明显增强。理论和实验结果表明，这种发光增强是由骨架和客体分子之间的弱超分子相互作用引起的。陈邦林等[146]发现将钙钛矿量子点封装进 MOF 晶体可显著提升其发光性能，得到的 ZJU-28/$MAPbBr_3$ 单晶具有高达 51.1% 的荧光量子效率和优良的光稳定性。

图 6-31 Bio-MOF-1 封装镧系金属离子

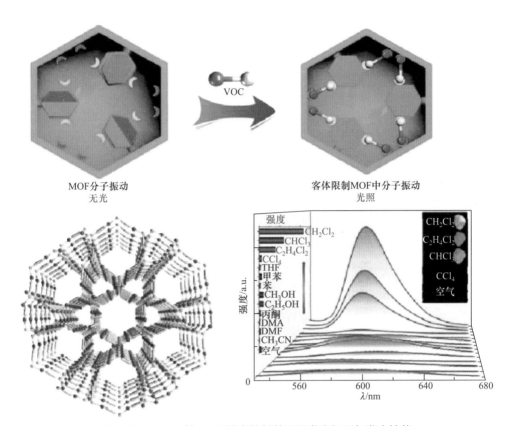

图 6-32　[Cu₄I₄]基 MOF 的客体封装诱导发光机理与发光性能

6.5.4　导电功能配位聚合物

配位聚合物多为电绝缘体($\delta < 10^{-10} S \cdot cm^{-1}$)，这阻碍了它们在能量存储和转换等电化学相关领域的应用[147-150]。一般来说，导电功能聚合物的导电机制主要有两种：通过键传输和空间传输[151-152]。因此，目前主要通过设计和调控以上两种电荷传输方式，来改善和增强导电功能聚合物的导电性。

1. 键传输的导电配位聚合物

配位聚合物中键传输旨在通过金属的 d_π 与配体的 π^* 轨道之间空间和能带的重叠来改善配位键中的电荷传递。2009 年，Kajiwara 等报道了第一例导电功能聚合物 MOF：Cu[Cu(pdt)₂](pdt=2,3-二巯基吡嗪)[153]。其网格结构中，铜二硫烯单元(—Cu—S—)对电荷的传输起到了至关重要的作用[图 6-33(a)]，d⁹ 电子态的 Cuᴵᴵ 的高能量未成对电子极大地增加了网格骨架的电荷密度，提高了电荷的快速跃迁，使该类材料的电导率增加至 $6 \times 10^{-4} S \cdot cm^{-1}$。此外，金属离子与有机配体之间形成的特殊的一维链或二维网格单元，有助于形成金属离子和配位原子轨道的有效重叠，增强电荷迁移率。如图 6-33(b)、(c)所示，金属与 H₄DSBDC(2,5-二巯基对苯二甲酸)[154]或 H₂bdt{5,5′-[1,4-亚苯基-*bis*(1*H*-四唑)]}[155]配位，形成具有(—M—S/N—)∞一维链的多孔结构，金属与 S/N 原子的轨道重叠，产生的空穴使电荷更容易跃迁，其电导率可提高约 6 个数量级，达到 $3.9 \times 10^{-6} S \cdot cm^{-1}$。

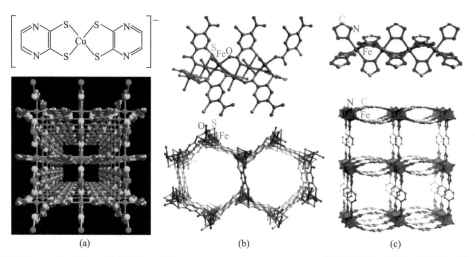

图 6-33　(a)Cu[Cu(pdt)₂]结构；(b)(c)M₂(DSBDC)/M₂(DOBDC)一维链状结构及其三维网格结构

2. 空间传输的导电配位聚合物

空间传输是通过聚合物中的电活性单元之间的非配位键作用来实现电荷传递的。例如，有机配体中非共价键 π···π 的相互作用可以形成有效的电荷传递路径；具有氧化还原活性的有机配体会产生长程的电子离域，促进电荷的传输。这一类导电聚合物多为金属与导电有机配体组装而成，如具有高度共轭结构的烯基、醌二甲烷基、萘基、蒽基、萘二亚胺基或具有氧化还原性的酚类、多胺、硫醇、半醌、卟啉等导电有机官能团[156-158]。烯基配体构筑的蜂窝状阴离子层状骨架和三维骨架聚合物，通常表现出很高的导电性。[Fe₂(dhbq)₃]²⁻是基于二羟基苯醌配体的三维多孔骨架材料[159]。由于电荷在 dhbq³·⁻和 dhbq²⁻之间的快速跳跃改善了电荷离域[图 6-34(a)]，使[Fe₂(dhbq)₃]²⁻的电导率显著改善，达到 $0.16 S \cdot cm^{-1}$，也是目前导电性最好的三维骨架聚合物。

此外，基于平面、完全共轭配体和三角形几何形状的二维层状骨架也是通过空间传输的方式构成导电聚合物最突出的一类。金属与连接体之间的共价键形成一个扩展的 π 共轭骨架。从而产生强离域作用，使聚合物骨架产生强的电导性。Sheberla 等报道的 Ni₃(HITP)₂ 依旧是目前导电性最好的多孔聚合物[160]。它主要是由配体 2,3,6,7,10,11-六氨基苯并菲和金属 Ni 形成的蜂巢状层，层间以一种滑动但

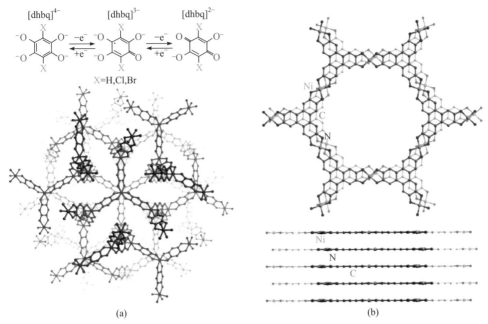

图 6-34　[Fe₂(dhbq)₃]²⁻(a)和 Ni₃(HITP)₂(b)的骨架结构及电荷传递机理

近乎重叠的方式堆叠[图 6-34(b)]。金属 Ni^{II}与亚氨基半醌 HITP^{3-}有机连接体之间具有很强的平面内键合，这种强的键合力使 π 共轭层之间紧密堆积，有效地增加了聚合物骨架离域，改善了电荷在层间的迁移。而且亚氨基半醌的进一步氧化导致电子在骨架中形成多余的空穴，产生类似 p 型半导体的特性。这也使 Ni₃(HITP)₂的电导率高达 150S·cm^{-1}。

导电配位聚合物是近年新兴的材料研究方向，其导电机制、结构设计、材料应用的研究都还处于发展的初级阶段，配位聚合物导电性的改善策略主要集中在本征结构和外在结构两个方面。配位聚合物本征结构的改善主要包括无机构筑单元、金属和有机连接之间的延伸键，以及有机连接体之间的非共价相互作用等方面。而利用配位聚合物骨架的孔隙结构引入导电性物质或形成薄膜等器件，来改善配位聚合物骨架的导电性也是应用广泛的一方面。配位聚合物导电性的改善，是促使该类材料在未来广泛应用的前提。

6.5.5　磁性功能配位化合物

分子基磁性材料是基于现代配位化学理论发展起来的一类能够在分子水平上对磁学性能进行调控的新型磁性材料。相比传统的氧化物、金属及合金等无机块体磁性材料，分子基磁性材料主要由有机配体及金属离子组成，通过配位化学方法(主要是溶液法)能够较为容易地生长出单晶，从而通过 X 射线或粒子衍射获得其明确的分子结构信息，进而很好地建立磁学及结构之间的关系。更为重要的是，有机配体千变万化，通过合理的配体设计，能够实现对金属离子周围晶体场的有效调控，从而允许精确剪裁和优化它们的磁学性能。近年来，分子基磁性材料以其结构及性质的多样性引起了广泛的研究兴趣，而分子磁学已经发展成配位化学的一个重要分支，其内容涉及无机化学、有机化学、物理化学、理论化学和工程科学等多个学科领域。这不仅对基础磁学理论的完善具有重大意义，而且在新型高性能磁性功能材料的开发方面具有重要的应用前景，主要包括分子基磁体、分子基磁制冷、自旋转换材料以及与光、电耦合的多功能分子材料等，有望应用于高密度信息存储、量子计算、磁光或磁电转换器件等前沿领域。

考虑到磁体在日常生活中的广泛应用，近年来分子基磁体已快速发展成分子基磁性材料最重要的研究分支。它是指在阻塞温度(blocking temperature，T_B)以下时能够表现出经典磁体行为(磁滞回线)的分子基磁性材料。其主要以配位化学为中心对顺磁金属离子的晶体场环境及磁相互作用进行调控，以期实现磁体性能的提升达到磁学应用的目的，主要涉及过渡金属、镧系及锕系等金属离子。基于不同维度及磁体性质可以将其分为零维单分子磁体(single-molecule magnet，SMM)、一维单链磁体(single-chain magnet，SCM)、二维及三维磁有序磁体(magnetic ordering magent)。

单分子磁体不仅在结构上为分子化合物，包含单金属或多金属中心配合物，并且功能上要求分子之间的磁相互作用可以忽略。由于4f轨道容纳了较多单电子并且其电子具有强旋转耦合相互作用，重稀土离子(镝、铽、铒等)兼具了高自旋及强磁各向异性，非常适合于高性能单分子磁体的设计合成。2022年，加利福尼亚大学伯克利分校的Jeffrey Long等报道了具有稀土金属-金属键的单分子磁体[161]，它不仅具有独特的电子结构，同时具有很好的磁体性能。如图6-35所示，两个镝离子金属中心被三个碘离子桥联，并且两端分别被两个环戊二烯配体配位，形成了双金属中心分子配合物$(Cp^{iPr5})_2Dy_2I_3(Cp^{iPr5} = $ 五异丙基环戊二烯)。由于金属-金属键的存在，两个镝离子之间具有非常强的铁磁相互作用，这促使此化合物的磁阻塞温度超过80K，创造了单分子磁体的T_B最高纪录。

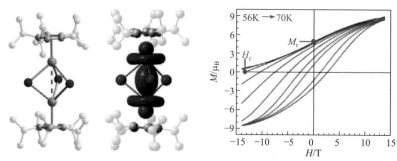

图 6-35　$(Cp^{iPr5})_2Dy_2I_3$单分子磁体分子结构、金属-金属成键轨道及磁滞回线测试

　　单链磁体结构上通常为一维配合物分子，并且功能上要求分子链内顺磁金属中心之间具有强磁相互作用，而分子链之间的磁相互作用则可以忽略。2020 年，施唯课题组通过氮氧自由基配体桥联合成了 Co^{2+} 基的单链磁体[Co(hfac)$_2$(L)，(hfac = 六氟乙酰丙酮)][162]。如图 6-36 所示，每个钴离子由两个六氟乙酰丙酮及两个自由基配体配位形成八面体配位构型，其中自由基配体桥联两个钴离子，从而形成了一维分子链并且有效促进了链内的磁相互作用。此一维分子链在低温时具有很好的磁滞回线，其矫顽力(H_c)甚至超出了传统的钕铁硼磁体。

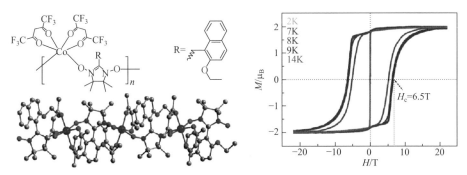

图 6-36　Co(hfac)$_2$(L)分子结构及磁滞回线测试

　　二维及三维磁有序分子基磁体类似于经典磁体，在顺磁金属中心之间存在强磁相互作用，具有长程有序特征。2022 年，来自法国波尔多大学的 R. Clérac 等研究者首先合成了一种二维 Cr^{3+}-吡嗪配位结构 CrCl$_2$(pyz)$_2$，其中吡嗪具有自由基和中性两种形式，此化合物在低温下表现出磁体行为(T_B＜55K)[163]。进一步通过强还原剂 Li$^+$[C$_{12}$H$_{10}^{\cdot-}$]将配合物中的桥联中性吡嗪配体还原为自由基，并且铬离子由三价的八面体构型转变为二价高自旋平面四方形结构(图 6-37)，从而有效提高了铬离子之间的磁相互作用。此化合物[Cr(pyz$^{\cdot-}$)$_2$]磁滞回线开口温度(T_B)高达 510K，在室温展现了 5300Oe 的强矫顽力。该磁体性能达到了无机材料的级别，是目前磁性最好的分子基磁体材料。

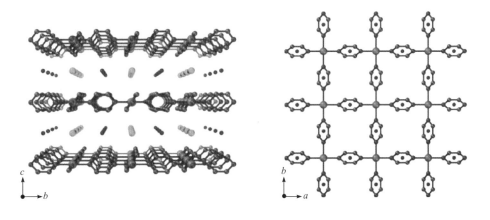

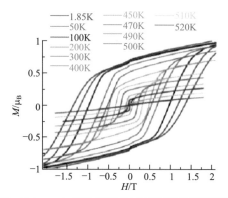

图 6-37　Cr(pyz˙⁻)₂配合物的分子结构图及磁滞回线测试

研究无机化学的物理方法介绍

3　配位聚合物[Cu₂I(DETRZ)]的制备与表征实例

一、制备方法和过程

通过丙酸与水合肼的关环反应生成 3,5-二乙基-4-氨基-1,2,4-三氮唑(DEATRZ)配体，该配体在溶剂热条件下原位脱氨基生成 3,5-二乙基-1,2,4-三氮唑(DETRZ)配体，DETRZ 进一步与 CuI 通过自组装反应生成目标产物。

1. 3,5-二乙基-4-氨基-1,2,4-三氮唑的合成

称取 9.25g (0.25mol) 丙酸于 100mL 干燥的圆底烧瓶中，加入 11.4g (0.20mol) 80%的水合肼，搅拌均匀，装上冷凝管，将烧瓶放置于电热套中缓慢加热至 220~230℃，恒温回流反应 5h，然后将反应温度降至 100℃左右，反应溶液倒入 150mL 异丙醇中，冷却得白色柱状结晶。减压抽滤白色晶体产物并收集晶体，用乙酸乙酯重结晶 1~2 次，得晶体产品 7.9g，产率为 56%，将产品放置于干燥器中备用。

丙酸与水合肼的关环反应如下：

$$2CH_3CH_2COOH + 2NH_2NH_2 \xrightarrow{\triangle} \underset{\text{DEATRZ}}{\overset{\overset{\displaystyle NH_2}{|}}{H_3CH_2C - \overset{N}{\underset{N-N}{\bigtriangleup}} - CH_2CH_3}} + 4H_2O$$

反应历程为[164]：

$$2CH_3CH_2COOH + 2NH_2NH_2 \longrightarrow 2CH_3CH_2COO^-H_3N^+NH_2 \longrightarrow 2CH_3CH_2CONHNH_2$$

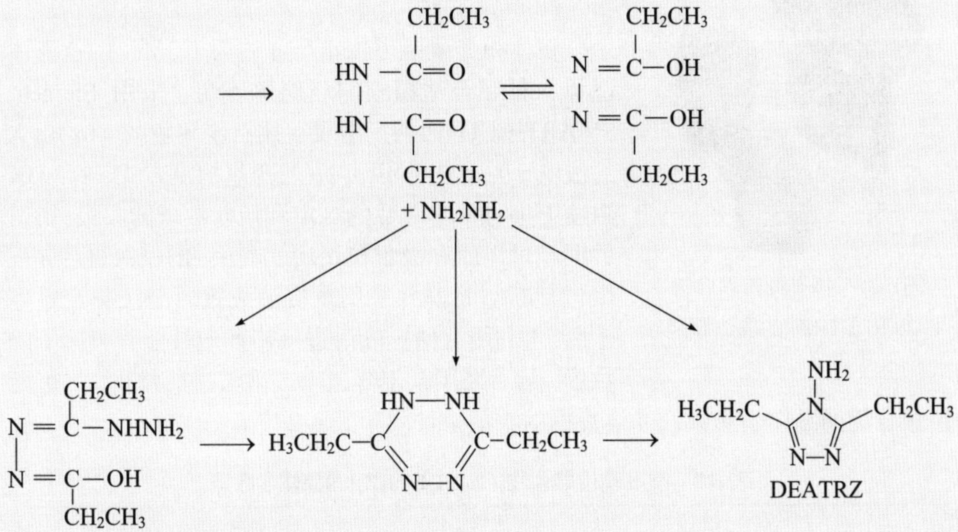

2. 微孔配位聚合物[Cu₂I(DETRZ)]的溶剂热合成

将 CuI (0.38g, 2.0mmol)、DEATRZ (0.13g, 1.0mmol)和 8mL 甲醇置于聚四氟乙烯内衬中，加入小磁子搅拌 30min，取出磁子后将内衬放入不锈钢外罐，密封后置于恒温干燥箱中，升温至 180℃，恒温 5 天，然后缓慢降至室温。打开反应釜，采用减压抽滤方式分离母液和晶体产物，甲醇洗涤，空气中晾干，得棕黄色晶体产物 0.30g，产率为 75%。

溶剂热条件下配体原位脱氨基后与 CuI 的自组装反应如下[165]：

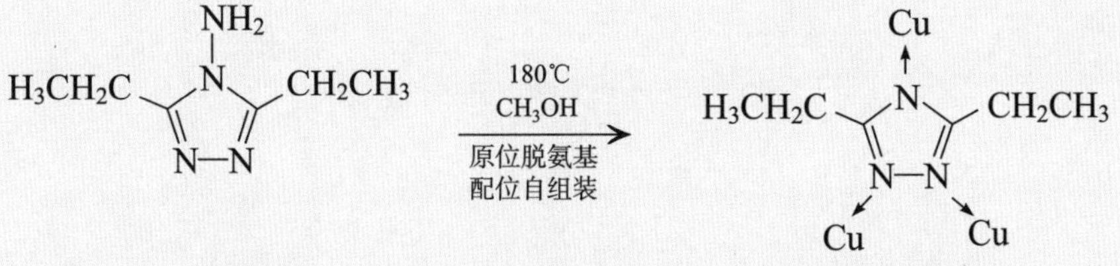

二、样品的表征

1. 样品外观观察

采用连续变倍体视显微镜观察目标微孔配位聚合物晶体外观，同时采用该显微镜所配备显微数码成像系统进行拍照，如图 6-38 所示，目标配位聚合物产物为洁净规则八面体晶体，尺寸为 0.3～2.0mm。

0.5mm

图 6-38 微孔配位聚合物
[Cu₂I(DETRZ)]的晶体照片

2. 单晶结构表征

在体视显微镜下挑出尺寸约为 0.3mm 的八面体晶体，粘在合适粗细的玻璃丝顶端，采用 Siemens SMART CCD 面探衍射仪，用石墨单色的 Mo Kα X 射线($\lambda = 0.71073$Å)以 ω-2θ 的变速扫描方式，在 293K 温度下进行单胞参数的测定和衍射数据的收集。衍射数据经过还原和吸收校正后，利用 SHELXTL-97 程序包判断空间群并采用直接法或重原子法确定重原子后，再利用差傅里叶法进一步确定其他非氢原子的位置，然后采用全矩阵最小二乘法进行修正。目标配位聚合物的晶体学参数及晶体数据的收集条件列于表 6-2 中。

表 6-2　微孔配位聚合物[Cu₂I(DETRZ)]的晶体学数据

项目	数据
分子式	$C_6H_{10}Cu_2IN_3$
相对分子质量	378.15
温度/K	293
波长/Å	0.71073
晶系	四方晶系
空间群	$I4(1)/a$
a/Å	17.1338(6)
b/Å	17.1338(6)
c/Å	19.6083(13)
α/(°)	90
β/(°)	90
γ/(°)	90
晶胞体积 V/Å³	5756.4(5)
Z	16
密度 D_{calc}/(mg·m⁻³)	1.745
吸收系数/mm⁻¹	5.065
$F(000)$	2848
晶体尺寸/mm	0.27 × 0.22 × 0.32
衍射角 θ/(°)	2.38～27.50

续表

项目	数据
限定	$-22 \leqslant h \geqslant 16$ $-21 \leqslant k \geqslant 22$ $-25 \leqslant l \geqslant 25$
收集衍射点/独立衍射点	21036 / 3302 [R(int) = 0.0337]
数据/限制/参数	3302 / 0 / 109
F^2	1.041
R_1, wR_2(可观测衍射点)	0.0430, 0.1392
R_1, wR_2(全部衍射点)	0.0524, 0.1568
最大残余电子密度峰值和洞值($e \cdot A^{-3}$)	1.288, −1.447

　　X 射线单晶及结构分析表明微孔配位聚合物[$Cu_2I(DETRZ)$]结晶为四方单斜晶系，$I4(1)/a$ 空间群，其主要的键长键角见表 6-3。该化合物的结构中存在两个晶体学独立的铜原子[图 6-39(a)]，其中 Cu(1)采用变形的四面体配位模式与三个 I 原子和一个来自三氮唑配体的 N 原子配位，Cu—N 键键长为 2.001(4)Å，Cu—I 键键长分别为 2.8430(9)Å、2.7239(8)Å 和 2.6001(8)Å；N—Cu(1)—I 键键角为 92.64(12)°～120.42(11)°，而 I—Cu(1)—I 键键角为 105.48(2)°～118.13(3)°。Cu(2)采用折线形二配位的方式以两个来自三氮唑配体的氮原子配位，Cu—N 键键长分别为 1.893(4)Å 和 1.895(4)Å，而 N—Cu—N 键键角为 162.41(18)°。

表 6-3　微孔配位聚合物[$Cu_2I(DETRZ)$]的主要键长(Å)和键角(°)

键	键长	键	键长
Cu(1)—N(1)	2.001(4)	Cu(1)—I(1)#1	2.6001(8)
Cu(1)—I(1)	2.8430(9)	Cu(2)—N(2)	1.893(4)
Cu(1)—I(1)#2	2.7239(8)	Cu(2)—N(3)#4	1.895(4)
键角	数据	键角	数据
N(1)—Cu(1)—I(1)#1	120.42(11)	N(1)—Cu(1)—I(1)#2	104.87(12)
N(1)—Cu(1)—I(1)	92.64(12)	I(1)#1—Cu(1)—I(1)	118.13(3)
I(1)#2—Cu(1)—I(1)	105.48(2)	I(1)#1—Cu(1)—I(1)#2	112.65(3)
N(2)—Cu(2)—N(3)#4	162.41(18)	Cu(1)#3—I(1)—Cu(1)	60.95(2)
Cu(1)#1—I(1)—Cu(1)#3	64.05(2)	Cu(1)#1—I(1)—Cu(1)	58.61(3)

对称操作码

#1: $-x, -y+1/2, z$　　#2: $y-1/4, -x+1/4, -z+1/4$　　#3: $-y+1/4, x+1/4, -z+1/4$　　#4: $y+1/4, -x+1/4, z+1/4$

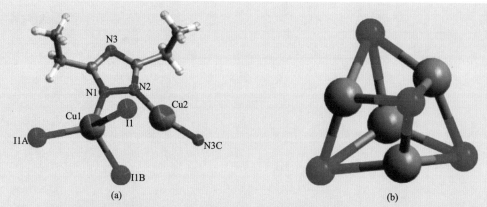

图 6-39 (a) 微孔配位聚合物[Cu₂I(DETRZ)]中 Cu 原子的配位环境图；(b) [Cu₄I₄]类立方烷无机簇

如图 6-39(b)所示，四个 Cu(1)原子与四个 I 原子相互连接，形成一个[Cu₄I₄]类立方烷无机簇单元，在该单元中，Cu⋯Cu 之间的距离为 2.6725(14)～2.8250(11) Å，表明存在较强的金属-金属间弱相互作用，这与其他已经报道的卤化亚铜类立方烷簇类似。二配位的 Cu(2)原子与 DETRZ 配体相互连接，形成一条沿 c 轴方向伸展的一维螺旋链，如图 6-40(a)所示。在该金属-有机配体螺旋链中，相邻铜原子之间的距离为 5.7844(9) Å，螺距为 19.6Å。每一个[Cu₄I₄]类立方烷簇通过四个 Cu(1)原子剩余的四个配位点连接相邻的四条螺旋链[图 6-40 (b)和(c)]，从而形成如图 6-40(d)所示的三维多孔结构。

3. 粉末衍射表征

为确保目标配位聚合物材料的纯度，在通过一颗晶体的 X 射线单晶衍射分析获得材料的单晶结构后，需对剩余所有样品进行粉末衍射分析，将粉末衍射的实

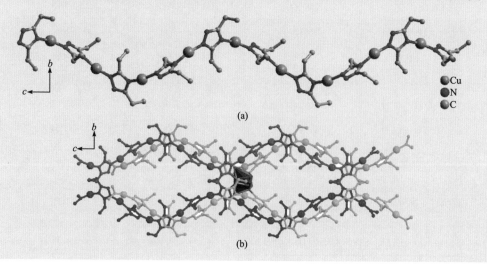

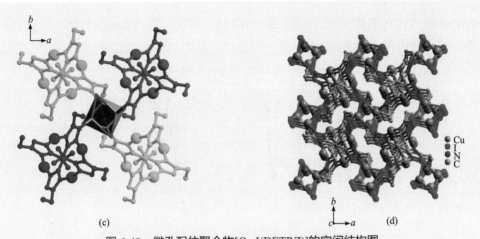

图 6-40　微孔配位聚合物[Cu₂I(DETRZ)]的空间结构图

(a) 一维螺旋链；(b)(c) [Cu₄I₄]无机簇与一维螺旋链之间的连接方式图；(d) 三维多孔结构图

验数据与通过单晶数据模拟所得的理论衍射图样进行比对，以确定样品是否为纯相。如图 6-41 所示，实验所得粉末衍射图与理论模拟的粉末衍射花样很好地吻合，说明所获得的微孔配位聚合物样品为纯相，保证了其他表征结果的可靠性。

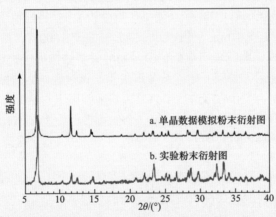

图 6-41　微孔配位聚合物[Cu₂I(DETRZ)]的理论和实验 X 射线粉末衍射图

4. 红外光谱表征

对已确定为纯相的样品进行红外光谱表征，采用 KBr 压片后，在 400~4000cm⁻¹ 的波长范围内进行了测定，如图 6-42 所示。1370cm⁻¹ 附近有吸收峰，证明 C—N 的存在；1230~1330cm⁻¹ 处有强吸收峰，证明存在 N—N=C 键；1630cm⁻¹ 附近有强吸收峰，表明存在 C=N 键，与非共轭的 C=N 出现在 1650cm⁻¹ 相比，红外光谱向低波数发生了移动，显然受到了共轭体系的影响。在 2923cm⁻¹、2854cm⁻¹ 处的吸收峰为饱和 v_{CH}，表明化合物中有—CH₃ 或—CH₂ 且 1427cm⁻¹ 和

1580cm⁻¹处也存在吸收峰，表明—CH₃和—CH₂均存在；1500cm⁻¹附近的吸收峰为三氮唑环的骨架振动峰。

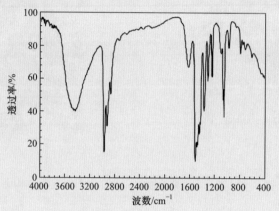

图 6-42　微孔配位聚合物[Cu₂I(DETRZ)]的红外光谱图

5. 热重分析表征

配位聚合物的热稳定性是衡量此类材料应用前景的关键指标之一，因此对目标微孔配位聚合物[Cu₂I(DETRZ)]开展了热重分析表征。将配位聚合物的晶体样品在 N₂ 的保护下以 10℃·min⁻¹ 的速度从 30℃升温至 1000℃，所得 TG/DTA 曲线如图 6-43 所示。TG 曲线表明该配位聚合物的骨架结构可以稳定到大约 350℃，当温度进一步升高后，骨架开始连续分解失重，该过程一直持续到大约 850℃，其中第一个失重平台发生在 350~500℃，较好地归属于有机配体 DETRZ 的分解，失重率为 31.6% (理论值为 32.8%)，第二个失重平台发生在 500~850℃，失重率为 51.3%，归因于 CuI 的升华丢失，理论值为 50.5%，剩余残渣为金属铜。

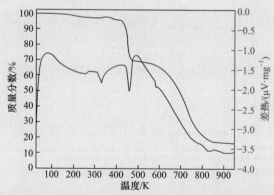

图 6-43　微孔配位聚合物[Cu₂I(DETRZ)]的热重分析结果

三、小结

　　微孔配位聚合物[Cu₂I(DETRZ)]的设计合成与表征,涉及有机配体的设计合成与分离提纯、产物的溶剂热合成与分离、体视显微镜观察晶体外观、X 射线单晶衍射仪测定单晶结构、X 射线粉末衍射分析确定样品纯度、红外光谱表征指认官能团、热重分析表征考察材料的热稳定性等配位聚合物合成与表征的基本过程。

参 考 文 献

[1] 徐光宪. 北京大学学报(自然科学版), 1978, 14(1): 51.

[2] 徐光宪. 北京大学学报(自然科学版), 1978, 14(1): 67.

[3] 李标国, 徐献瑜, 徐光宪. 北京大学学报(自然科学版), 1980, (2): 66.

[4] 李标国, 严纯华, 乔书平, 等. 中国稀土学报, 1985, 3(3): 20.

[5] 李标国, 严纯华, 乔书平, 等. 中国稀土学报, 1986, 4(2): 4.

[6] Vinarov I V. Russian Chemical Reviews, 1967, 36(7): 1244.

[7] 中国科学技术情报研究所. 锆铪分离. 北京: 科学出版社, 1960.

[8] 张楷, 徐亮, 赵卓. 稀有金属与硬质合金, 2021, 49(3): 24.

[9] Rahmati A, Ghaemi A, Samadfam M. Annals of Nuclear Energy, 2012, 39(1): 42.

[10] Slog M, Taghizadeh M, Ghoddocynejad D. Annals of Nuclear Energy, 2015, 75: 132.

[11] 胡洋洋. 四种强碱性阴离子交换树脂吸附铀性能研究及吸附工艺试验. 上海: 华东理工大学, 2014.

[12] Keller C. Radiochimca Acta, 1963, 1(3): 147.

[13] Nelson F, Michelson D C, Holloway J H. Journal of Chromatography A, 1964, 14: 258.

[14] Baybarz R D. Journal of Inorganic and Nuclear Chemistry, 1966, 28(8): 1723.

[15] 刘文华. 分析试验室, 2011, 30(6): 106.

[16] 李雅, 成瑜, 宋松娜, 等. 河北化工, 2008, (1): 13.

[17] 张万宇. 卟啉衍生物的制备及其光电性能和应用研究. 沈阳: 沈阳工业大学, 2018.

[18] 钟宏, 宋谢炎, 黄智龙, 等. 矿物岩石地球化学通报, 2021, 40(4): 819.

[19] Eichhorn R, Schärer U, Höll R. Contributions to Mineralogy and Petrology, 1995, 119(4): 377.

[20] 毕献武, 胡瑞忠. 矿物学报, 1999, 19(1): 28.

[21] 周涛发, 岳书仓. 北京大学学报, 2000, 36(5): 697.

[22] Seward T M. Geochimica et Cosmochimica Acta, 1973, 37(3): 379.

[23] Foster R P. Gold Metallogeny and Exploration. London: Chapman and Hall, 1984.

[24] 司幼东. 地质科学, 1966, 7(1): 1.

[25] 司幼东. 地质科学, 1963, (1): 19.

[26] 司幼东, 黄舜华. 地质科学, 1963, (4): 169.

[27] 王晴, 王帅, 周纯洁. 应用化工, 2015, 44(2): 336.

[28] Pradip, Fuerstenau D W. Minerals & Metallurgical Processing Journal, 2013, 30: 1.

[29] 张军, 汤玉和, 刘建国, 等. 稀土, 2013, (2): 17.

[30] 王鑫, 王亚运, 于传兵, 等. 中国矿山工程, 2020, 49(4): 73.

[31] 任俊. 矿产综合利用, 1990, (2): 11.

[32] Liu W, Wang X, Xu H, et al. Minerals & Metallurgical Processing, 2017, 34(3): 116.

[33] 王淀佐, 姚国成. 中国工程科学, 2011, 13(3): 4.

[34] 朱建光. 国外金属矿选矿, 2008, 45(2): 3.

[35] 高利坤, 张宗华, 王雅静. 矿冶工程, 2008, 28(4): 42.

[36] 王雅静, 张宗华. 矿业快报, 2008, 24(1): 31.

[37] Wen M C, Li G Y, Liu H L, et al. Environmental Science-nano, 2019, 6: 1006.

[38] Yu K, Kiesling K, Schmidt J R. Journal of Physical Chemistry C, 2012, 116: 20480.

[39] Tan K, Zuluaga S, Gong Q, et al. Chemistry of Materials, 2015, 27: 2203.

[40] Savage M, Cheng Y, Easun T L, et al. Advanced Materials, 2016, 28: 8705.

[41] Hamon L, Serre C, Devic T, et al. Journal of the American Chemical Society, 2009, 131: 8775.

[42] McKinlay A C, Eubank J F, Wuttke S, et al. Chemistry of Materials, 2013, 25: 1592.

[43] Ma X J, Chai Y T, Li P. Accounts of Chemical Research, 2019, 52(5): 1461.

[44] Zhao R, Ma T, Zhao S, et al. Chemical Engineering Journal, 2020, 382: 122893.

[45] Li Z, Zhou G, Dai H, et al. Journal of Materials Chemistry A, 2018, 6: 3402.

[46] Zhao X X, Li J Z, Li X, et al. Chinese Journal of Catalysis, 2021, 42: 872.

[47] Li J, Wang X X, Zhao G X, et al. Chemical Society Reviews, 2018, 47: 2322.

[48] Yee K, Reimer N, Liu J, et al. Journal of the American Chemical Society, 2013, 135(21): 7795.

[49] Fu L, Wang S, Lin G, et al. Journal of Hazardous Materials, 2019, 368: 42.

[50] Mon M, Lloret F, Ferrando-Soria J, et al. Angewandte Chemie International Edition, 2016, 128: 11333.

[51] Luo F, Chen J L, Dang L L, et al. Journal of Materials Chemistry A, 2015, 3: 9616.

[52] Chakraborty A, Bhattacharyya S, Hazra A, et al. Chemical Communications, 2016, 52: 2831.

[53] He X, Deng F, Shen T, et al. Journal of Colloid and Interface Science, 2019, 539: 223-234.

[54] Li X, Xu H, Kong F, et al. Angewandte Chemie International Edition, 2013, 52: 13769.

[55] Wang X, Chen L, Wang L, et al. Science China Chemistry, 2019, 62(8): 933.

[56] Carboni M, Abney C W, Liu S, et al. Chemical Science, 2013, 4: 2396.

[57] Shen N, Yang Z, Liu S, et al. Nature Communications, 2020, 11: 5571.

[58] Banerjee D, Simon C M, Elsaidi S K, et al. Chemistry, 2018, 4(3): 466.

[59] Mueller U, Schubert M, Teich F, et al. Journal of Materials Chemistry, 2016, 16: 626.

[60] Thallapally P K, Grate J W, MotkuriR K. Chemical Communications, 2012, 48: 347.

[61] Ghose S K, Li Y, Yakovenko A, et al. The Journal of Physical Chemistry Letters, 2015, 6: 1790.

[62] Wang H, Yao K X, Zhang Z J, et al. Chemical Science, 2014, 5: 620.

[63] Mallick A, Garai B, Addicoat M A, et al. Chemical Science, 2015, 6: 1420.

[64] Rapti S, Diamantis S A, Dafnomili A, et al. Journal of Materials Chemistry A, 2018, 6: 20813.

[65] Liu W, Dai X, Bai Z, et al. Environmental Science & Technology, 2017, 51: 3911.

[66] Xie J, Wang Y, Liu W, et al. Angewandte Chemie International Edition, 2017, 56: 7500.

[67] 张立. 化学研究与应用, 2014, 25(3): 6.

[68] Agostinho M, Braunstein P. Chemical Communications, 2007, 1: 58.

[69] Zweig J E, Kim D E, Newhouse T R. Chemical Reviews, 2017, 117(18): 11680.

[70] Alig L, Fritz M, Schneider S. Chemical Reviews, 2019, 119(4): 2681.

[71] 陈辉, 王清福, 刘婷婷, 等. 化学通报, 2021, 84(3): 232.

[72] 范情情. 新型[p,x]镍配合物的合成及其催化性质研究. 济南: 山东大学, 2021.

[73] 黄科胜. 新型手性三齿钳形金属配合物的合成及其在不对称催化反应中的应用. 扬州: 扬州大学, 2021.

[74] 应俊韬. 耐酸型镍基催化剂的制备及其催化加氢性能. 杭州: 浙江工业大学, 2020.

[75] 党宇娇. 以含氮三角羧酸为配体的锌配合物的构筑和催化性能研究. 临汾: 山西师范大学, 2019.

[76] Sellmann D. Angewandte Chemie International Edition, 1974, 13(10): 639.

[77] Chatt J, Dilworth J R, Richards R L, et al. Chemical Reviews, 1978, 78(6): 589.

[78] 席振峰, 金斗满. 化学通报, 1991, (3): 9.

[79] 项斯芬, 严宣申, 曹庭礼, 等. 无机化学丛书(第四卷). 北京: 科学出版社, 1995.

[80] Chatt J, Pearman A J, Richards R L. Nature, 1975, 253(5486): 39.

[81] Collman J P, Hutchison J E, Lopez M A, et al. Journal of the American Chemical Society, 1991, 13(7): 2794.

[82] Khan M M T, Bhardwaj R C, Bhardwaj C. Angewandte Chemie International Edition, 1988, 27(7): 923.

[83] 忻飞波, 郑丽敏, 忻新泉. 无机化学学报, 1992, 8(1): 3.

[84] Nishibayashi Y, Iwai S, Hidai M. Science, 1998, 279(5350): 540.

[85] Knobloch D J, Lobkovsky E, Chirik P J. Nature Chemistry, 2010, 2(1): 30.

[86] Sekiguchi Y, Kuriyama S, Eizawa A, et al. Chemical Communications, 2017, 53(88): 12040.

[87] Hill P J, Doyle L R, Crawford A D, et al. Journal of the American Chemical Society, 2016, 138(41): 13521.

[88] Al-Mamoori A, Krishnamurthy A, Rownaghi A A, et al. Energy Technology, 2017, 5(6): 834.

[89] Arakawa H, Aresta M, Armor J N, et al. Chemical Reviews, 2001, 101(4): 953.

[90] Aresta M, Dibenedetto A. Dalton Transactions, 2007, (28): 2975.

[91] Eschenmoser A. Angewandte Chemie International Edition, 1988, 27(1): 5.

[92] Chauvy R, Meunier N, Thomas D, et al. Applied Energy, 2019, 236: 662.

[93] Liu Q, Wu L, Jackstell R, et al. Nature Communications, 2015, 6(1): 5933.

[94] Peterson S L, Stucka S M, Dinsmore C J. Organic Letters, 2010, 12(6): 1340.

[95] Takeda Y, Okumura S, Tone S, et al. Organic Letters, 2012, 14(18): 4874.

[96] Ishida T, Kikuchi S, Tsubo T, et al. Organic Letters, 2013, 15(4): 848.

[97] Sugawara Y, Yamada W, Yoshida S, et al. Journal of the American Chemical Society, 2007, 129(43): 12902.

[98] Correa A, Martin R. Journal of the American Chemical Society, 2009, 131: 15974.

[99] Shi M, Nicholas K M. Journal of the American Chemical Society, 1997, 119(21): 5057.

[100] Takaya J, Tadami S, Ukai K, et al. Organic Letters, 2008, 10(13): 2697.

[101] Takimoto M, Hou Z. Chemistry: A European Journal, 2013, 19(34): 11439.

[102] Ukai K, Aoki M, Takaya J, et al. Journal of the American Chemical Society, 2006, 128(27): 8706.

[103] Aresta M, Nobile C F, Albano V G, et al. Journal of the Chemical Society, 1975, (15): 636.

[104] Hoberg H, Peres Y, Krüger C, et al. Angewandte Chemie International Edition, 1987, 26(8): 771.

[105] Hoberg H, Peres Y, Milchereit A. Journal of Organometallic Chemistry, 1986, 307(2): 38.

[106] Aresta M, Quaranta E, Ciccarese A. Journal of Molecular Catalysis, 1987, 41(3): 355.

[107] Ramidi P, Felton C M, Subedi B P, et al. Journal of CO_2 Utilization, 2015, 9: 48.

[108] Caló V, Nacci A, Monopoli A, et al. Organic Letters, 2002, 4(15): 2561.

[109] Jiawei L, Yanwei R, Huanfeng J. Progress in Chemistry, 2019, 31(10): 1350.

[110] Brown K, Zolezzi S, Aguirre P, et al. Dalton Transactions, 2009, 8: 1422.

[111] Cancino P, Paredes-García V, Aguirre P, et al. Catalysis Science & Technology, 2014, 4(8): 2599.

[112] Chen J, Chen M, Zhang B, et al. Green Chemistry, 2019, 21(13): 3629.

[113] Tang J, Dong W, Wang G, et al. RSC Advances, 2014, 4(81): 42977.

[114] Shi Z, Niu G, Han Q, et al. Molecular Catalysis, 2018, 461: 10.

[115] Li R, Zhang F, Wang D, et al. Nature Communications, 2013, 4(1): 1432.

[116] Li R, Han H, Zhang F, et al. Energy & Environmental Science, 2014, 7(4): 1369.

[117] Puntoriero F, La Ganga G, Sartorel A, et al. Chemical Communications, 2010, 46(26): 4725.

[118] Ganguly P, Harb M, Cao Z, et al. ACS Energy Letters, 2019, 4(7): 1687.

[119] Pi Y, Feng X, Song Y, et al. Journal of the American Chemical Society, 2020, 142(23): 10302.

[120] Wang C P, Feng Y, Sun H, et al. ACS Catalysis, 2021, 11(12): 7132.

[121] Qin J S, Du D Y, Guan W, et al. Journal of the American Chemical Society, 2015, 137(22): 7169.

[122] Imaz I, Rubio-Martinez M, An J, et al. Chemical Communications, 2011, 47(26): 7287.

[123] An J, Farha O K, Hupp J T, et al. Nature Communications, 2012, 3(1): 1.

[124] Ferrari R, Bernés S, de Barbarín C R, et al. Inorganica Chimica Acta, 2002, 339: 193.

[125] Anokhina E V, Go Y B, Lee Y, et al. Journal of the American Chemical Society, 2006, 128(30): 9957.

[126] Smaldone R A, Forgan R S, Furukawa H, et al. Angewandte Chemie International Edition, 2010, 49(46): 8630.

[127] Serre C, Millange F, Surblé S, et al. Angewandte Chemie International Edition, 2004, 43(46): 6285.

[128] Liu J, Bao T Y, Yang X Y, et al. Chemical Communications, 2017, 53(55): 78, 4.

[129] Cai H, Huang Y L, Li D. Coordination Chemistry Reviews, 2019, 378: 207.

[130] Zhai Q G, Bu X, Mao C, et al. Nature Communications, 2016, 7(1): 1.

[131] Zhai Q G, Bu X, Zhao X, et al. Accounts of Chemical Research, 2017, 50(2): 407.

[132] Kaye S S, Dailly A, Yaghi O M, et al. Journal of the American Chemical Society, 2007, 129 (46): 14176.

[133] Suh M P, Park H J, Prasad T K, et al. Chemical Reviews, 2012, 112(2): 782.

[134] Farha O K, Yazaydın A Ö, Eryazici I, et al. Nature Chemistry, 2010, 2(11): 944.

[135] Li B, Wen H M, Wang H, et al. Journal of the American Chemical Society, 2014, 136(17): 6207.

[136] 钱文浩, 李富盛, 黄玮, 等. 化学通报, 2019, 82(2): 99.

[137] 许宁. 新型光功能金属-有机框架材料的构建及性能研究. 武汉: 华中科技大学, 2019.

[138] Kerbellec N, Kustaryono D, Haquin V, et al. Inorganic Chemistry, 2009, 48(7): 2837.

[139] Zhao S N, Li L J, Song X Z, et al. Advanced Functional Materials, 2015, 25: 1463.

[140] Cornelio J, Zhou T Y, Alkaş A, et al. Journal of the American Chemical Society, 2018, 140(45): 15470.

[141] Wesley J N, Suliman A, Jesus C, et al. Journal of the American Chemical Society, 2019, 141(28): 11298.

[142] Yin H Q, Yin X B. Accounts of Chemical Research, 2020, 53(2): 485.

[143] 王潇. 基于三角形吡啶羧酸配体构筑新型金属-有机骨架材料及其光电性能研究. 西安: 陕西师范大学, 2014.

[144] Nicolaou K C, Baker T M, Nakamura T, et al. Journal of the American Chemical Society, 2011, 133(2): 220.

[145] Liu C Y, Chen X R, Chen H X, et al. Journal of the American Chemical Society, 2020, 142(14): 6690.

[146] He H J, Cui Y J, Li B, et al. Advanced Materials, 2019, 31: 1806897.

[147] Allendorf M D, Dong R, Feng X, et al. Chemical Reviews, 2020, 120(16): 8581.

[148] Zhu B, Wen D, Liang Z, et al. Coordination Chemistry Reviews, 2021, 446(1): 214119.

[149] Xie L S, Skorupskii G, Dinca M. Chemical Reviews, 2020, 120(16): 8536.

[150] Wang M, Dong R, Feng X. Chemical Society Reviews, 2021, 50(4): 2764.

[151] Takaishi S, Hosoda M, Kajiwara T, et al. Inorganic Chemistry, 2009, 48(19): 9048.

[152] Sun L, Miyakai T, Seki S, et al. Journal of the American Chemical Society, 2013, 135(22): 8185.

[153] Yan Z, Li M, Gao H, et al. Chemical Communications, 2012, 48(33): 3960.

[154] Liu J, Song X, Zhang T, et al. Angewandte Chemie International Edition, 2020, 60(11): 5612.

[155] Dou J H, Sun L, Ge Y, et al. Journal of the American Chemical Society, 2017, 139(39): 13608.

[156] Hmadeh M, Lu Z, Liu Z, et al. Chemistry of Materials, 2012, 24(18): 3511.

[157] Darago L E, Aubrey M L, Yu C J, et al. Journal of the American Chemical Society, 2015, 137(50): 15703.

[158] Sheberla D, Sun L, Blood-Forsythe M A, et al. Journal of the American Chemical Society, 2014, 136(25): 8859.

[159] Chen T, Dou J H, Yang L, et al. Journal of the American Chemical Society, 2020, 142(28): 12367.

[160] Sheberla D, Bachman J C, Elias J S, et al. Nature Materials, 2017, 16(2): 220.

[161] Gould C A, McClain K R, Reta D, et al. Science, 2022, 375(6577): 198.

[162] Liu X, Feng X, Meihaus K R, et al. Angewandte Chemie International Edition, 2020, 26(59): 10697.

[163] Perlepe P, Oyarzabal I, Mailman A, et al. Science, 2020, 370(6516): 587.

[164] Herbst R M, Garrison J A. The Journal of Organic Chemistry, 1953, 18(7): 872.

[165] Zhao Z G, Zhang J, Wu X Y, et al. CrystEngComm, 2008, 10(3): 273.

练 习 题

第一类：学生自测练习题

1. 是非题(正确的在括号中填"√"，错误的填"×")

(1) 正价态和零价态金属都可以作中心离子，负价态金属不能作中心离子。

                                              ( )

(2) 分裂能的大小主要取决于配合物的空间构型和中心离子的电荷数。 ( )

(3) 在所有配合物中，强场情况下总是分裂能大于电子成对能，中心体取低自旋状态；弱场情况下分裂能小于电子成对能，取高自旋状态。 ( )

(4) 氨水不能装在铜制容器中，因为铜在氨水中能溶解。 ( )

(5) $[Ni(CN)_4]^{2-}$是抗磁性分子，其几何构型为四面体形。 ( )

(6) 因为 CO 是强场配体，所以$[Ni(CO)_4]$分子几何构型为平面四边形。 ( )

(7) 晶体场稳定化能为零的配合物是不稳定的。 ( )

(8) 羰基化合物中的配体 CO 是用于氧原子和中心体结合的，因为氧的电负性比碳大。 ( )

(9) 主族元素和过渡金属元素的四配位化合物都有四面体形和平面四边形两种几何构型。 ( )

(10) 四面体配合物大多数是高自旋。 ( )

2. 选择题

(1) 0.01mol 氯化铬($CrCl_3 \cdot 6H_2O$)在水溶液中用过量 $AgNO_3$ 处理，产生 0.02mol $AgCl$ 沉淀，此氯化铬最可能为 ( )

    A. $[Cr(H_2O)_6]Cl_3$ B. $[Cr(H_2O)_5Cl]Cl_2 \cdot H_2O$

    C. $[Cr(H_2O)_4Cl_2]Cl \cdot 2H_2O$ D. $[Cr(H_2O)_3Cl_3] \cdot 3H_2O$

(2) 已知$[PdCl_2(OH)_2]^{2-}$有两种几何异构体，那么中心离子钯的杂化轨道类型是

                                              ( )

A. sp^2　　　　　B. sp^3　　　　　C. d^2sp^3　　　　D. dsp^2

(3) 下列配离子中，不存在空间几何异构体的是 　　　　　　　　（　　）

A. $[PtCl_2(NH_3)_4]^{2+}$　　　　　　　　B. $[PtCl_3(NH_3)_3]^+$

C. $[PtCl(NO_2)(NH_3)_4]^{2+}$　　　　　D. $[PtCl(NH_3)_5]^{3+}$

(4) 在配离子$[Co(en)(C_2O_4)_2]^-$中，中心离子的配位数为 　　　　（　　）

A. 3　　　　　B. 4　　　　　C. 5　　　　　D. 6

(5) Fe^{3+}具有 d^5 电子构型，在八面体场中要使配合物为高自旋态，则分裂能Δ和电子成对能 P 要满足的条件是 　　　　　　　（　　）

A. Δ和 P 越大越好　　　　　B. $\Delta > P$

C. $\Delta < P$　　　　　　　　　D. $\Delta = P$

(6) 已知某金属离子配合物的磁矩为 $4.90\mu_B$，而同一氧化态的该金属离子形成的另一配合物的磁矩为零，此金属离子可能为 　　　　　　（　　）

A. Cr(Ⅲ)　　　　B. Mn(Ⅱ)　　　　C. Fe(Ⅱ)　　　　D. Mn(Ⅲ)

(7) $[NiCl_4]^{2-}$是顺磁性分子，其几何构型为 　　　　　　　（　　）

A. 平面正方形　　B. 四面体形　　　C. 正八面体形　　D. 四方锥形

(8) $[Fe(H_2O)_6]^{2+}$的晶体场稳定化能(CFSE)是 　　　　　　（　　）

A. $-4Dq$　　　　B. $-12Dq$　　　　C. $-6Dq$　　　　D. $-8Dq$

(9) Mn(Ⅱ)的正八面体配合物有很微弱的颜色，其原因是 　　　　（　　）

A. Mn(Ⅱ)的高能 d 轨道都充满了电子

B. d-d 跃迁是禁阻的

C. 分裂能太大，吸收不在可见光范围内

D. d^5 构型的离子 d 能级不分裂

(10) PR_3 作为配体在配合物 $M(PR_3)_6$ (M 为过渡金属)中可能形成 π 配位键，这种 π 配位键属于 　　　　　　　　（　　）

A. $M(d\pi) \rightarrow L(p\pi)$　　　　　　B. $M(d\pi) \rightarrow L(d\pi)$

C. $M(d\pi) \leftarrow L(p\pi)$　　　　　　D. $M(p\pi) \leftarrow L(p\pi)$

3. 填空题

(1) 根据价键理论，$[Co(NH_3)_6]^{3+}$(未成对电子数 $n=0$)的杂化类型为_____，$[Cr(NH_3)_6]^{3+}$(未成对电子数 $n=3$)的杂化类型为_____。

(2) 已知 Co 的原子序数为 27，$[Co(NH_3)_6]^{3+}$和$[Co(NH_3)_6]^{2+}$的磁矩分别为 $0\mu_B$ 和 $3.88\mu_B$。由此可知中心离子的 d 电子在 t_{2g} 和 e_g 轨道上的分布分别是_____ 和_____。

(3) 下列各对配离子稳定性大小的对比关系是(用>或<表示)：

① $[Cu(NH_3)_4]^{2+}$, $[Cu(en)_2]^{2+}$;　　　② $[Ag(S_2O_3)_2]^{3-}$, $[Ag(NH_3)_2]^+$;

③ $[Co(NH_3)_6]^{3+}$，$[Co(NH_3)_6]^{2+}$；　　　　　　④ $[FeF_6]^{3-}$，$[Fe(CN)_6]^{3-}$。

(4) 已知 Co^{3+} 的电子成对能 $P = 21000cm^{-1}$，$[Co(H_2O)_6]^{3+}$ 的 $\Delta_0 = 18600cm^{-1}$，由晶体场理论可知：$[Co(H_2O)_6]^{3+}$ 的 d 电子排布式为_____，磁矩 $\mu = $ _____ μ_B。

(5) 已知 $K_{稳}^{\ominus}(FeF_2^+) = 2.0 \times 10^9$，$K_{稳}^{\ominus}[Fe(NCS)_2^+] = 2.3 \times 10^3$，反应 $FeF_2^+ + 2NCS^- \Longrightarrow$ $Fe(NCS)_2^+ + 2F^-$ 的 $K^{\ominus}$ 为_____，反应不能发生，是因为_____。

(6) 配合物 $Fe(CO)_5$ 的磁矩 $\mu = 0$，可推知中心体的杂化方式为_____，配合物的空间构型为_____。

(7) $[FeCl_4]^{2-}$ 为高自旋，$[PtCl_4]^{2-}$ 为低自旋，这是因为_____。

(8) 指出(填写标号即可)下列配合物或配离子分别属于哪一类异构现象。
　　① 顺-$[CoBrCl(NH_3)_2(en)]^+$；　　② $[Co(NO_2)(NH_3)_5]^{2+}$；　　③ $[PtCl_2(NH_3)_2]$；
　　④ $[Cu(NH_3)_4][PtCl_4]$；　　　　⑤ $[PtCl(NH_3)_5]Br$。
　　几何异构_____，旋光异构_____，电离异构_____，键合异构_____，配位异构_____。

4. 简答题

(1) ① 为什么 $[ZnCl_4]^{2-}$ 为四面体构型，而 $[PdCl_4]^{2-}$ 为平面正方形构型？
　　② 为什么 Ni(Ⅱ)的四配位化合物既可以有四面体构型也可以有平面正方形构型，但 Pd(Ⅱ)和 Pt(Ⅱ)却没有已知的四面体配合物？

(2) 指出下列配位化合物中配位单元的空间结构，并画出可能存在的几何异构体。
　　① $[Cr(NH_3)_3(H_2O)_3]Cl_3$；　　　　② $[Co(NH_3)_2(en)_2]Cl_3$；
　　③ $[CrCl_2(H_2O)_4]Cl \cdot 2H_2O$；　　　④ $[PtCl_2(OH)_2(NH_3)_2]$；
　　⑤ $[Co(NH_3)(en)Cl_3]$。

(3) 画出下列配位化合物中配位单元可能存在的旋光异构体。
　　① $[Ni(en)_3]SO_4$；　　　　② $[Co(NH_3)_2(en)_2]Cl_3$；　　③ $[PtCl_2(OH)_2(NH_3)]$；
　　④ $[CoCl_2(NH_3)_2(en)]Cl$；　　⑤ $K[CoCl_2(H_2NCH_2COO)_2]$。

(4) 研究发现棕色配位化合物 $[Fe(NO)(H_2O)_5]SO_4$ 显顺磁性，并测得其磁矩为 $3.8\mu_B$。
　　① 试给出中心离子 d 电子的排布方式及杂化轨道类型；
　　② $[Fe(NO)(H_2O)_5]SO_4$ 中 N—O 键键长与自由 NO 分子中的键长相比变长还是变短？试简述理由。

(5) 为什么 PF_3 可以与许多过渡金属离子形成配合物，而 NF_3 几乎不具有这种性质？

(6) 为什么顺铂的水解产物 $Pt(OH)_2(NH_3)_2$ 能与草酸反应生成 $Pt(NH_3)_2C_2O_4$，而其几何异构体却不能？哪一种异构体有极性？哪一种没有极性？哪一种水溶性较大？

5. 计算题

(1) 为什么在水溶液中 $Co^{3+}(aq)$ 不稳定，被水还原放出氧气，而 +3 价氧化态的钴配合物，如 $[Co(NH_3)_6]^{3+}$，能在水中稳定存在，不发生与水的氧化还原反应? 通过标准电极电势作出解释。(稳定常数: $[Co(NH_3)_6]^{2+}$ 1.38×10^5; $[Co(NH_3)_6]^{3+}$ 1.58×10^{35}。标准电极电势: Co^{3+}/Co^{2+} 1.808V; O_2/H_2O 1.229V; O_2/OH^- 0.401V。$K_b(NH_3)=1.8\times10^{-5}$)

(2) 在理论上，欲使 $1\times10^{-5}mol$ 的 AgI 溶于 $1cm^3$ 氨水，氨水的最低浓度应达到多少? 事实上是否可能达到这种浓度? ($K_稳\{[Ag(NH_3)_2]^+\}=1.12\times10^7$; $K_{sp}(AgI)= 9.3\times10^{-17}$)

(3) 在 pH = 10 的溶液中需加入多大浓度的 NaF 才能阻止 $0.10mol\cdot L^{-1}$ 的 Al^{3+} 溶液不产生 $Al(OH)_3$ 沉淀? ($K_{sp}[Al(OH)_3]=1.3\times10^{-20}$; $K_稳(AlF_6^{3-}) = 6.9\times10^{19}$)

第二类: 课 后 习 题

1. 配位化学创始人维尔纳发现，将等物质的量的黄色 $CoCl_3\cdot6NH_3$、紫红色 $CoCl_3\cdot5NH_3$、绿色 $CoCl_3\cdot4NH_3$ 和紫色 $CoCl_3\cdot4NH_3$ 四种配合物溶于水，加入硝酸银，立即沉淀的氯化银分别为 3mol、2mol、1mol、1mol，根据实验事实推断它们所含的配离子的组成。用电导法可以测定电解质在溶液中电离出来的离子数，离子数与电导的大小呈相关性。预测这四种配合物的电导之比呈现怎样的定量关系。

2. 根据软硬酸碱理论，比较下列各组中不同配体与同一中心离子形成的配合物的相对稳定性大小，简述理由。
   (1) Cl^-、I^- 与 Hg^{2+};　　　　(2) Br^-、F^- 与 Al^{3+};　　　　(3) NH_3、CN^- 与 Cd^{2+}。

3. $[RuCl_2(H_2O)_4]^+$ 有两种几何异构体 A 和 B，$RuCl_3(H_2O)_3$ 也有两种几何异构体 C 和 D。C、D 按下式水解: C 或 D + H_2O ══ A + Cl^-，水解后都生成 A。画出 A、B、C、D 的空间结构示意图，说明 C 或 D 的水解产物都是 A 的原因。

4. 作为干燥剂用的变色硅胶中含有 $CoCl_2$，利用 $CoCl_2$ 在吸水或脱水时发生的颜色变化指示硅胶的吸湿情况; 随着干燥硅胶吸水量的增多，颜色逐渐由蓝色变为粉红色，吸水硅胶经加热处理可脱水又从粉红色变为蓝色。这种颜色变化可根据化合物的结构和配体的光谱化学序列作出判断，分析具体原因。

5. 试以 K_2PtCl_4 为主要原料合成下列配合物，并用图表示反应的可能途径:

6. Pt(NH₃)₂Cl₂ 有两种几何异构体 A 和 B。A 用硫脲(tu)处理时，生成$[Pt(tu)_4]^{2+}$；B 用硫脲处理时生成$[Pt(NH_3)_2(tu)_2]^{2+}$。解释上述实验事实，并写出 A 和 B 的结构式。

7. 实验表明，$Ni(CO)_4$ 在甲苯溶液中与 ^{14}CO 交换配体的反应速率与 ^{14}CO 无关，试推测此反应的反应机理。

8. 在 323K 时，实验测得$[Cr(NH_3)_5X]^{2+}$的酸式水解的反应速率为

X^-	CN^-	Cl^-	Br^-	I^-
k/s^{-1}	0.11×10^{-4}	1.75×10^{-4}	12.5×10^{-4}	10.2×10^{-4}

试说明反应的机理。

9. (1) 根据下列数据计算$[Al(OH)_4]^-$的 $\beta_4^{\ominus}$。

$$[Al(OH)_4]^- + 3e^- \Longrightarrow Al + 4OH^- \qquad \varphi^{\ominus} = -2.330V$$

$$Al^{3+} + 3e^- \Longrightarrow Al \qquad \varphi^{\ominus} = -1.662V$$

(2) 根据下列数据计算$[AuCl_4]^-$的 $\beta_4^{\ominus}$。

$$AuCl_4^- + 3e^- \Longrightarrow Au + 4Cl^- \qquad \varphi^{\ominus} = 1.00V$$

$$Au^{3+} + 3e^- \Longrightarrow Au \qquad \varphi^{\ominus} = 1.42V$$

10. 利用半反应 $Cu^{2+} + 2e^- \Longrightarrow Cu$ 和 $[Cu(NH_3)_4]^{2+} + 2e^- \Longrightarrow Cu + 4NH_3$ 的标准电极电势(–0.065V)计算配合物反应 $Cu^{2+} + 4NH_3 \Longrightarrow [Cu(NH_3)_4]^{2+}$ 的平衡常数。

11. 在 1.0L 0.10mol·L⁻¹ Na[Ag(CN)₂]溶液中，加入 0.10mol NaCN，然后再加入：
    (1) 0.10mol NaI，(2) 0.10mol Na₂S，通过计算回答：是否有 AgI 或 Ag₂S 沉淀生成？(忽略体积变化)

    已知：$K_{稳}^{\ominus}[Ag(CN)_2^-] = 1.0\times10^{21}$，$K_{sp}^{\ominus}(AgI) = 8.3\times10^{-17}$，$K_{sp}^{\ominus}(Ag_2S) = 6.3\times10^{-50}$。

12. 已知：

$$Au^+ + e^- \rightleftharpoons Au \qquad \varphi^\ominus = 1.69V$$

$$O_2 + 2H_2O + 4e^- \rightleftharpoons 4OH^- \qquad \varphi^\ominus = 0.40V$$

$$Zn^{2+} + 2e^- \rightleftharpoons Zn \qquad \varphi^\ominus = -0.763V$$

$$K_\text{稳}^\ominus[Zn(CN)_4^{2-}] = 6.6 \times 10^{16}, \quad K_\text{稳}^\ominus[Au(CN)_2^-] = 2.0 \times 10^{38}$$

(1) 简要写出氰化法提取 Au 的过程及相关化学反应式,通过计算说明为什么可以进行。

(2) 计算氧气存在下, Au 在 NaCN 溶液中溶解反应的 $K^\ominus$。

13. 实验法求 $FeF_3(H_2O)_3$ 配合物(通常简写为 FeF_3)的稳定常数方法如下:将铂片浸在一个含有 $Fe^{3+}(0.10 mol \cdot L^{-1})$、$Fe^{2+}(1.0 mol \cdot L^{-1})$ 和 $F^-(1.0 mol \cdot L^{-1})$ 的半电池中(已知 Fe^{3+} 能与 F^- 生成稳定的 FeF_3 配合物,而 Fe^{2+} 几乎不与 F^- 发生配合反应)。将此电池与一个 pH = 2.00、H_2 压力为 $p^\ominus$ 的氢气-氢离子半电池相连接, 构成一个原电池。当氢电极为负极时,测得电池的电动势为 0.150V。

(1) 写出该原电池的符号、两极反应式和电池反应式。

(2) 计算 $Fe^{3+} + 3F^- \rightleftharpoons FeF_3$ 的 $K_\text{稳}^\ominus$。$[\varphi^\ominus(Fe^{3+}/Fe^{2+}) = 0.771V]$

14. 在 531K 时, 将某中性单齿配体 X 加到 $NiBr_2$ 的 CS_2 溶液中,反应后得一红色抗磁性配合物 A, 其化学式为 $NiBr_2X_2$; 在室温下, A 转变成化学式相同的绿色配合物 B, 测得 B 的磁矩为 $3.20\mu_B$; 若将 B 溶解在氯仿中, 得到一微带红色的绿色溶液, 测得配合物 B 在氯仿中的磁矩为 $2.69\mu_B$。下图为配合物 A 和 B 的吸收光谱。

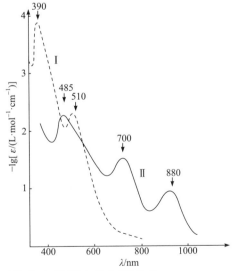

(1) 画出 A 和 B 可能存在的所有几何异构体。

(2) 已知晶体场分裂能 $\Delta_{平面正方形} > \Delta_{八面体} > \Delta_{正四面体}$，指出谱图中曲线 Ⅰ 和 Ⅱ 分别属于哪种配合物，说明原因。

(3) 根据光谱中的哪些吸收峰可以判断 A 和 B 的颜色？说明原因。

(4) 说明异构体 B 在氯仿中的颜色和磁矩变化的原因。

(5) 如果选用波长为 510nm 的单色光照射 A，A 呈什么颜色？

15. 试用计算说明，将 H_2S 气体通入 $[Cu(CN)_4]^{3-}$ 溶液中，能否得到 Cu_2S 沉淀。(已知：H_2S $K_1^{\ominus} \times K_2^{\ominus} = 9.2 \times 10^{-22}$，$[Cu(CN)_4]^{3-}$ 的 $K_{稳}^{\ominus} = 3.0 \times 10^{30}$，$K_{sp}^{\ominus}(Cu_2S) = 2.5 \times 10^{-50}$，$K_a^{\ominus}(HCN) = 6.2 \times 10^{-10}$)

16. 利用光谱化学序列确定强场配体和弱场配体，进而确定电子在 t_{2g} 和 e_g 中的分布以及未成对 d 电子数和晶体场稳定化能。

化学式	(强/弱)场	电子排布式	未成对 d 电子数	CFSE
$[Co(NO_2)_6]^{3-}(\mu = 0)$				
$[Fe(H_2O)_6]^{3+}$				
$[FeF_6]^{3-}(\mu = 3.88\mu_B)$				
$[Cr(NH_3)_6]^{3+}$				
$[W(CO)_6]$				

17. 已知 $\varphi^{\ominus}(Fe^{3+}/Fe^{2+}) = 0.771V$，$[Fe(CN)_6]^{3-}$ 的 $K_{稳1} = 1.0 \times 10^{42}$，$[Fe(CN)_6]^{4-}$ 的 $K_{稳2} = 1.0 \times 10^{35}$。试计算 $\varphi^{\ominus}[Fe(CN)_6^{3-}/Fe(CN)_6^{4-}]$。

第三类：英文选做题

1. From each of the following names, you should be able to deduce the formula of the complex ion or coordination compound intended. Yet, these are not the best systematic names that can be written. Replace each name with one that is more acceptable: (a) cupric tetramine ion; (b) dichloroethane ammine cobaltic chloride; (c) platinic (Ⅳ) hexachloride ion; (d) disodium copper tetrachloride; (e) dipotassium antimony (Ⅲ) pentachloride.

2. Provide a valence bond description of the bonding in the $[Cr(NH_3)_6]^{3+}$ ion. According to the valence bond description, how many unpaired electrons are there in the $[Cr(NH_3)_6]^{3+}$ complex? How does this prediction compare with that of crystal field theory?

3. What is the crystal field stabilization energy(CFSE) for a high spin d^7 octahedral

complex?

4. Draw structures to represent these four complex ions:

   (a) $[PtCl_4]^{2-}$;   (b) $[FeCl_4(en)]^-$;

   (c) *cis*-$[FeCl_2(ox)(en)]^-$;   (d) *trans*-$[CrCl(OH)(NH_3)_4]^+$.

5. Identifying geometric isomers. Sketch structures of all the possible isomers of $[CoCl(ox)(NH_3)_3]$.

6. Using the spectrochemical series to predict magnetic properties. How many unpaired electrons would you expect to find in the octahedral complex $[Fe(CN)_6]^{3-}$?

参 考 答 案

学生自测练习题答案

1. 是非题

(1) (×)   (2) (×)   (3) (×)   (4) (√)   (5) (×)
(6) (×)   (7) (×)   (8) (×)   (9) (×)   (10) (√)

2. 选择题

(1) (B)   (2) (D)   (3) (D)   (4) (D)   (5) (C)
(6) (C)   (7) (B)   (8) (A)   (9) (B)   (10) (B)

3. 填空题

(1) d^2sp^3；sp^3d^2

(2) t_{2g}^6 e_g^0；t_{2g}^5 e_g^2

(3) ① <；② >；③ >；④ <

(4) t_{2g}^4 e_g^2；4.9

(5) $1.15×10^{-6}$；$K^\ominus$ 很小

(6) dsp^3；三角双锥形

(7) Fe 为 3d 系列，Pt 为 5d 系列，当配体和金属氧化态相同时，Pt(Ⅱ)的晶体场分裂能比 Fe(Ⅱ)的大

(8) ③；①；⑤；②；④

4. 简答题

(1) ① 其中 Zn 为第一过渡系元素，Zn^{2+} 为 d^{10} 组态，不管是平面正方形还是四面体形其 LFSE 均为 0，当以 sp^3 杂化轨道生成四面体构型配合物时配体之间排

斥作用小；而 Pd 为第三过渡系元素(Δ大)且 Pd^{2+}为 d^8 组态，易以 dsp^2 杂化生成平面正方形配合物可获得较多 LFSE，所以$[PdCl_4]^{2-}$为平面正方形。

② Ni(Ⅱ)、Pd(Ⅱ)和 Pt(Ⅱ)均为 d^8 组态，其四配位化合物既可以以 sp^3 杂化生成四面体构型配合物，也可以以 dsp^2 生成平面正方形构型配合物，且以 dsp^2 杂化生成平面正方形配合物可获得较多 LFSE，但 Ni(Ⅱ)为第一过渡系元素，半径较小，当与半径较大的配体生成配合物时可能以 sp^3 杂化生成四面体构型配合物，而与半径较小的配体生成平面正方形构型配合物；Pd(Ⅱ)和 Pt(Ⅱ)分别属于第二、第三过渡系元素，首先是半径较大，其次是分裂能比 Ni(Ⅱ)分别大 40%～50%和 60%～75%，以 dsp^2 杂化生成平面正方形配合物得到的分裂能远比四面体构型的分裂能大得多，故采用平面正方形构型。

(2) ① 八面体；两种几何异构体，面式和经式。

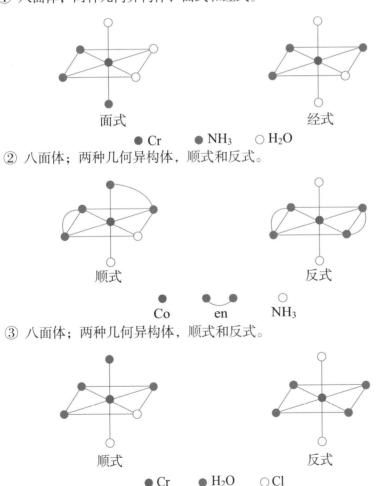

② 八面体；两种几何异构体，顺式和反式。

③ 八面体；两种几何异构体，顺式和反式。

④ 八面体；五种几何异构体。

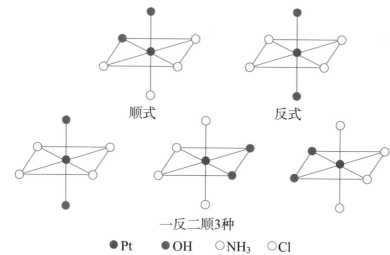

顺式　　　　　　　　　反式

一反二顺3种

●Pt　　●OH　　○NH₃　　○Cl

⑤ 八面体；两种几何异构体。

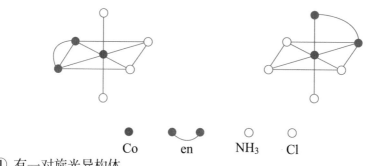

●Co　　●─●en　　○NH₃　　○Cl

(3) ① 有一对旋光异构体。

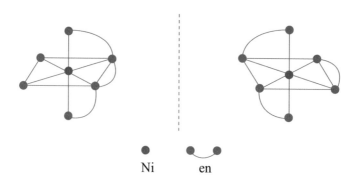

●Ni　　●─●en

② 有一对旋光异构体。

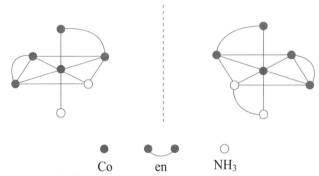

Co ⌣en NH₃

③ 有一对旋光异构体。

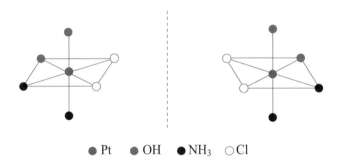

● Pt ● OH ● NH₃ ○ Cl

④ 有一对旋光异构体。

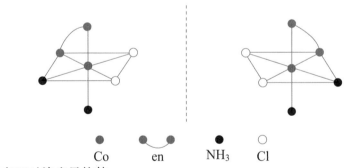

Co ⌣en NH₃ Cl

⑤ 有四对旋光异构体。

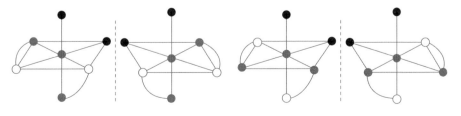

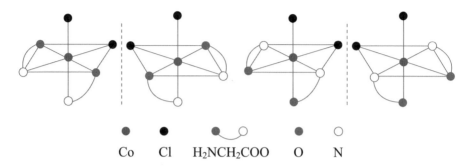

$$\text{Co} \qquad \text{Cl} \qquad \text{H}_2\text{NCH}_2\text{COO} \qquad \text{O} \qquad \text{N}$$

(4) ① 磁矩 μ 和中心单电子数 n 的关系式为

$$\mu = \sqrt{n(n+2)}\,\mu_B$$

将 $\mu = 3.8\mu_B$ 代入上式，得[Fe(NO)(H$_2$O)$_5$]SO$_4$ 中心单电子数 $n = 3$。

中心有 3 个单电子，可见不是 Fe^{2+}，而是氧化 NO 过程中得到 1 个电子生成的 Fe$^+$：

$$\text{Fe}^{2+} + \text{NO} === \text{Fe}^+ + \text{NO}^+$$

该过程的电子排布变化为

进一步形成配位化合物的反应为

$$\text{Fe}^{2+} + \text{NO}^+ + 5\text{H}_2\text{O} + \text{SO}_4^{2-} === [\text{Fe(NO)(H}_2\text{O)}_5]\text{SO}_4$$

Fe$^+$ 没有空的内层 d 轨道，故在六配位的情况下为外轨型 sp^{3}d^2 杂化。

② [Fe(NO)(H$_2$O)$_5$]SO$_4$ 中 N—O 键键长比自由 NO 分子中键长变短。

自由 NO 分子中 N—O 键的键级为 2.5，而[Fe(NO)(H$_2$O)$_5$]SO$_4$ 中 NO$^-$的 N—O 键的键级为 3。键级增大使键长变短。

(5) 由于 PF$_3$ 中 P 有能量较低的空 3d 轨道，在与过渡金属形成配合物时，P 除了提供孤对电子形成 σ 配键外，还以空的 3d 轨道接受中心体的电子对形成反馈 dπ-dπ 配键，从而加强了配合物的稳定性。而 NF$_3$ 中 N 是第二周期元素，外电子层只有 s 和 p 轨道，不能形成反馈 dπ-dπ 配键；且与 N 原子相连的 F 原子电负性很大，共用电子对强烈偏向 F 一边，导致 N 原子上的孤对电子不易给出。所以 NF$_3$ 很难作为配体形成稳定的配合物。

(6) ①因为顺式的 Pt(OH)$_2$(NH$_3$)$_2$ 中的两个—OH 在 Pt 原子的同一边，易被双齿配体草酸根离子取代，反式的 Pt(OH)$_2$(NH$_3$)$_2$ 中的两个—OH 在 Pt 原子的两侧，草酸根的"胳膊不够长"，无法与 Pt 原子配位。

② 顺式的 $Pt(OH)_2(NH_3)_2$ 有极性，反式的没有。

③ 顺式的 $Pt(OH)_2(NH_3)_2$ 比反式的水溶性大。

5. 计算题

(1)
$$4Co^{3+} + 2H_2O \Longrightarrow 4Co^{2+} + O_2 + 4H^+$$

$$E^{\ominus} = \varphi^{\ominus}(Co^{3+}/Co^{2+}) - \varphi^{\ominus}(O_2/H_2O)$$

$$= 1.808 - 1.229$$

$$= 0.579(V) > 0$$

因此，在水溶液中 $Co^{3+}(aq)$ 不稳定。

$$4[Co(NH_3)_6]^{3+} + 4OH^- \Longrightarrow 4[Co(NH_3)_6]^{2+} + O_2 + 2H_2O$$

$$\varphi^{\ominus}([Co(NH_3)_6^{3+}]/[Co(NH_3)_6^{2+}]) = \varphi^{\ominus}(Co^{3+}/Co^{2+}) + 0.0592\lg\frac{K_{稳}[Co(NH_3)_6^{2+}]}{K_{稳}[Co(NH_3)_6^{3+}]}$$

$$= 1.808 + 0.0592\lg\frac{1.38\times10^5}{1.58\times10^{35}}$$

$$= 0.03(V)$$

$$E^{\ominus} = \varphi^{\ominus}([Co(NH_3)_6^{3+}]/[Co(NH_3)_6^{2+}]) - \varphi^{\ominus}(O_2/OH^-)$$

$$= 0.03 - 0.401 < 0$$

因此，$[Co(NH_3)_6]^{3+}$ 能在水中稳定存在。

(2) 设平衡时氨水的物质的量为 $x$mol。

$$AgI + 2NH_3 \Longrightarrow [Ag(NH_3)_2]^+ + I^-$$

$$x \qquad\qquad 1\times10^{-5} \qquad 1\times10^{-5}$$

$$K = \frac{[Ag(NH_3)_2^+][I^-]}{[NH_3]^2} = K_{稳}K_{sp} = 1.12\times10^7 \times 9.3\times10^{-17} = \frac{(1.0\times10^{-5})^2}{x^2}$$

$$x = 0.3\text{mol}$$

$$c = 0.3\text{mol}\cdot\text{cm}^{-3} = 300\text{mol}\cdot\text{L}^{-1}$$

氨水的总浓度 $= 300 + 2\times10^{-5} \approx 300(\text{mol}\cdot\text{L}^{-1})$。

(3)
$$Al^{3+} + 3OH^- \Longrightarrow Al(OH)_3$$

在 pH=10 的溶液中，$[OH^-] = 1\times10^{-4}\text{mol}\cdot\text{L}^{-1}$，

$$K_{sp}[Al(OH)_3] = [Al^{3+}][OH^-]^3 = (1\times10^{-4})^3[Al^{3+}]$$

解得 $\qquad x = 1.3 \times 10^{-8} \, \text{mol} \cdot \text{L}^{-1}$

当溶液中$[Al^{3+}]$小于 $1.3 \times 10^{-8} \text{mol} \cdot \text{L}^{-1}$ 时，Al^{3+}溶液不产生 $Al(OH)_3$ 沉淀。

设平衡时的$[F^-]$为 $x\text{mol} \cdot \text{L}^{-1}$，

$$Al^{3+} + 6F^- \Longrightarrow AlF_6^{3-}$$

$$1.3 \times 10^{-8} \qquad x \qquad 0.1 - 1.3 \times 10^{-8} \approx 0.1$$

$$K_{\text{稳}}(AlF_6^{3-}) = \frac{0.1}{1.3 \times 10^{-8} \times x^6} = 6.9 \times 10^{19}$$

解得 $\qquad x = 6.9 \times 10^{-3} \text{mol} \cdot \text{L}^{-1}$

$$[NaF] = 0.0069 + 0.1 \times 6 = 0.6069 \text{mol} \cdot \text{L}^{-1}$$

课后习题答案

1. 因沉淀的氯化银分别为 3mol、2mol、1mol、1mol，在配合物中，处于游离态的 Cl^- 物质的量比为 $3:2:1:1$。Co 的配位数为 6，可推出它们所含的配离子的组成分别为

(1) $[Co(NH_3)_6]Cl_3$；(2) $[Co(NH_3)_5Cl]Cl_2$；(3) $[Co(NH_3)_4Cl_2]Cl$；(4) $[Co(NH_3)_4Cl_2]Cl$。

其中(3)与(4)的结构式分别为

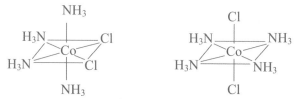

因这四种配合物在电解质溶液中电离出来的阴阳离子数之和的比为 $4:3:2:2$，故这四种配合物的电导之比为 $4:3:2:2$。

2. 软硬酸碱理论根据变形性大小将路易斯酸、碱分为软酸、硬酸、交界酸、软碱、硬碱、交界碱，并指出"软亲软、硬亲硬、软硬结合不稳定"的一般性规律。根据该理论，可以判断下列各组中不同配体与同一中心离子形成的配合物的相对稳定性大小：

(1) Cl^-、I^- 与 Hg^{2+}：$I^- > Cl^-$。因为 Hg^{2+}是软酸，I^-是比 Cl^- 更软的碱。

(2) Br^-、F^- 与 Al^{3+}：$F^- > Br^-$。因为 Al^{3+}是硬酸，F^-是比 Br^- 更硬的碱。

(3) NH_3、CN^- 与 Cd^{2+}：$CN^- > NH_3$。因为 Cd^{2+}是软酸，CN^-是比 NH_3 更软的碱。

3. $[RuCl_2(H_2O)_4]^+$有两种几何异构体 A 和 B，即顺式和反式：

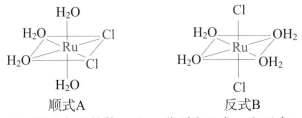

顺式A   反式B

$RuCl_3(H_2O)_3$ 的两种几何异构体 C 和 D 分别为经式 C 和面式 D：

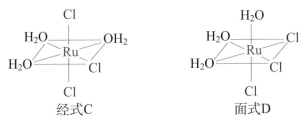

经式C   面式D

因为 C、D 水解后都生成 A，C 的水解发生在反位上；D 的水解无论发生在哪一个位置上都生成 A。

4. 变色硅胶的颜色变化归因于：$CoCl_2 \cdot 6H_2O$、$CoCl_2 \cdot 4H_2O$、$CoCl_2 \cdot 2H_2O$、$CoCl_2$ 均为配位数为 6 的八面体配合物。$CoCl_2 \cdot 6H_2O$、$CoCl_2 \cdot 4H_2O$ 均为 $[CoCl_2(H_2O)_4]$结构。根据光化学序，H_2O 的配位场比 Cl^-的配位场强，而配离子中 H_2O 越多，Δ_0越大。随着 Co 的八面体配离子中配位体 Cl^-的数目增多，配离子的Δ_0依次减小，被吸收的光的波长逐渐向长波方向移动，因而化合物呈现的颜色向短波方向移动，即由粉红色逐渐变为蓝色。

5.

下面是几种路线的结构式变化过程。

后者的第二步是例外，这是因为 Pt—Cl 键比 Pt—N(py)键长，因而更活泼。

6.

A:

B:

7. 本反应被溶剂化过程控制：首先是溶剂分子 S 进入配合物，形成五配位的三角双锥过渡态(缔合机理)，这是决定反应速率的步骤，与交换配体 ^{14}CO 无关，而溶剂分子又是大量的，故 k_s 为一级反应速率常数，其后失去配体 X (CO)，进入配体 Y(^{14}CO)再取代溶剂分子。

8. 无论是 D 机理还是 A 机理，形式上酸式水解都表现为一级反应，但是根据水解反应的速率随离去配体 X^- 的变化而变化，且与 Cr—X 键的键强成反比。这就是说，反应的活化一步是 Co—X 键的断裂，因此可以说是具有解离的活化模式。因此，本反应是按解离机理或交换解离机理进行的。

9.

(1)
$$\varphi^{\ominus}([Al(OH)_4^-]/Al) = \varphi^{\ominus}(Al^{3+}/Al) - \frac{0.0592}{n}\lg\beta_4^{\ominus}$$

$$-2.33 = -1.662 - \frac{0.0592}{3}\lg\beta_4^{\ominus}$$

$$\beta_4^{\ominus} = 7.1\times10^{33}$$

(2)
$$\varphi^{\ominus}([\text{AuCl}_4^-]/\text{Au}) = \varphi^{\ominus}(\text{Au}^{3+}/\text{Au}) - \frac{0.0592}{n}\lg\beta_4^{\ominus}$$

$$1.00 = 1.42 - \frac{0.0592}{3}\lg\beta_4^{\ominus}$$

$$\beta_4^{\ominus} = 1.9 \times 10^{21}$$

10. 将半反应 $[\text{Cu(NH}_3)_4]^{2+} + 2e^- \Longrightarrow \text{Cu} + 4\text{NH}_3$ 视为半反应 $\text{Cu}^{2+} + 2e^- \Longrightarrow \text{Cu}$ 的非标准状态，则

$$\varphi^{\ominus}([\text{Cu(NH}_3)_4]^{2+}/\text{Cu}) = \varphi(\text{Cu}^{2+}/\text{Cu}) = \varphi^{\ominus}(\text{Cu}^{2+}/\text{Cu}) + \frac{0.0592}{2}\lg[\text{Cu}^{2+}]$$

根据 $\text{Cu}^{2+} + 4\text{NH}_3 \Longrightarrow [\text{Cu(NH}_3)_4]^{2+}$，有

$$[\text{Cu}^{2+}] = \frac{1}{K_{\text{稳}}}$$

代入数据:

$$-0.065 = 0.345 + \frac{0.0592}{2}\lg\frac{1}{K_{\text{稳}}}$$

解得
$$K_{\text{稳}} = 7.1 \times 10^{13}$$

11. 1.0L 0.10mol·L^{-1} Na[Ag(CN)$_2$] 溶液中，加入 0.10mol NaCN 后，则

$$[\text{Ag}^+] = \frac{0.10}{(0.10)^2 \times 1.0 \times 10^{21}} = 1.0 \times 10^{-20}(\text{mol}\cdot\text{L}^{-1})$$

(1) $[\text{Ag}^+][\text{I}^-] = 1.0 \times 10^{-20} \times 0.10 = 1.0 \times 10^{-21} < K_{\text{sp}}^{\ominus}(\text{AgI}) = 8.3 \times 10^{-17}$，没有 AgI 沉淀生成。

(2) $[\text{Ag}^+]^2[\text{S}^{2-}] = (1.0 \times 10^{-20})^2 \times 0.10 = 1.0 \times 10^{-41} > K_{\text{sp}}^{\ominus}(\text{Ag}_2\text{S}) = 6.3 \times 10^{-50}$，将有 Ag$_2$S 沉淀生成。

12. (1) 先将含金的矿石粉碎后放入 NaCN 溶液中，在搅拌下鼓入空气，则金溶于 NaCN 溶液中而与矿石分离:

$$4\text{Au} + 8\text{CN}^- + \text{O}_2 + 2\text{H}_2\text{O} \Longrightarrow 4[\text{Au(CN)}_2]^- + 4\text{OH}^-$$

将溶有金的溶液过滤后，加入锌的碎屑，在搅拌下锌取代金过滤分离出来:

$$\text{Zn} + 2[\text{Au(CN)}_2]^- \Longrightarrow [\text{Zn(CN)}_4]^{2-} + 2\text{Au}$$

该法基于如下化学原理:

$$\varphi^{\ominus}([Au(CN)_2]^-/Au) = \varphi(Au^+/Au) = \varphi^{\ominus}(Au^+/Au) + 0.0592 \lg[Au^+]$$

$$=1.69 + 0.0592 \lg \frac{1}{2.0 \times 10^{38}} = -0.57(V)$$

而 $\varphi^{\ominus}(O_2/OH^-) > \varphi^{\ominus}([Au(CN)_2]^-/Au)$，所以在 NaCN 溶液中空气中的氧可以将金氧化，使金溶于 NaCN 溶液中，达到与矿石分离的目的。

$$\varphi^{\ominus}([Zn(CN)_4]^{2-}/Zn) = \varphi(Zn^{2+}/Zn) = \varphi^{\ominus}(Zn^{2+}/Zn) + \frac{0.0592}{2} \lg[Zn^{2+}]$$

$$=-0.763 + \frac{0.0592}{2} \lg \frac{1}{6.6 \times 10^{16}} = -1.26(V)$$

由于 $\varphi^{\ominus}([Zn(CN)_4]^{2-}/Zn) < \varphi^{\ominus}([Au(CN)_2]^-/Au)$，因此 Zn 可以从$[Au(CN)_2]^-$取代出 Au。

(2) $\quad \lg K^{\ominus} = \dfrac{nE^{\ominus}}{0.0592} = \dfrac{n[\varphi^{\ominus}_{(+)} - \varphi^{\ominus}_{(-)}]}{0.0592} = \dfrac{4 \times (0.40 + 0.57)}{0.0592} = 65.65$

$$K^{\ominus} = 4.5 \times 10^{65}$$

13. (1)

$$Pt, H_2(100kPa) \mid H^+(0.010mol \cdot L^{-1}), Fe^{3+}(0.10mol \cdot L^{-1})$$

$$Fe^{2+}(1.0mol \cdot L^{-1}), F^-(1.0mol \cdot L^{-1}) \mid Pt$$

正极反应： $\qquad FeF_3 + e^- === Fe^{2+} + 3F^-$

负极反应： $\qquad H_2 - 2e^- === 2H^+$

电池反应： $\qquad 2FeF_3 + H_2 === 2Fe^{2+} + 6F^- + 2H^+$

(2) 负极电势

$$\varphi(H^+/H_2) = \varphi^{\ominus}(H^+/H_2) + \frac{0.0592}{2} \lg(0.010)^2 = -0.118(V)$$

正极电势 $\qquad 0.150 - 0.118 = 0.032(V)$

$$\varphi(FeF_3/Fe^{2+}) = \varphi(Fe^{3+}/Fe^{2+}) = \varphi^{\ominus}(Fe^{3+}/Fe^{2+}) + 0.0592 \lg \frac{[Fe^{3+}]}{[Fe^{2+}]}$$

$$0.032 = 0.771 + 0.0592 \lg \frac{[Fe^{3+}]}{1.0}$$

$$[Fe^{3+}] = 3.1 \times 10^{-13} mol \cdot L^{-1}$$

配位反应	Fe^{3+}	+	$3F^-$	$\Longrightarrow$	FeF_3	
初始浓度/$(mol \cdot L^{-1})$	0.10		1.0		0	
平衡浓度/$(mol \cdot L^{-1})$	3.1×10^{-13}		0.70		0.10	（已做近似处理）

$$K_{\text{稳}}^{\ominus} = \frac{[FeF_3]}{[Fe^{3+}][F^-]^3} = \frac{0.10}{3.1 \times 10^{-13} \times (0.70)^3} = 9.4 \times 10^{11}$$

14. (1)

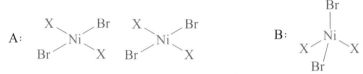

(2) 曲线 I 属于 A，曲线 II 属于 B，因为四面体配合物的 d-d 跃迁所需的最低能量比正方形配合物的 d-d 跃迁所需的最低能量低。

(3) A 由 510nm 吸收带判断。B 由 485nm 和 700nm 吸收带判断。

(4) 在氯仿中，少量 B 发生重排变成 A。

(5) A 呈黑色。

15.
$$2[Cu(CN)_4]^{3-} + H_2S \Longrightarrow Cu_2S + 2HCN + 6CN^-$$

$$K^{\ominus} = \frac{1}{[K_a^{\ominus}(HCN)]^2} \times \frac{1}{(K_{\text{稳}}^{\ominus}[Cu(CN)_4^{3-}])^2} \times \frac{1}{K_{sp}^{\ominus}(Cu_2S)} \times K_1^{\ominus}(H_2S) \times K_2^{\ominus}(H_2S)$$

$$= \frac{9.2 \times 10^{-22}}{(6.2 \times 10^{-10})^2 \times (3.0 \times 10^{30})^2 \times 2.5 \times 10^{-50}} = 1.1 \times 10^{-14}$$

反应的平衡常数很小，说明反应以很大的趋势向左进行，因此不会析出 Cu_2S 沉淀。

16.

化学式	(强/弱)场	电子排布式	未成对 d 电子数	CFSE
$[Co(NO_2)_6]^{3-} (\mu = 0)$	强场	$t_{2g}^6 e_g^0$	0	$-24Dq + 2P$
$[Fe(H_2O)_6]^{3+}$	弱场	$t_{2g}^3 e_g^2$	5	0
$[FeF_6]^{3-} (\mu = 3.88\mu_B)$	弱场	$t_{2g}^3 e_g^2$	5	0
$[Cr(NH_3)_6]^{3+}$	强场	$t_{2g}^3 e_g^0$	3	$-12Dq$
$[W(CO)_6]$	强场	$t_{2g}^6 e_g^0$	0	$-24Dq + 2P$

17.

$$Fe^{3+}(aq) + 6CN^-(aq) \Longrightarrow [Fe(CN)_6]^{3-}(aq) \tag{1}$$
$$\lg K_1 = 42$$

$$Fe^{2+}(aq) + 6CN^-(aq) \Longrightarrow [Fe(CN)_6]^{4-}(aq) \tag{2}$$
$$\lg K_2 = 35$$

$$Fe^{3+}(aq) + e^- \Longrightarrow Fe^{2+}(aq) \tag{3}$$
$$\varphi^\ominus = +0.771V \qquad \lg K_3 = \frac{0.771}{0.0592}$$

反应式(2) - 反应式(1) + 反应式(3)得

$$[Fe(CN)_6]^{3-} + e^- \Longrightarrow [Fe(CN)_6]^{4-} \tag{4}$$
$$\lg K_2 - \lg K_1 + \lg K_3 = \lg K_4$$
$$35 - 42 + \frac{0.771}{0.0592} = \frac{\varphi^\ominus([Fe(CN)_6]^{3-}/[Fe(CN)_6]^{4-})}{0.0592}$$
$$\varphi^\ominus([Fe(CN)_6]^{3-}/[Fe(CN)_6]^{4-}) = 0.36V$$

英文选做题答案

1. (a) tetraaminecopper (II) ion, $[Cu(NH_3)_4]^{2+}$.

   (b) tetraaminedichlorocobalt (III) chloride, $[CoCl_2(NH_3)_4]Cl$.

   (c) hexchloroplatinate (IV) ion, $[PtCl_6]^{2-}$.

   (d) sodium tetrachlorocuprate (II), $Na_2[CuCl_4]$.

   (e) potassium pentachloroantimonate (III), $K_2[SbCl_5]$.

2. The Cr^{3+} ion would have 3 unpaired electrons, each residing in a 3d orbital and would be sp^3d^2 hybridized. The hybrid orbitals would be hybrids of 4s, 4p, and 3d (or 4d) orbitals. Each Cr—NH_3 coordinate covalent bond is a σ bond formed when a lone pair in an sp^3 orbital on N is directed toward an empty sp^3d^2 orbital on Cr^{3+}. The number of unpaired electrons predicted by valence bond theory would be the same as the number of unpaired electrons predicted by crystal field theory.

3. The splitting pattern and electron configuration for both isotropic and octahedral ligand fields are compared below.

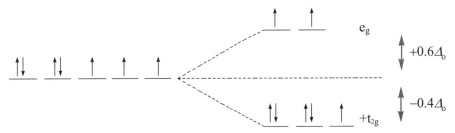

The energy of the isotropic field ($E_{\text{isotropic field}}$) is

$$E_{\text{isotropic field}} = 7 \times 0 + 2P = 2P$$

The energy of the octahedral ligand field $E_{\text{ligand field}}$ is

$$E_{\text{ligand field}} = [5 \times (-\frac{2}{5}\Delta_o)] + (2 \times \frac{3}{5}\Delta_o) + 2P = -\frac{4}{5}\Delta_o + 2P$$

The CFSE is

$$\text{CFSE} = E_{\text{ligand field}} - E_{\text{isotropic field}} = (-\frac{4}{5}\Delta_o + 2P) - 2P = -\frac{4}{5}\Delta_o$$

4. (a) $\begin{bmatrix} Cl_{\text{''}}_{\text{'''}}Cl \\ Cl \blacktriangleright Pt \blacktriangleleft Cl \end{bmatrix}^{2-}$

(b) $\begin{bmatrix} & Cl & \\ H_2N_{\text{''}} & | & _{\text{'''}}Cl \\ & Fe & \\ H_2N \blacktriangleright & | & \blacktriangleleft Cl \\ & Cl & \end{bmatrix}^{-}$

(c) $\begin{bmatrix} O & & Cl & \\ \| & & | & \\ & O_{\text{''}} & | & _{\text{'''}}Cl \\ & & Fe & \\ & O \blacktriangleright & | & \blacktriangleleft NH_2 \\ & & H_2N & \\ O & & & \end{bmatrix}^{-}$

(d) $\begin{bmatrix} & Cl & \\ H_3N_{\text{''}} & | & _{\text{'''}}NH_3 \\ & Cr & \\ H_3N \blacktriangleright & | & \blacktriangleleft NH_3 \\ & OH & \end{bmatrix}^{+}$

5. The Co^{3+} ion exhibits a coordination number of 6. The structure is octahedral. ox (oxalate ion) is a bidentate ligand, which must be attached in *cis* positions, not *trans*.

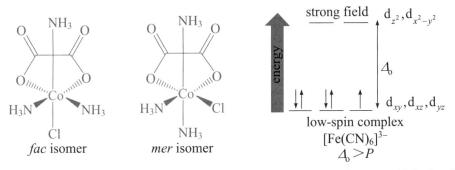

fac isomer   *mer* isomer

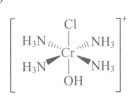

strong field $d_{z^2}, d_{x^2-y^2}$

Δ_o

d_{xy}, d_{xz}, d_{yz}

low-spin complex
$[Fe(CN)_6]^{3-}$
$\Delta_o > P$

6. Complexes with strong field ligands (that is, ligands that are high in the

spectrochemical series) to be low spin. The Fe atom has the electron configuration [Ar]3d^{6}4s^2. The Fe^{3+} ion has the configuration [Ar]3d^5. CN$^-$ is a strong-field ligand. Because of the large energy separation in the d levels of the metal ion produced by this ligand, we expect all the electrons to be in the lowest energy level. There should be only one unpaired electron.

常见配离子的稳定常数

配离子	$K_稳$	$\lg K_稳$	配离子	$K_稳$	$\lg K_稳$
$[Ag(NH_3)_2]^+$	1.12×10^7	7.05	$[Au(CN)_2]^-$	2.00×10^{38}	38.3
$[Cd(NH_3)_6]^{2+}$	1.38×10^5	5.14	$[Cd(CN)_4]^{2-}$	6.03×10^{18}	18.78
$[Cd(NH_3)_4]^{2+}$	1.32×10^7	7.12	$[Cu(CN)_2]^-$	1.00×10^{24}	24.0
$[Co(NH_3)_6]^{2+}$	1.29×10^5	5.11	$[Cu(CN)_4]^{3-}$	2.00×10^{30}	30.3
$[Co(NH_3)_6]^{3+}$	1.59×10^{35}	35.2	$[Fe(CN)_6]^{4-}$	1.00×10^{35}	35
$[Cu(NH_3)_2]^+$	7.24×10^{10}	10.86	$[Fe(CN)_6]^{3-}$	1.00×10^{42}	42
$[Cu(NH_3)_4]^{2+}$	2.03×10^{13}	13.32	$[Hg(CN)_4]^{2-}$	2.51×10^{41}	41.4
$[Fe(NH_3)_2]^{2+}$	1.58×10^2	2.2	$[Ni(CN)_4]^{2-}$	2.00×10^{31}	31.3
$[Hg(NH_3)_4]^{2+}$	1.91×10^{19}	19.28	$[Zn(CN)_4]^{2-}$	5.01×10^{16}	16.7
$[Mg(NH_3)_4]^{2+}$	2.00×10^1	1.3	$[AlF_6]^{3-}$	6.92×10^{19}	19.84
$[Ni(NH_3)_4]^{2+}$	5.50×10^8	8.74	$[FeF]^{2+}$	1.91×10^5	5.28
$[Ni(NH_3)_6]^{2+}$	9.12×10^7	7.96	$[FeF_2]^+$	2.00×10^5	9.30
$[Pt(NH_3)_6]^{2+}$	2.00×10^{35}	35.3	$[ScF_6]^{3-}$	2.00×10^{17}	17.3
$[Zn(NH_3)_4]^{2+}$	2.88×10^9	9.46	$[Al(OH)_4]^-$	1.07×10^{33}	33.03
$[AgCl_2]^-$	1.096×10^5	5.04	$[Bi(OH)_4]^-$	1.58×10^{35}	35.2
$[AuCl_2]^+$	6.31×10^9	9.8	$[Cd(OH)_4]^{2-}$	4.17×10^8	8.62
$[CdCl_4]^{2-}$	6.31×10^2	2.80	$[Cr(OH)_4]^-$	7.94×10^8	29.9
$[CuCl_3]^{2-}$	5.01×10^5	5.7	$[Cu(OH)_4]^{2-}$	3.16×10^{18}	18.5
$[FeCl_4]^-$	1.02×10^0	0.01	$[Fe(OH)_4]^{2-}$	3.80×10^8	8.58
$[HgCl_4]^{2-}$	1.17×10^{15}	15.07	$[AgI_3]^{2-}$	4.79×10^{13}	13.68
$[PtCl_4]^{2-}$	1.00×10^{16}	16.0	$[AgI_2]^-$	5.50×10^{11}	11.74
$[SnCl_4]^{2-}$	3.02×10^1	1.48	$[CdI_4]^{2-}$	2.57×10^5	5.41
$[Ag(CN)_2]^-$	1.29×10^{21}	21.11	$[CuI_2]^-$	7.08×10^8	8.85
$[Ag(CN)_4]^{3-}$	3.98×10^{10}	20.6	$[PbI_4]^{2-}$	2.95×10^4	4.47

配离子	$K_{稳}$	$\lg K_{稳}$	配离子	$K_{稳}$	$\lg K_{稳}$
$[HgI_4]^{2-}$	6.76×10^{29}	29.83	$[Ni(en)_3]^{2+}$	2.14×10^{18}	18.33
$[Ag(SCN)_2]^-$	3.72×10^7	7.57	$[Zn(en)_3]^{2+}$	1.29×10^{14}	14.11
$[Ag(SCN)_4]^{3-}$	1.20×10^{10}	10.08	$[AgEDTA]^{3-}$	2.09×10^7	7.32
$[Fe(SCN)]^{2+}$	8.91×10^2	2.95	$[AlEDTA]^-$	1.29×10^{16}	16.11
$[Fe(SCN)_2]^+$	2.29×10^3	3.36	$[CaEDTA]^{2-}$	1.00×10^{11}	11.0
$[Cu(SCN)_2]^-$	1.51×10^5	5.18	$[CdEDTA]^{2-}$	2.51×10^{16}	16.4
$[Hg(SCN)_4]^{2-}$	1.70×10^{21}	21.23	$[CoEDTA]^{2-}$	2.04×10^{16}	16.31
$[Ag(S_2O_3)_2]^{3-}$	2.88×10^{13}	13.46	$[CoEDTA]^-$	1.00×10^{36}	36
$[Cd(S_2O_3)_2]^{2-}$	2.75×10^6	6.44	$[CuEDTA]^{2-}$	5.01×10^{18}	18.7
$[Cu(S_2O_3)_2]^{3-}$	1.66×10^{12}	12.22	$[FeEDTA]^{2-}$	2.14×10^{14}	14.33
$[Pb(S_2O_3)_2]^{2-}$	1.35×10^5	5.13	$[FeEDTA]^-$	1.70×10^{24}	24.23
$[Hg(S_2O_3)_4]^{6-}$	1.74×10^{33}	33.24	$[HgEDTA]^{2-}$	6.31×10^{21}	21.80
$[Fe(NCS)]^{2+}$	2.20×10^3	3.34	$[MgEDTA]^{2-}$	4.37×10^8	8.64
$[Co(NCS)_4]^{2-}$	1.00×10^3	3	$[MnEDTA]^{2-}$	6.31×10^{13}	13.8
$[Ag(en)_2]^+$	5.01×10^7	7.70	$[NiEDTA]^{2-}$	3.63×10^{18}	18.56
$[Cd(en)_3]^{2+}$	1.23×10^{12}	12.09	$[ZnEDTA]^{2-}$	2.51×10^{16}	16.4
$[Co(en)_3]^{2+}$	8.71×10^{13}	13.94	$[Al(C_2O_4)_3]^{3-}$	2.00×10^{16}	16.3
$[Co(en)_3]^{3+}$	4.90×10^{48}	48.69	$[Ce(C_2O_4)_3]^{3-}$	2.00×10^{11}	11.3
$[Cr(en)_3]^{2+}$	1.55×10^9	9.19	$[Co(C_2O_4)_3]^{4-}$	5.01×10^9	9.7
$[Cu(en)_2]^+$	6.31×10^{10}	10.8	$[Co(C_2O_4)_3]^{3-}$	1.00×10^{20}	~20
$[Cu(en)_3]^{2+}$	1.00×10^{21}	21.0	$[Cu(C_2O_4)_3]^{2-}$	3.16×10^8	8.50
$[Fe(en)_3]^{2+}$	5.01×10^9	9.70	$[Fe(C_2O_4)_3]^{4-}$	1.66×10^5	5.22
$[Hg(en)_2]^{2+}$	2.00×10^{23}	23.3	$[Fe(C_2O_4)_3]^{3-}$	1.58×10^{20}	20.20
$[Mn(en)_3]^{2+}$	4.68×10^5	5.67			

新化学元素周期表

【说明】

- 元素的底色表示原子结构分区：蓝色为s区、黄色为d区、浅红色为p区、绿色为ds区。
- 元素的符号颜色：黑色为固体、蓝色为液体、绿色为气体、红色为放射性元素。
- 族号1/ⅠA，前者为IUPAC推荐使用方法[Fluck E. Pure Appl. Chem., 1988, 60(3): 431]，后者为CAS表示法。
- 氢元素的位置采用单独放在表的上方中央[Cronyn M W. J. Chem. Edu., 2003, 80(8): 947]

原子序数 → 1
元素中文名称 → 氢H ← 元素符号
                hydrogen ← 元素英文名称
电子结构 → 1s¹

1/ⅠA	2/ⅡA	3/ⅢB	4/ⅣB	5/ⅤB	6/ⅥB	7/ⅦB	8/Ⅷ	9/Ⅷ	10/Ⅷ	11/ⅠB	12/ⅡB	13/ⅢA	14/ⅣA	15/ⅤA	16/ⅥA	17/ⅦA	18/ⅧA
1s¹ 1 氢H hydrogen																	1s² 2 氦He helium
[He]2s¹ 3 锂Li lithium	[He]2s² 4 铍Be beryllium											[He]2s²2p¹ 5 硼B boron	[He]2s²2p² 6 碳C carbon	[He]2s²2p³ 7 氮N nitrogen	[He]2s²2p⁴ 8 氧O oxygen	[He]2s²2p⁵ 9 氟F fluorine	[He]2s²2p⁶ 10 氖Ne neon
[Ne]3s¹ 11 钠Na sodium	[Ne]3s² 12 镁Mg magnesium											[Ne]3s²3p¹ 13 铝Al aluminium	[Ne]3s²3p² 14 硅Si silicon	[Ne]3s²3p³ 15 磷P phosphorus	[Ne]3s²3p⁴ 16 硫S sulfur	[Ne]3s²3p⁵ 17 氯Cl chlorine	[Ne]3s²3p⁶ 18 氩Ar argon
[Ar]4s¹ 19 钾K potassium	[Ar]4s² 20 钙Ca calcium	[Ar]3d¹4s² 21 钪Sc scandium	[Ar]3d²4s² 22 钛Ti titanium	[Ar]3d³4s² 23 钒V vanadium	[Ar]3d⁵4s¹ 24 铬Cr chromium	[Ar]3d⁵4s² 25 锰Mn manganese	[Ar]3d⁶4s² 26 铁Fe iron	[Ar]3d⁷4s² 27 钴Co cobalt	[Ar]3d⁸4s² 28 镍Ni nickel	[Ar]3d¹⁰4s¹ 29 铜Cu copper	[Ar]3d¹⁰4s² 30 锌Zn zinc	[Ar]3d¹⁰4s²4p¹ 31 镓Ga gallium	[Ar]3d¹⁰4s²4p² 32 锗Ge germanium	[Ar]3d¹⁰4s²4p³ 33 砷As arsenic	[Ar]3d¹⁰4s²4p⁴ 34 硒Se selenium	[Ar]3d¹⁰4s²4p⁵ 35 溴Br bromine	[Ar]3d¹⁰4s²4p⁶ 36 氪Kr krypton
[Kr]5s¹ 37 铷Rb rubidium	[Kr]5s² 38 锶Sr strontium	[Kr]4d¹5s² 39 钇Y yttrium	[Kr]4d²5s² 40 锆Zr zirconium	[Kr]4d⁴5s¹ 41 铌Nb niobium	[Kr]4d⁵5s¹ 42 钼Mo molybdenum	[Kr]4d⁵5s² 43 锝Tc technetium	[Kr]4d⁷5s¹ 44 钌Ru ruthenium	[Kr]4d⁸5s¹ 45 铑Rh rhodium	[Kr]4d¹⁰ 46 钯Pd palladium	[Kr]4d¹⁰5s¹ 47 银Ag silver	[Kr]4d¹⁰5s² 48 镉Cd cadmium	[Kr]4d¹⁰5s²5p¹ 49 铟In indium	[Kr]4d¹⁰5s²5p² 50 锡Sn tin	[Kr]4d¹⁰5s²5p³ 51 锑Sb antimony	[Kr]4d¹⁰5s²5p⁴ 52 碲Te tellurium	[Kr]4d¹⁰5s²5p⁵ 53 碘I iodine	[Kr]4d¹⁰5s²5p⁶ 54 氙Xe xenon
[Xe]6s¹ 55 铯Cs cesium	[Xe]6s² 56 钡Ba barium	镧系元素 lanthanide 57~71	[Xe]4f¹⁴5d²6s² 72 铪Hf hafnium	[Xe]4f¹⁴5d³6s² 73 钽Ta tantalum	[Xe]4f¹⁴5d⁴6s² 74 钨W tungsten	[Xe]4f¹⁴5d⁵6s² 75 铼Re rhenium	[Xe]4f¹⁴5d⁶6s² 76 锇Os osmium	[Xe]4f¹⁴5d⁷6s² 77 铱Ir iridium	[Xe]4f¹⁴5d⁹6s¹ 78 铂Pt platinum	[Xe]4f¹⁴5d¹⁰6s¹ 79 金Au gold	[Xe]4f¹⁴5d¹⁰6s² 80 汞Hg mercury	[Xe]4f¹⁴5d¹⁰6s²6p¹ 81 铊Tl thallium	[Xe]4f¹⁴5d¹⁰6s²6p² 82 铅Pb lead	[Xe]4f¹⁴5d¹⁰6s²6p³ 83 铋Bi bismuth	[Xe]4f¹⁴5d¹⁰6s²6p⁴ 84 钋Po polonium	[Xe]4f¹⁴5d¹⁰6s²6p⁵ 85 砹At astatine	[Xe]4f¹⁴5d¹⁰6s²6p⁶ 86 氡Rn radon
[Rn]7s¹ 87 钫Fr francium	[Rn]7s² 88 镭Ra radium	锕系元素 actinide 89~103	[Rn]5f¹⁴6d²7s² 104 𬬻Rf rutherfordium	[Rn]5f¹⁴6d³7s² 105 𬭊Db dubnium	[Rn]5f¹⁴6d⁴7s² 106 𬭳Sg seaborgium	[Rn]5f¹⁴6d⁵7s² 107 𬭛Bh bohrium	[Rn]5f¹⁴6d⁶7s² 108 𬭶Hs hassium	[Rn]5f¹⁴6d⁷7s² 109 鿏Mt meitnerium	[Rn]5f¹⁴6d⁸7s² 110 𫟼Ds darmstadtium	[Rn]5f¹⁴6d⁹7s² 111 𬬭Rg roentgenium	[Rn]5f¹⁴6d¹⁰7s² 112 鿔Cn copernicium	[Rn]5f¹⁴6d¹⁰7s²7p¹ 113 鿭Nh nihonium	114 𫓧Fl flerovium	115 镆Mc moscovium	116 𫟷Lv livermorium	117 鿬Ts tennessine	118 鿫Og oganesson

镧系元素 (lanthanide)

[Xe]4f¹5d¹6s² 57 镧La lanthanum	[Xe]4f¹5d¹6s² 58 铈Ce cerium	[Xe]4f³6s² 59 镨Pr praseodymium	[Xe]4f⁴6s² 60 钕Nd neodymium	[Xe]4f⁵6s² 61 钷Pm promethium	[Xe]4f⁶6s² 62 钐Sm samarium	[Xe]4f⁷6s² 63 铕Eu europium	[Xe]4f⁷5d¹6s² 64 钆Gd gadolinium	[Xe]4f⁹6s² 65 铽Tb terbium	[Xe]4f¹⁰6s² 66 镝Dy dysprosium	[Xe]4f¹¹6s² 67 钬Ho holmium	[Xe]4f¹²6s² 68 铒Er erbium	[Xe]4f¹³6s² 69 铥Tm thulium	[Xe]4f¹⁴6s² 70 镱Yb ytterbium	[Xe]4f¹⁴5d¹6s² 71 镥Lu lutetium

锕系元素 (actinide)

[Rn]6d¹7s² 89 锕Ac actinium	[Rn]6d²7s² 90 钍Th thorium	[Rn]5f²6d¹7s² 91 镤Pa protactinium	[Rn]5f³6d¹7s² 92 铀U uranium	[Rn]5f⁴6d¹7s² 93 镎Np neptunium	[Rn]5f⁶7s² 94 钚Pu plutonium	[Rn]5f⁷7s² 95 镅Am americium	[Rn]5f⁷6d¹7s² 96 锔Cm curium	[Rn]5f⁹7s² 97 锫Bk berkelium	[Rn]5f¹⁰7s² 98 锎Cf californium	[Rn]5f¹¹7s² 99 锿Es einsteinium	[Rn]5f¹²7s² 100 镄Fm fermium	[Rn]5f¹³7s² 101 钔Md mendelevium	[Rn]5f¹⁴7s² 102 锘No nobelium	[Rn]5f¹⁴6d¹7s² 103 铹Lr lawrencium

高胜利 杨奇 编著
（2019年）
SP 科学出版社